"十四五"时期国家重点出版物出版专项规划项目

先进制造理论研究与工程技术系列

多元材料分布技术及其在器件制造中的应用

张 甲 王振龙 编著

哈爾濱工業大學出版社
HITP HARBIN INSTITUTE OF TECHNOLOGY PRESS

内容简介

本书从当前制造领域发展的新趋势出发，面对零部件集成化、小型化、多功能化的现实需求，在系统总结当前多元材料分布技术的基础上，根据作者所在课题组近年来的研究成果，提出了基于衬底微观形貌诱导的多元材料分布技术，并对其基础理论、工艺方法、典型应用进行了全面系统的阐述。全书共分为7章，主要包括：多元材料分布技术、多元材料分布技术理论基础、多元材料分布技术实现方法，以及多元材料分布技术在图像成形、太赫兹调制器件制造、功能梯度材料制造和SiC/Al复合材料制造中的应用。

本书可作为高等学校机械类及相近学科的本科生、研究生的教材，也可供相关领域工程技术人员学习和参考。

图书在版编目(CIP)数据

多元材料分布技术及其在器件制造中的应用/张甲，王振龙编著. —哈尔滨：哈尔滨工业大学出版社，2025.3

(先进制造理论研究与工程技术系列)

ISBN 978－7－5767－1405－0

Ⅰ.①多…　Ⅱ.①张…　②王…　Ⅲ.①元器件—制造　Ⅳ.①TB4

中国国家版本馆CIP数据核字(2024)第093643号

策划编辑　张　荣
责任编辑　张　荣　张　颖
出版发行　哈尔滨工业大学出版社
社　　址　哈尔滨市南岗区复华四道街10号　邮编150006
传　　真　0451－86414749
网　　址　http://hitpress.hit.edu.cn
印　　刷　哈尔滨午阳印刷有限公司
开　　本　787 mm×1 092 mm　1/16　印张9.25　字数216千字
版　　次　2025年3月第1版　2025年3月第1次印刷
书　　号　ISBN 978－7－5767－1405－0
定　　价　68.00元

前　言

多元材料分布技术是指在同一构件中包含多种材料，各种材料具有准确的位置分布，共同地实现构件的形貌与性能。该技术的核心在于多元材料同时制造。然而，当前基于扫描探针的逐点操纵技术仅能实现少数原子、分子的准确位置分布，无法实现宏微尺度器件制造；而基于沉积、自组装、化学合成等的宏观操纵技术，尽管能大规模操纵原子、分子，但分布位置精度不高。鉴于此，本书在系统总结当前多元材料分布技术的基础上，根据作者所在课题组近年来的研究成果，提出了基于衬底微观形貌诱导的多元材料分布技术，并对其基础理论、工艺方法、典型应用进行了全面系统的阐述。

全书共分为7章，第1章介绍了当前多元材料分布技术的最新进展及存在的不足。第2章系统阐述了基于衬底微观形貌诱导的多元材料分布技术的理论基础，从层叠体变形的物理模型出发，建立了具有普适性的数学模型，为多元材料分布技术奠定了理论基础。第3章在理论基础上，分别提出了多元材料二维平面分布和三维空间分布的实现方法，并对该分布技术可能产生的误差进行理论推导。第4章系统阐述了平面上多元材料图像成形方法，并对平面多元材料分布工艺和分布误差进行介绍。第5章简要介绍利用多元材料分布技术制造二维、准三维和三维宏—微—纳跨尺度器件，并在太赫兹波调制中进行应用。第6章以铝钨复合径向梯度薄膜和铝钨交替同心环阵列薄膜为例，系统介绍了多元材料分布技术在功能梯度材料制造中的应用。第7章简要介绍了多元材料分布技术在SiC/Al复合材料制造中的应用。

本书由哈尔滨工业大学机械制造及其自动化专业张甲和王振龙共同编著。本书的内容除第1章的概述外，均为作者指导的研究生课题工作。部分图表的绘制和文字的撰写得到了课题组研究生张凤强、陈航、李通等人的帮助，在此表示感谢。

本书涉及的内容十分前沿，但由于课题组研究力量有限，书中难免有不足和欠妥之处，恳请广大读者批评指正。

作　者

2025年1月于哈尔滨

目　　录

第 1 章　多元材料分布技术

1.1　概　述

世界上的任何物质都是由元素组成的，通过不同元素的分布与结合，可以制造出具备一定功能的产品，小至芯片中的单个晶体管、功能薄膜、自聚焦透镜，大至飞机外壳、火箭屏蔽罩等。随着人们对物体尺寸微型化和功能多样化等要求的不断提高，某些产品对于尺寸的微纳化和材料的多元化的需求，超出了现有制造技术的极限，如高密度芯片，其需要满足复杂的多元材料分布、纳米级的制造精度、高效率及低成本的制造效率等要求。

多元材料分布技术是指在同一构件中包含多种材料，各种材料具有准确的位置分布，共同地实现构件的形貌与性能。该技术的核心在于多元材料同时制造。基于当前的工艺技术水平，单一材料或均质材料的构件成形容易实现，但对构件内部成分分布的控制还有很多困难需要解决，只能实现一些简单的多元材料分布，且材料的分布精度较低，这严重制约了新型材料的发展及其应用。因此，迫切需要发展多元材料分布技术，特别是微纳米甚至原子、分子级精度的分布技术，以实现多元材料物体的快速、高精度制造。

原子、分子级的分布技术是一种自下而上的物体制造方式。世界上的任何物体都是原子、分子的一种空间分布，从这个意义上讲，只要能实现原子、分子的精确分布，就可以制造出任何物体。诺贝尔物理学奖获得者理查德·费曼早在 1959 年就提出："物理学的规律不排除一个原子一个原子地制造物品的可能性"。美国物理学家德雷克斯勒博士预言，未来人类可以通过原子或分子操纵直接制造出几乎所有的东西。20 世纪 80 年代初，扫描隧道显微镜（scanning tunneling microscope，STM）的问世使得单原子的操纵成为可能。1990 年，美国 IBM 公司的科学家们利用扫描隧道显微镜操纵 35 个氙原子拼出"IBM"字样，宣告人类操纵原子、分子直接制造物体（简称分子制造）的时代已经来临。因此，如何操纵原子、分子直接制造物体成为纳米技术中最重要的研究领域。

针对上述问题，科学家们提出了很多方案，如沉积、自组装、化学合成等，其中最引人注目的是通过操纵原子和分子，将它们精确定位到合适位置的方案。这种方案的核心就是原子、分子的精确分布，它被认为是分子制造的关键所在。原子和分子的操纵有两大类：一类是一个接一个地操纵单原子、单分子（简称逐点操纵），如利用 STM 的方法；另一类是同时操纵亿万计的单原子、单分子（简称宏观操纵），如磁控溅射、分子束外延、蒸镀、升华等。逐点操纵虽然可以实现精确的位置控制，但因其操纵速率过低，对于大尺寸物体的制造难以实用化。例如，一只苍蝇大小的物体，即使以每秒 100 万个原子的速率制造，也需要约 2.3 亿年才能完成。相反，宏观操纵虽然具有很高的操纵速率，却难以实现精确的位置控制。因此现代科学的一个重大课题得以提出：如何通过大量原子或分子的宏观操纵实现其精确分布。若把作为物质元素的原子、分子拓展到更广泛的材料概念上，上述问题可拓展到如何通过宏观操纵实现多元材料的精确分布。但是，目前对原子、分子操纵方面的研究大都停留在单原子、单分子的操纵上。

因此，探索和研究通过宏观操纵手段实现多元材料任意精确分布的方法，将为多元材料图像成形、多元材料薄膜及复合材料的制造提供强大的技术支撑，这也将极大地促进纳米制造、超分子合成、宏观和跨尺度颗粒成形及变刚度（强度）材料制造等领域的发展。

1.2　多元材料分布技术及新进展

1.2.1　沉积技术

（1）物理气相沉积技术。

物理气相沉积（physical vapor deposition，PVD）是一种原子、分子沉积技术，它是在真空条件下，通过物理手段实现材料固态或液态向原子、分子态，甚至离子态的转变，并进一步沉积在衬底表面，从而形成具有某种特殊功能的薄膜制造技术。物理气相沉积技术主要包括磁控溅射、蒸镀、离子镀等。随着科学技术的不断发展，该技术的应用已经从金属膜、合金膜扩展到半导体、化合物、陶瓷及聚合物薄膜等领域。

在多元材料分布方面，PVD 技术通过改变沉积源的种类，可以方便地制造出叠层多元材料（纵向），单层厚度可在几埃米到几百微米变化；而在横向分布方面，PVD 技术通常与光刻等技术联用，通过多次光刻和 PVD 镀膜，也可实现多元材料的横向分布，其横向分布的精度取决于光刻精度，从几纳米到毫米量级（图 1－1）。然而，对于多元材料横向高精度分布，需采用 PVD 和其他技术联用，其对设备的要求很高，生产成本、时间耗费也都是极高的，只在某些特殊的场合中应用，如芯片制造。

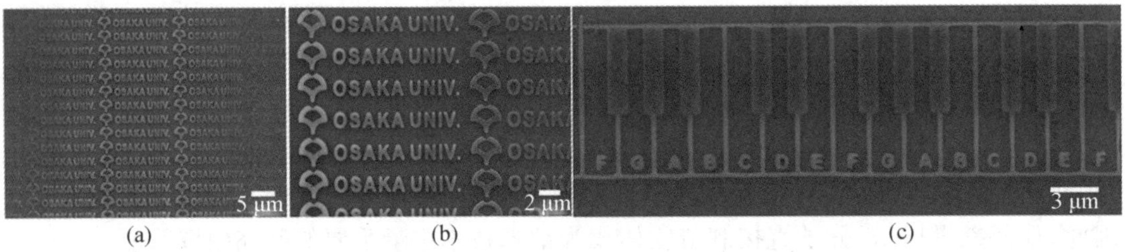

图 1－1　电子束诱导得到的聚合物结构

除了通过物理气相沉积进行简单的材料沉积外，研究人员还通过掩膜及其他手段进行沉积材料图案化或结构化。例如，J. Linnet 等人将 PVD 技术与掩膜相结合，实现了基于银纳米图案的新型透明导电薄膜的大尺度制造。首先，将大小一致且紧密排列的纳米颗粒分布于 4 in（1 in＝2.54 cm）晶圆上作为掩膜层，再通过等离子体处理将纳米颗粒尺寸均匀缩小，之后物理气相沉积银材料使之在缝隙处形成蜂窝状图案，溶解颗粒，制造出导电透明薄膜，该薄膜展现出比碳纳米管薄膜更好的电学性能。

Q. Cao 等人通过将 PVD 技术与光刻工艺相结合，在碳纳米管上有序地沉积多种材料，如铜、三氧化二铝、钴－钼合金等，将上述材料分别作为场效应晶体管器件的沟道材料、接触电极、介电层和栅极电极，最终成功制造出截面小于 40 nm 的碳纳米管晶体管结构，其 TEM 图像如图 1－2 所示。通过光刻控制材料的横向分布的位置和尺寸，其分布的尺寸及精度在纳米量级。

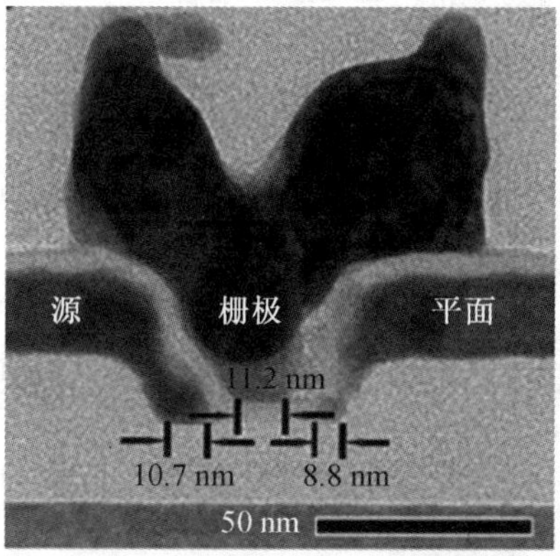

图 1－2　单个碳纳米管晶体管截面 TEM 图像

由此可见，PVD 技术具备多元材料纵向和横向分布能力，通过在线检测技术可以实现厚度方向上的原子或分子级精度的材料沉积，也可制造大面积致密且均匀的薄膜，且沉积材料范围广泛。因此，PVD 技术在功能薄膜等领域得到了广泛应用。

(2) 化学气相沉积技术。

化学气相沉积(chemical vapor deposition，CVD) 是多种气相物质通过化学反应沉积在基底上而形成薄膜的一种制造技术。CVD 技术在多元材料及结构的制造中已展现出强大的调控能力，可以对多元材料空间位置进行精确的调控，形成线、薄膜、块体等多种结构，多元材料器件在光探测器、光谱、传感器等方面发挥着独特作用。

自碳纳米管被发现后，纳米线状结构成为纳米技术领域的关注对象。通过 CVD 技术实现了单一材料到多元材料异质结纳米线的制造，并实现了独特的应用。例如，韩国浦项科技大学 M. I. Park 等人首次报道了利用 CVD 技术制造氧化锌 / 掺镁氧化锌异质结($ZnO/Zn_{1-x}Mg_xO$)，控制镁原子数分数为 0～0.49% 范围，使 $Zn_{1-x}Mg_xO$ 可与 ZnO 形成原子级过渡界面，且无相分离态，实现了在原子尺度上两种材料的精确分布，该异质结材料在室温光泵浦紫外激光器方面展现出了巨大的应用价值。此后，异质结纳米线材料及结构，如 Si/Ge、InAs/InP、InAs/InSb、GaAs/AlAs 等得到了广泛关注和研究，实现了单根纳米线上可分布 2～3 种材料或者两种材料交替分布(图 1－3(a))。2019 年，剑桥大学 T. Hasan 等人在单根 CdS_xSe_{1-x}($0 \leqslant x \leqslant 1$) 纳米线上实现了连续梯度变化的多元材料分布，从纯 CdS 梯度渐变为纯 CdSe，使材料带隙从 1.74 eV 变化到 2.42 eV(图 1－3(b))。该项工作将多元材料在一维线结构上的纳米级精确分布推向了新的高度。利用该多元材料分布的纳米，该团队发明了单根纳米线的光谱仪(图 1－3(c))。

CVD 技术在薄膜制造方面具有突出的地位，其在元素、材料、分布、厚度、尺寸等方面具有灵活的调控能力。CVD 技术在垂直于衬底方向易实现多元材料叠层分布，且层的厚度可从亚纳米到几十微米量级；在水平方向多元材料分布方面虽然难度较大，但也具有一定的能力。本节以水平二维异质结结构的制造为例，探讨 CVD 技术在多元材料水平分布

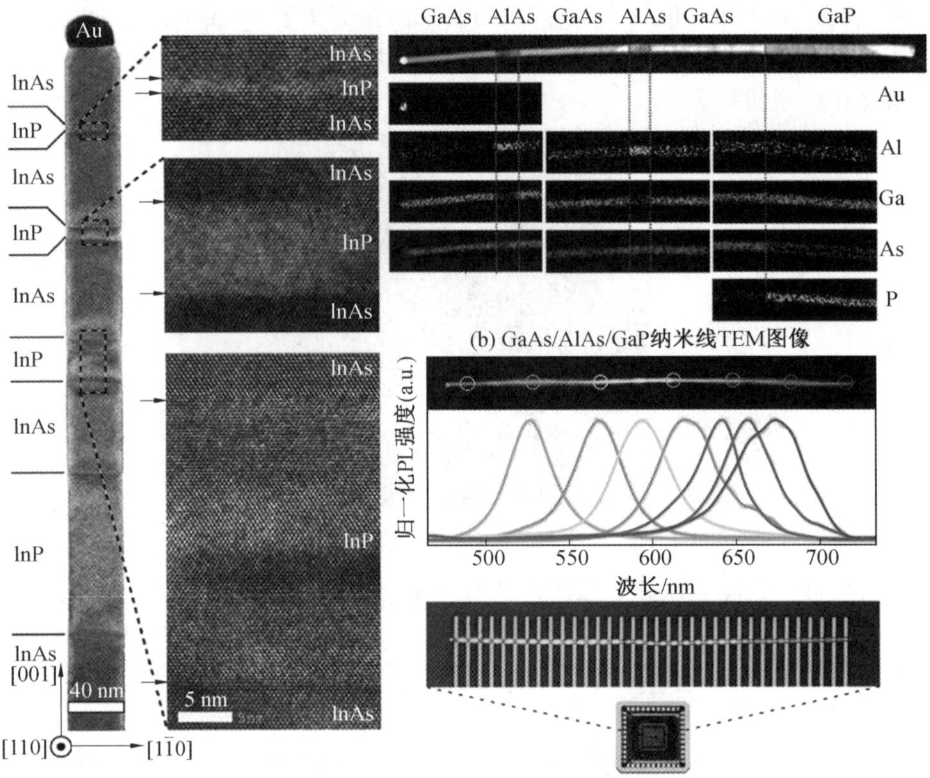

图 1－3　CVD 技术制造多材料异质结纳米线及器件(彩图见附录)

方面的进展。在 CVD 技术制造石墨烯(grapheneg,G) 中,碳源在气氛炉中催化分解,并在金属衬底表面形核及生长扩大,交替通入含碳同位素的甲烷(^{13}C 和^{12}C),可在金属衬底上水平面上形成含碳同位素石墨烯的水平分布。美国德克萨斯大学奥斯汀分校 R. S. Ruoff 等人利用该方法实现了^{13}C 和^{12}C 石墨烯交替分布,其横向分布精度可达几十纳米。除了石墨烯薄膜外,利用 CVD 技术还可以制造石墨烯与六方氮化硼(h－BN) 异质结结构,其制造过程如图 1－4(a) 所示。首先在铜箔表面生长一层石墨烯薄膜,然后再进行选择性的氢等离子体刻蚀,露出干净的石墨烯边缘;再在硼氨前驱物的持续供给下,在石墨烯边缘继续生长 h－BN 薄膜,形成石墨烯 /h－BN 异质结薄膜。在两者的界面形成了原子级精确连接(图 1－4(b)),在微观尺度形成交替相接微米级条纹(图 1－4(c)),在宏观尺度形成晶圆尺寸或连续生长的尺寸。此外,结合光刻等微加工技术,异质结薄膜具备灵活的图案化设计与制造能力(图 1－4(c)),可适应于不同应用场合的需求。此外,麻省理工学院J. Kong 课题组利用 CVD 技术还实现了石墨烯与 MoS_2、WS_2 与 MoS_2、h－BN 与 MoS_2 等两种材料的精确水平分布(图 1－4(d)),并可实现基本逻辑运算(图 1－4(e))。

综上可以看出,CVD 技术在异质结纳米线及二维水平异质薄膜的多元材料高精度分布中发挥重要的作用,不同材料界面间可形成原子级精确过渡,材料分布精度在几十纳米至几百微米之间,可调控;利用特殊的多元材料分布结构,可实现优异且独特的功能;但从已发表的文献来看,分布材料的种类还十分有限,且同时实现的材料种类数目限制在 2 或

3 种，导致应用范围受到限制。

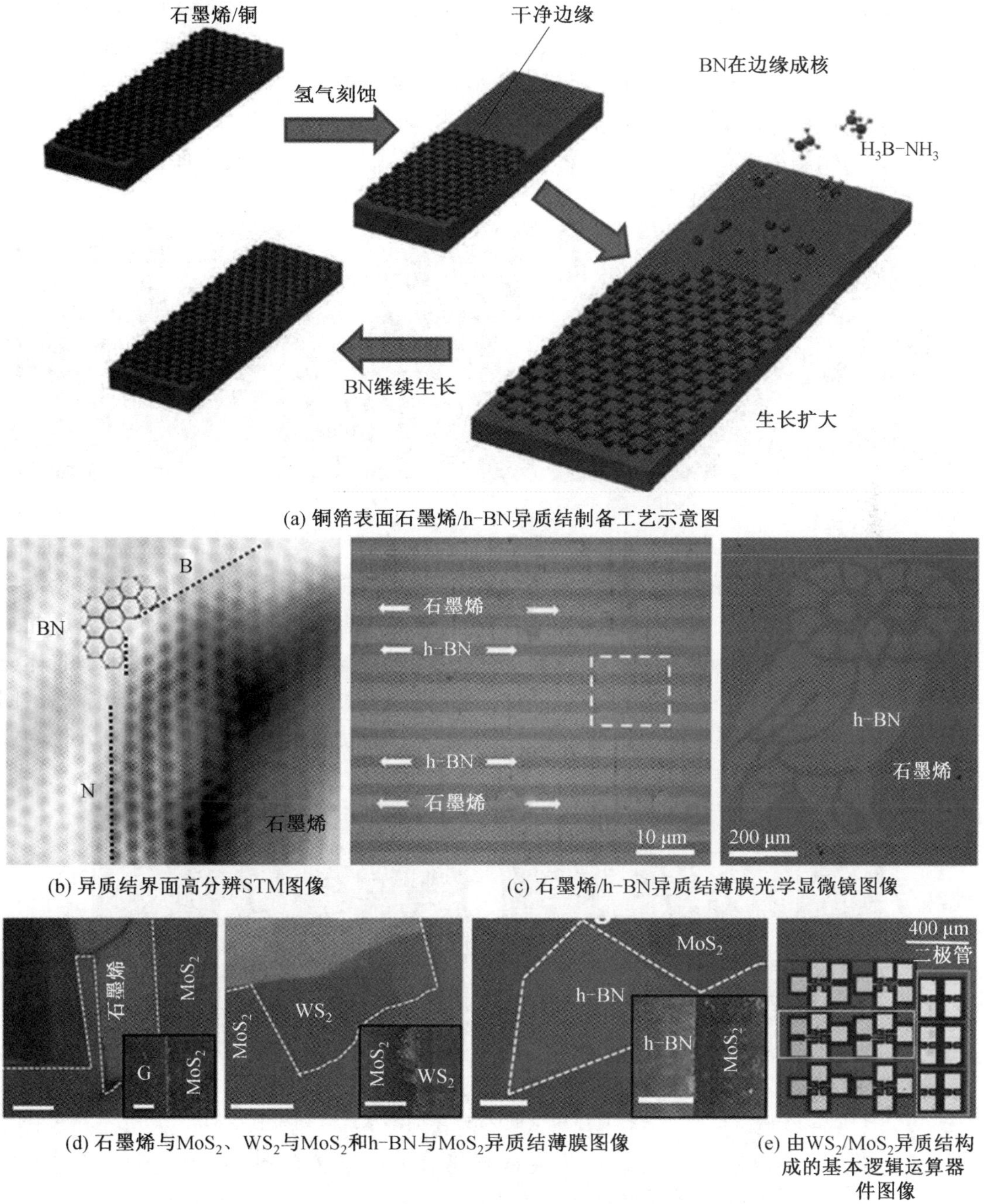

(a) 铜箔表面石墨烯/h-BN异质结制备工艺示意图

(b) 异质结界面高分辨STM图像

(c) 石墨烯/h-BN异质结薄膜光学显微镜图像

(d) 石墨烯与MoS_2、WS_2与MoS_2和h-BN与MoS_2异质结薄膜图像

(e) 由WS_2/MoS_2异质结构成的基本逻辑运算器件图像

图 1－4　CVD 技术制造二维水平异质结薄膜(彩图见附录)

(3) 电化学沉积技术。

电化学沉积是在外电场作用下电解质溶液中的正负离子迁移，并在电极上发生氧化还原反应，从而形成膜层的一种制造技术。在电化学沉积镀膜方面，O. K. Echendu 等人通过氟掺杂氧化锡为工作电极、高纯石墨棒为对电极的双电极体系进行电化学沉积，制造

了可用于太阳能电池等薄膜半导体器件的致密均匀硫化镉薄膜，并对其进行表征分析，结果显示无论在生长条件还是热处理条件下，该薄膜均呈现纯六方晶体结构的硫化镉。J. K. Gansel 等人将电化学沉积技术与激光直写技术结合，制造了金属螺旋微纳米结构阵列的光子超材料（图 1－5），其可作为宽带圆形偏振器。电化学沉积成形复杂的纳米结构主要是通过预制模板结合金属填充，再复制有机物的反向纳米结构来实现的，但是，在移除模板之后，金属纳米结构会出现一定程度的变形甚至塌陷，同时其表面粗糙度较大，从而使得光学损耗或电导率降低。

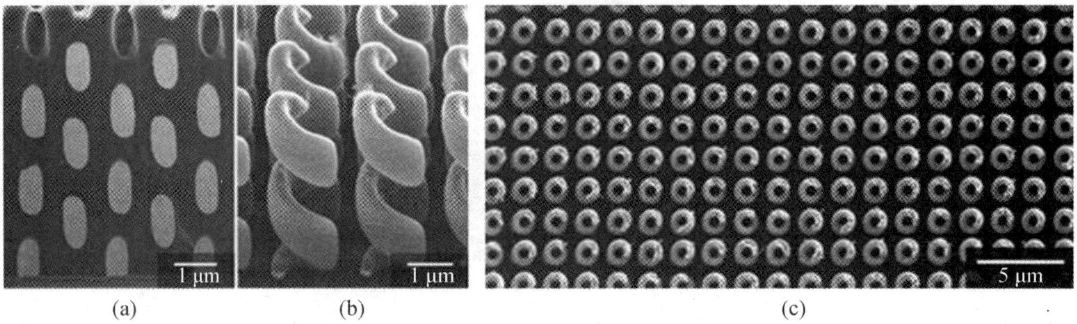

图 1－5　金属螺旋微纳米结构的 SEM 图像

为了获得较大厚度的多功能合金薄膜，Y. J. Zhang 等人采用多层电化学沉积技术制造了成分及厚度可控的三元镍锰锡（$Ni_{0.5}Mn_{0.5-x}Sn_x$）合金厚膜，并对该膜的均匀性、光滑度、薄膜转变行为及重复性等进行了分析研究。J. Elias 等人将电化学沉积技术与胶体模板法相结合制造了具有可控芯径和线状形貌的有序中空类海胆 ZnO 单晶纳米线阵列（图 1－6），该有序结构具有更好的光学反射性能，为基于类似生长机理的新型金属氧化物或氢氧化物材料的制造奠定了功率基础。

图 1－6　一种有序中空的 ZnO 单晶纳米线阵列海胆结构

由于微纳米多级形貌的图案化薄膜具有显著的亲疏液特性，因此，国内研究人员 Q. Y. Yu 等人采用电化学及化学共沉积的方法制造出表面形貌呈现梯度变化的 Ni－P 合金薄膜，实现了其超疏水特性，避免了薄膜表面修饰，同时深入研究了该方法的成核机理。由此可见，电化学沉积可以实现在复杂结构上的均匀沉积及沉积层厚的精确控制，且具有较快的沉积速率。但是，很难实现多种材料的薄膜制造。

1.2.2　自组装技术

自组装是将分子、纳米材料及微米或更大尺度的物质等结构单元，通过非共价键作用自发地缔造成热力学稳定、结构稳定、组织规则的聚集体的过程。通过模拟自然界的自组装过程，改进现有的及发现新的高性能材料，进而制造出新的功能材料，甚至利用自组装技术构建出具有特定功能、可规模化生产应用的分子器件，从而满足对电子器件更小、更快、更冷的需求，适应信息时代要求。自组装技术的驱动力主要有体积效应、表面力、范德瓦耳斯力、静电作用、偶极相互作用、疏水作用、共轭作用等。根据自组装基本构建单元特性又可分为表面活性剂自组装、大分子自组装、纳米颗粒自组装和微米颗粒自组装。近年来，通过在自组装过程中加入磁场、电场、光、热等外界激励，人工干预自组装过程，并通过外形识别或自选性胶体等实现构建单元在衬底特定位置上定向和定位，进而完成聚集体的制造，这类自组装又可称为定向自组装。

在多元材料分布方面，国家纳米科学中心丁宝全课题组利用巯基与多种金属之间的较强配位作用，将带有巯基的 DNA 延伸链位点特异性地排布于 DNA 折叠结构上(图 1－7(a))，通过引入金属前驱体，在 DNA 纳米结构的表面，优先选择性吸附在巯基位点上，经过后续的氧化还原反应，可以实现多种金属及金属氧化物在 DNA 纳米结构表面的位点可控生长。A. T. Woolley 等人使用电路试样的 DNA 折叠结构作为模板，通过使用多个金属钯晶种步骤来增加种子的均匀性和密度，在硅表面通过化学镀金属来制造导电金和铜纳米结构(图 1－7(b))，可实现不同金属在硅表面的分布，这些金属纳米结构可用于电气连接微小结构；此外，这些金属化物体还可用于表面增强的拉曼散射试验。A. Busnaina 等人提出了一种多尺度胶印方法，使纳米、微米及宏观尺度的结构在几分钟内大面积实现

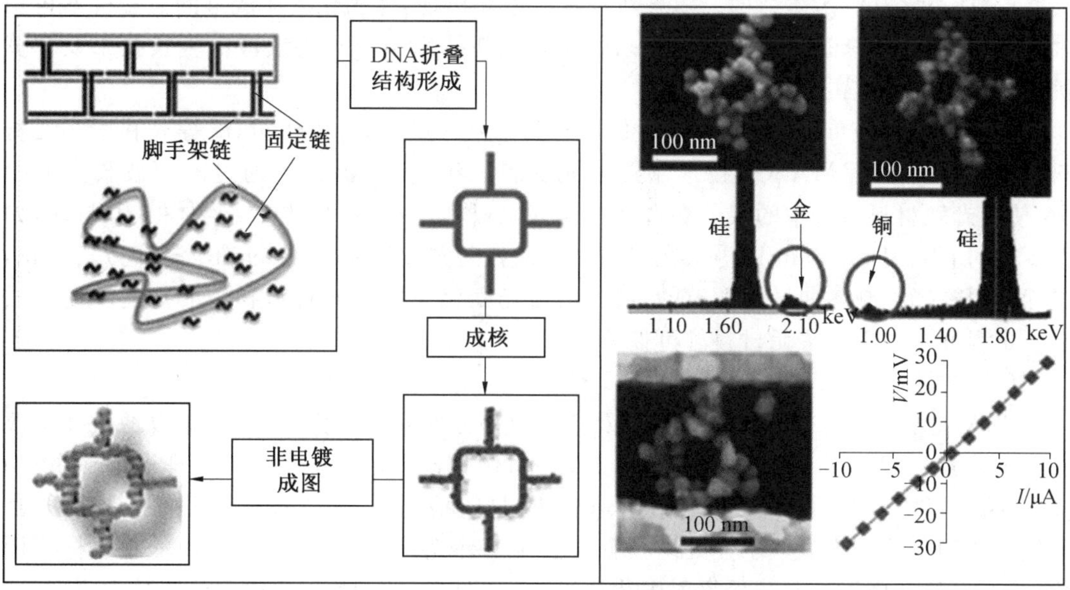

(a) 利用DNA折叠结构诱导自组装结构　(b) 金/铜纳米颗粒自组装结构形貌和电学性质表征

图 1－7　DNA 折叠结构及其诱导的金／铜自组装结构

印刷。这一过程始于在专门制造的可重复使用的大马士革(Damascene)模板上“插入”图案,使用电泳定向组装纳米材料,该模板由含有纳米粒子、碳纳米管或溶解聚合物的悬浮液组成,通过该胶印过程,演示了聚苯乙烯乳胶(PSL)、硅、银和碳纳米管(多壁和单壁)的组装,大小从 100 μm 到 500 nm,并成功地将它们转移到柔性基底上。

1.2.3 打印技术

通过沉积技术并结合掩膜或蚀刻技术,可实现多元材料分布仅是对材料的简单叠加,难以构建复杂的三维结构。增材制造(additive manufacturing,AM)是借助计算机的模型分层处理,通过挤压、烧结、熔融、光固化、喷射等方式实现材料逐层堆积的先进制造技术,它可以快速地打印出任意形状的三维物体,故也称为打印技术。与原材料去除(切削加工等)加工的传统模式不同,打印技术通过将粉末、液体等离散材料逐层累加,“自然生长”成三维实体。这种逐层打印的制造方式,大大降低了零部件制造的复杂程度,使得一些无法用切削加工制造的复杂零部件的制造成为可能;同时,打印技术也具有调控构件内部多元材料分布的巨大潜力,符合现代和未来制造业中对产品的个性化和特殊化需求日益增长的发展趋势。据美国麦肯锡全球研究院预测,打印技术将是影响未来的颠覆性技术之一。自 1986 年美国科学家发明了立体光刻工艺以来,便涌现出多种不同形式的打印技术,并得到了快速发展,以下仅对具有多元材料分布能力的打印技术进行简要介绍。

(1) 光固化立体成形技术。

光固化立体成形(stereo lithography apparatus,SLA)技术是最早发展起来的快速成形工艺。该技术通过液体树脂在特定波长与强度的激光作用下固化,并随着光斑的移动形成预定的二维图案,然后固化层随着平台下移并在其上生长新的图案层,经过层层固化最终形成三维(3D)实体结构。随着新技术的不断出现,光固化立体成形的概念也不再局限于逐层或逐点打印,近几年发展起来的光固化新技术主要有连续液面生长技术及计算机轴向光刻 3D 打印技术等。

在多元材料分布方面,SLA 技术仍然有其独到之处。J. J. Schwartz 等人利用多元材料光固化空间控制(MASC)技术制造多元材料三维物体,该技术通过不同波长光的投影,使得光敏材料溶液中的成分有选择性地固化,从而实现多种材料结构体的3D打印,如图 1－8 所示。D. Kokkinis 等人在树脂中掺杂各向异性颗粒,并通过油墨打印方式沉积,进而利用磁场控制各向异性颗粒的方位,最后光固化完成多元材料物体的构建。该方式在一定程度上实现了多元材料的可控分布。

(2) 数字光处理打印技术。

SLA 技术在材料分布种类和数量及打印效率方面存在较大的瓶颈,难以通过技术改进或工艺参数优化等方法进一步提升其多元材料分布能力。数字光处理(digital light processing,DLP)打印技术,具有成形速度快、打印精度高、加工尺寸大的优点。DLP 打印技术使用高分辨率的数字光处理投影仪投射紫外光,使表面特定区域内的一层树脂固化,再通过移动成形平台逐层投射固化树脂成形(图 1－9(a))。DLP 与 SLA 技术类似,主要区别在于光源,SLA 使用聚焦的激光束由点到线再到面来固化树脂,而 DLP 则是使用数字微透镜器件(图 1－9(b))一次性固化整个平面。因此,DLP 可同时固化层内的整个

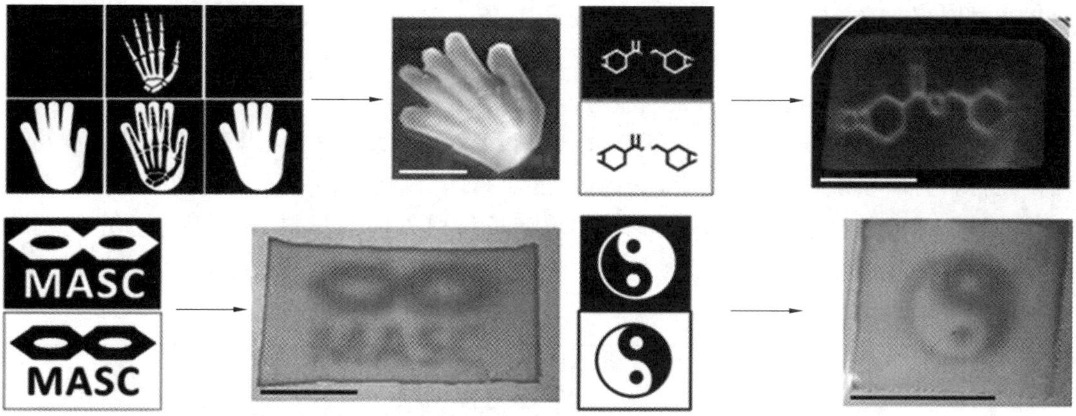

图 1－8　多元材料光固化立体成形技术制造的三维物体

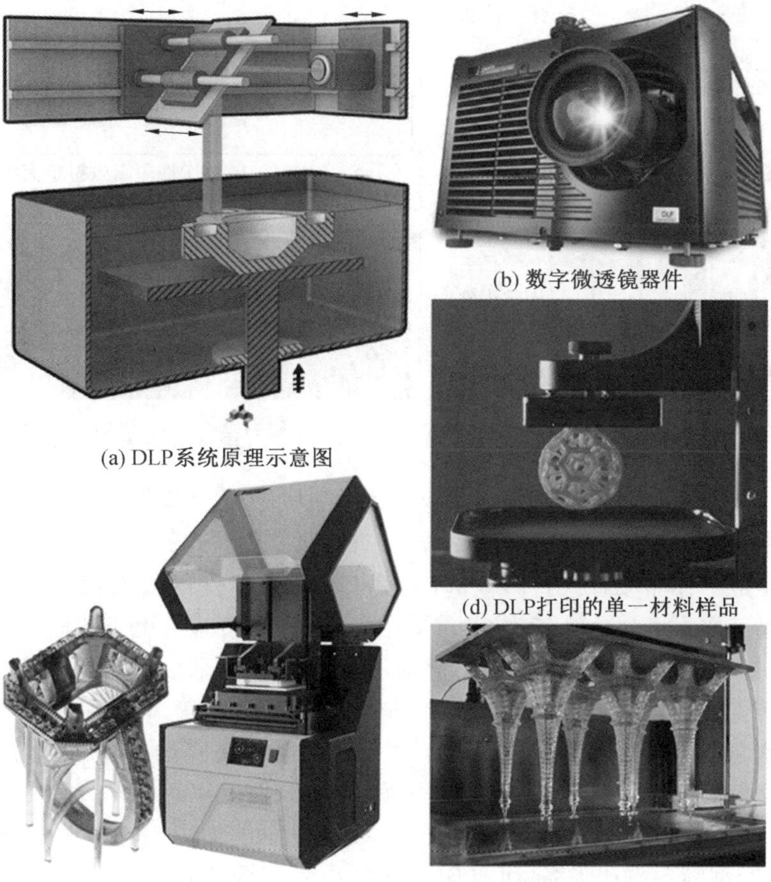

(a) DLP系统原理示意图

(b) 数字微透镜器件

(c) DLP打印装备

(d) DLP打印的单一材料样品

(e) DLP打印多元材料样品

图 1－9　DLP 技术原理、装备及打印的样品

表面，而轮廓和内部区域之间没有差异，从而减少了后固化的必要性。DLP 打印系统结构相对简单(图 1－9(c))，生产商较多，价格也相对便宜，如 Manufacturing Guide 公司、MKS 技术有限公司、3D Print Expo 公司、Flashforge 3D Printer 公司等。可利用多种光

敏树脂材料(如 VeroClear、3DM－ABS、VeroWhite、VeroBlack、TangoPlus 等)打印出复杂的零部件(图 1－9(d)),也可以实现多元材料的打印,如 3DM－ABS 和 VeroBlack 两种复杂结构材料的打印制造(图 1－9(e))。

在多元材料高精度打印方面,新加坡科技设计大学 Q. Ge 等人开发了一种微型高精度多元材料打印系统,可实现全自动、高效、逐层打印,制造出由多元材料构成的高分辨率组件(图 1－10)。该系统使用平行移动的玻璃板传递不同的材料,以实现快速的材料交换,并采用压缩空气喷射清洗,以尽量减少树脂废物和材料污染的程度,避免后续清洗带来的器件损伤。

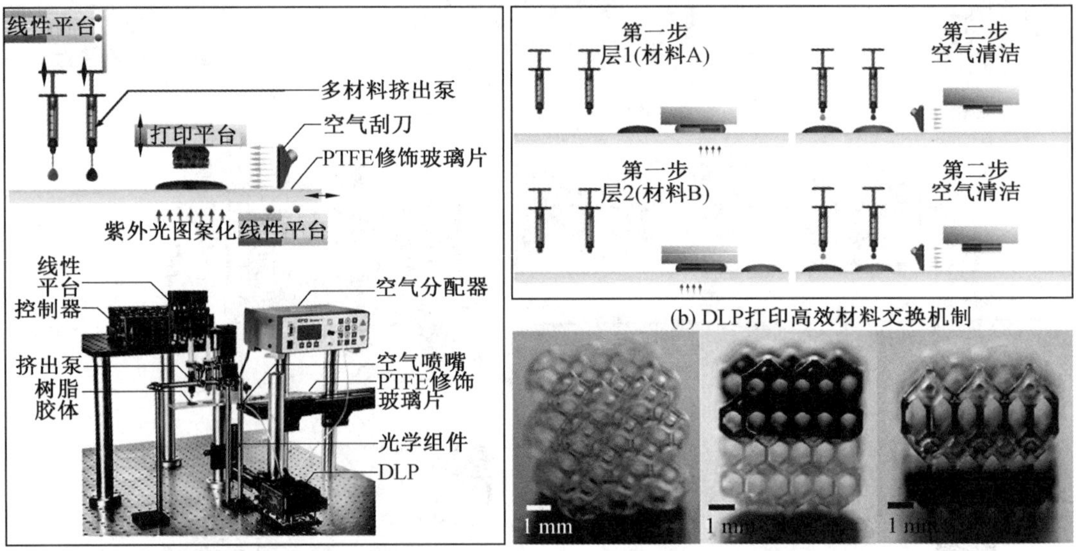

(a) 基于DLP的3D打印原理及装置

(b) DLP打印高效材料交换机制

(c) 单材料结构(3DM-ABS)与两种材料结构(3DM-ABS 和 VeroBlack)

图 1－10　基于 DLP 的 3D 打印原理、机制、装置及样品

(3) 喷墨打印技术。

喷墨打印是一种非接触式打印技术,可用于材料及器件的大面积快速制造。喷墨打印按墨滴的成形方式可划分为三类:热泡式、压电式和电磁式。由于热泡式喷墨打印的液滴不易控制,打印质量差,因此在高精度喷墨打印领域主要采用后两类。喷墨打印技术常用的材料有陶瓷粉末、金属纳米粒子、胶体晶体、有机高分子等。

压电式喷墨打印通过电压来控制位于喷头处的压电陶瓷的形变,通过形变量的大小来改变储存喷头墨水腔体的体积,使墨水从喷头挤出(图 1－11(a))。该方法形成的墨滴较为均一,形状也比较规则,能够用于微米级精度的打印。如美国 Sonoplot 公司的 MicroplotterⅡ 型喷墨打印设备,可打印出的最小线宽为 5 μm。进一步,美国 Opencell 技术有限公司 J. Mark Meacham 等人提出了一种基于微阵列沉积的制造技术(AMMD 技术)。如图 1－11(c) 所示,液滴在微阵列孔(孔径为 45 μm) 中形成并喷射,沉积在基板上,通过单独调控压电打印头的电压(图 1－11(c) 右侧,驱动频率达 0.5～3 MHz),可实现不同位置、不同材料、不同沉积量多元材料的复杂分布(图 1－11(b))。该种方法可实现几种材料的平面及空间复杂分布,但受限于喷嘴最小直径、液滴最小尺寸、工作台移动

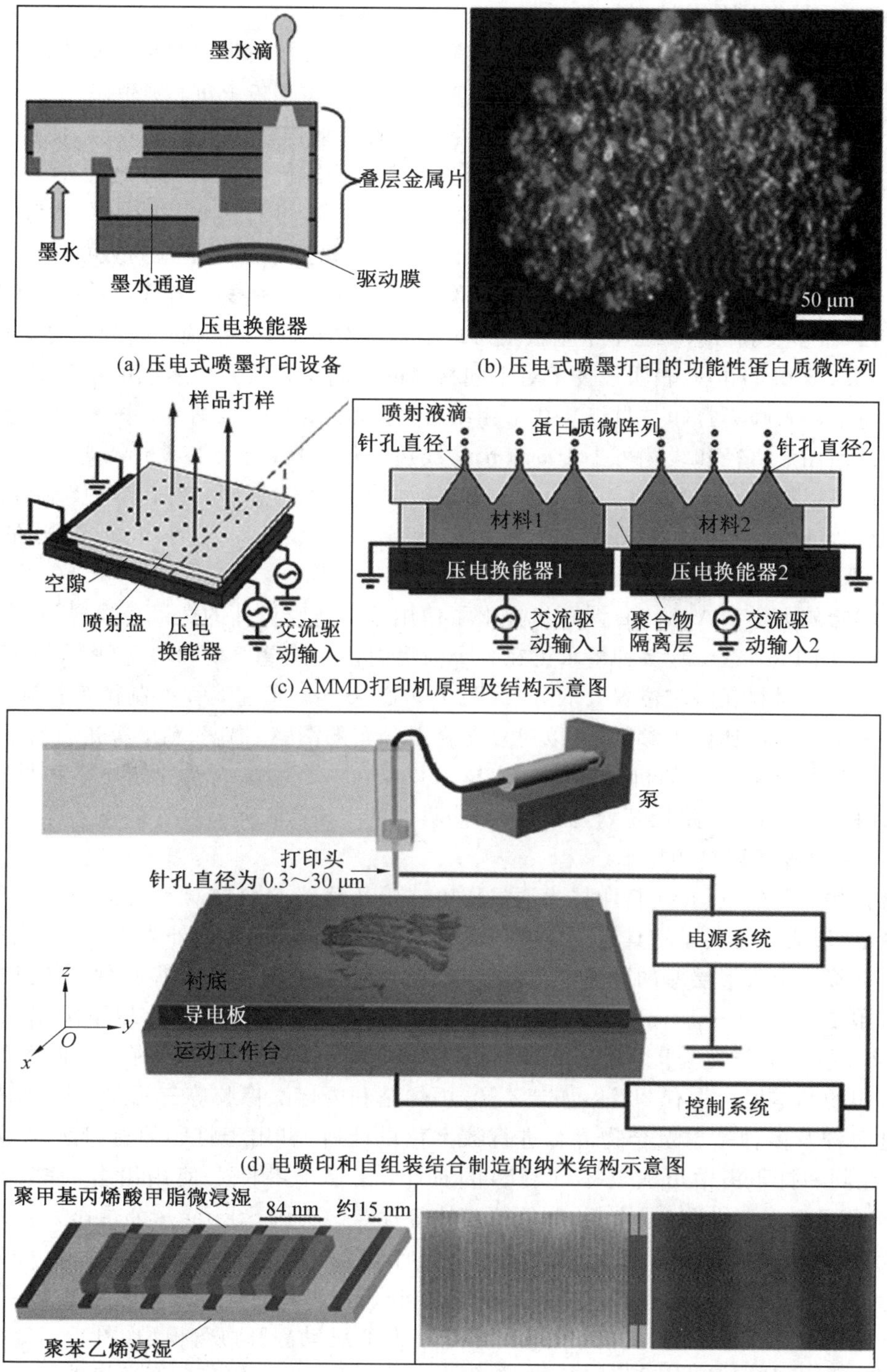

(a) 压电式喷墨打印设备　(b) 压电式喷墨打印的功能性蛋白质微阵列

(c) AMMD打印机原理及结构示意图

(d) 电喷印和自组装结合制造的纳米结构示意图

(e) 电喷印和自组装相结合制造的纳米结构示意图　(f) 利用电喷印与自组装相结合制造的PMMA和PS相间分布薄膜结构示意图及SEM图像

图 1－11　电喷墨打印原理、装备、样品 PMMA 以及电喷墨与自组装相结合技术

速度等因素，材料的分布精度仅能达到几至几十微米量级。

电磁式喷墨打印主要基于电流体力学喷印原理，通过在喷头与基板之间施加高电压，使墨水在电场力作用下克服毛细作用力，从喷头喷出并在基板上沉积(图1－11(d))。它可以克服热泡式和压电式打印中细小喷孔处巨大的毛细作用力及黏度效应，使得更小直径的喷嘴得以应用，从而实现更高的精度与分辨率。美国伊利诺伊大学厄巴纳－香槟分校J. A. Rogers课题组开发的电流体力学喷墨打印技术，可将墨水从最小直径为300 nm的毛细管中喷出，得到直径为(240 ± 50) nm的墨滴，并打印出分辨率为数百纳米的图案和临界尺寸小至1 μm的功能器件。此外，他们还制造了一种多喷嘴打印系统，使用多种荧光蛋白(最多支持4种)在单个基板上形成复杂图案分布；该系统打印的荧光标记蛋白尺寸为(3.4 ± 0.6) μm，表明该技术对不同材料的空间位置具有微米级的控制能力；他们进一步将电磁式喷墨打印与自组装技术相结合，实现了复杂三维纳米级图案的制造，其打印出的几何图形直径和线宽可小于500 nm，线边缘粗糙度小到约45 nm，厚度均匀性和重复性都可以接近分子尺度(约2 nm)。若以嵌段共聚物为原料，通过该项技术结合退火聚合等后处理手段，可实现薄膜尺寸从纳米级到厘米级的跨尺度，特征结构在13～20 nm(图1－11(e)、(f))。

美国哈佛大学J. A. Lewis课题组提出了使用单个特殊设计的微流控喷墨头进行多元材料打印(图1－12(a))，多种墨水可在一个喷嘴内快速无缝切换和混合(图1－12(c))，从而实现多元材料在特定位置处的分布(图1－12(b))。通过编程控制微流控喷头墨水的注入种类、数量、比例等参数，可以对多元材料分布的图案、梯度、精度等进行有效调控，所制造的结构具有良好的机械性能。该技术具有在一个喷嘴内快速切换多种材料的功能，不仅极大地简化了路径规划，而且为功能材料的可编程制造提供了新的技术手段。

(4) 聚合物喷射打印技术。

聚合物喷射(poly jet)打印技术通过压电式喷头将光聚合物材料的微小液滴喷射到印刷台上，形成设定层厚的具有一定几何轮廓的一层液体，再用紫外光固化；固化完成后工作台下降一个成形层厚的距离，再重复之前的喷射固化过程，如此循环便可得到预先设计的打印结构(图1－13(a))。polyjet技术在多元材料分布方面具有以下突出的优势：① 打印头包含几个至几十个喷头，可以同时打印多种材料；② 可打印的材料非常广泛，目前可打印的基本聚合物有29种，如苯乙烯、丙烯腈和丙烯酸橡胶等三元共聚物，而且还可以通过两种及多种基本聚合物混合进行数字化设计后，可用于打印的材料达50万种之多；③ 在同一打印头中可实现不同材料的打印，在单个零件上使用组合的多元材料；④ 打印物具有表面光滑、成本低、制造速度快等优点。美国Stratasys公司作为polyjet技术的代表，已生产出多种系列的聚合物喷射打印设备，如Objet30、Objet260、Objet500系列等(图1－13(b))，可对单一材料和多元材料进行打印，打印精度最高可达16 μm。利用该技术可打印出全彩色的样板(图1－13(c))及心脏动静脉血管模型(图1－13(d))，由此表明polyjet技术具有优异的多元材料复杂分布的能力，但分布精度尚待进一步提高。

除上述方法之外，典型的3D打印技术，如激光增材技术、熔融沉积技术等都在一定程度上具备多元材料分布能力，但在分布材料种类、分布数量、分布效率、分布位置精度、制造成本等方面都存在不足。

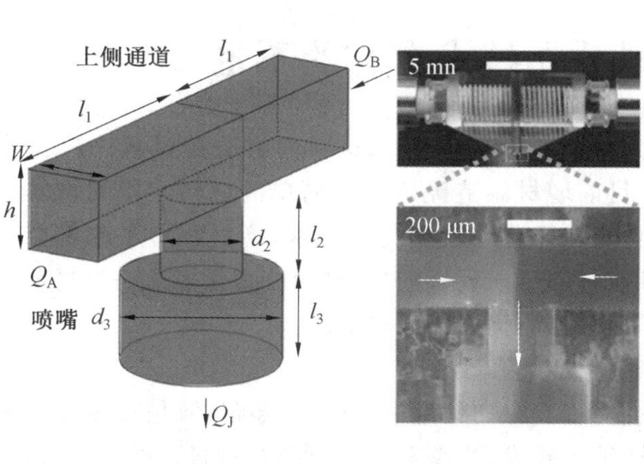

(a) 多元材料喷嘴示意图及两个独立驱动的注射泵通过喷嘴控制每种材料的流量

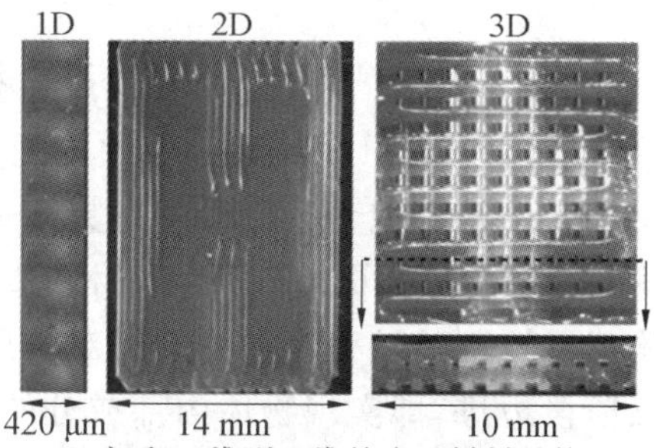

(b) 打印一维到三维的多元材料结构

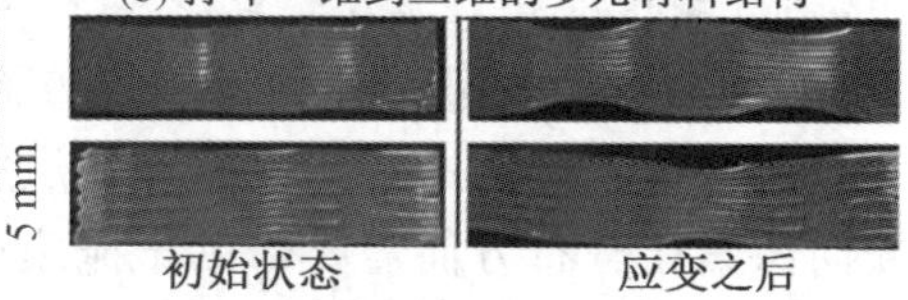

(c) 不同弹性模量的PDMS材料交替带

图 1－12　基于特殊喷嘴设计的多元材料打印原理、装置及打印样品

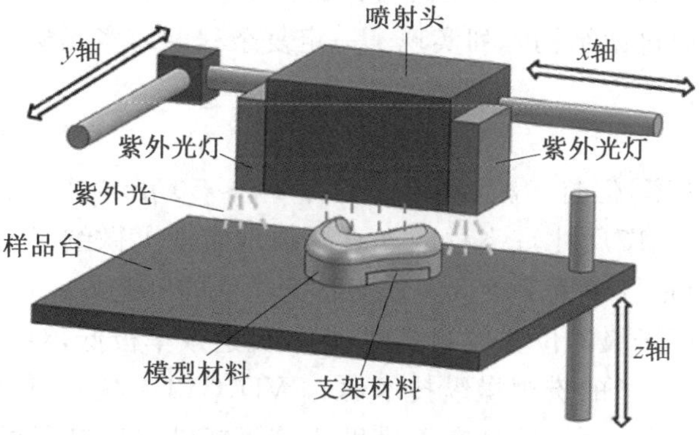

(a) polyjet聚合物喷射打印装置示意图

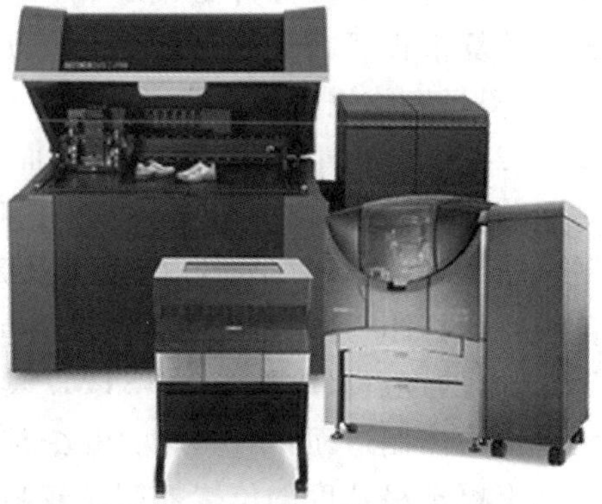

(b) Stratasys公司的Object30系列打印机

(c) 采用polyjet打印的多元材料样品

(d) 采用polyjet打印的心脏动静脉血管模型

图 1－13　polyjet 聚合物喷射打印装置及打印的样品

1.3 多元材料分布技术存在的不足

无论是沉积、3D打印还是其他形式的材料分布都是对材料的再分布过程。广义来讲，上述材料分布过程均为增材制造。目前增材制造经历了从简单的材料堆积到物体结构成形控制的过程。随着人们对物质功能多样化及微型化的需求，增材制造正向着更高级阶段迈进，即实现物体内部成分的可控打印。而现有的3D打印技术在多元材料复杂分布、高打印精度和效率及打印材料多样性等方面仍面临很多挑战。

（1）在多元材料分布复杂程度方面。

沉积技术可以通过多元材料的层叠实现其纵向任意（如梯度）分布，但是在多元材料横向图案化分布方面需要借助于掩膜或蚀刻技术，当图案比较复杂及材料种类较多时，制造工艺过程中需要多次反复的结构化处理及材料沉积，操作烦琐，成本高昂，周期长，难以实现多元材料的复杂分布。3D打印技术通过逐点逐层的打印方式构建零部件，可以实现纵向和横向的多元材料复杂分布，但有限的打印材料及较低的打印精度限制了多元材料分布的复杂程度。其他的材料分布方法通过微结构阵列实现了一定复杂程度的多元材料分布，但仍有待进一步探索。

（2）在打印精度与打印速率方面。

传统3D打印技术具有较高的打印速率，但打印精度低，一般为20～50 μm，这主要受限于设备的打印单元尺寸（喷嘴及激光光斑尺寸）；飞秒激光直写技术实现了微纳米尺度的特征打印，打印精度达到100 nm，但是打印速率较低。作为自下而上的制造方式，原子、分子的逐点操纵技术（如STM）具有原子级的位置控制精度，但是制造效率极低，对于大尺度物体制造而言，难以实用化；原子、分子的宏观操纵技术（如PVD、CVD）具有厚度方向上原子级精度的位置控制及较高的制造效率，但是在不借助于掩膜或蚀刻工艺的情况下，无法实现横向平面上原子、分子的精确位置控制。长期以来，打印精度和效率被看作一对相互对立的矛盾体。

（3）在材料种类多样化方面。

单一3D打印技术往往局限于某一种或几种类型的打印材料，且设备有限的结构空间限制了打印单元的数量，导致构件内部成分多样化受限。

第 2 章　多元材料分布技术理论基础

2.1　概　述

如第 1 章所述，通过宏观操控实现原子、分子(多元材料) 的精确分布面临很大挑战，薄膜沉积技术可以宏观操控大量原子、分子，却无法实现位置的精确控制；原子、分子的逐点操纵(如 STM) 可以实现位置的精确控制，但是效率极低；宏观上的逐点操纵(如 3D 打印) 实现了位置控制和提高了效率，却极大地牺牲了打印精度，这严重阻碍了多元材料精确分布的实现。重要的是，宏观操纵原子、分子实现其精确分布是实现原子级精度大尺度物体制造的最佳途径。

因此，本章针对如何通过原子、分子的宏观操控实现原子、分子(多元材料) 的精确分布，展开了基于拓扑学理论的基础理论研究。拓扑学是研究几何图形或空间在连续改变形状后还能保持一些性质不变的学科。2016 年诺贝尔物理学奖授予三位美国科学家：戴维·索利斯、邓肯·霍尔丹和迈克尔·科斯特利茨，以表彰他们在理论上发现了物质的拓扑相变和拓扑相，这体现了拓扑学的重要应用价值。本章将复杂的多元材料横向分布问题与拓扑学联系起来，通过拓扑变换将复杂的多元材料横向分布问题转化为相对简单的多元材料纵向层叠问题。

2.2　多元材料分布技术理论建模

2.2.1　多元材料分布物理模型

(1) 多元材料层叠体的变形。

为了更好地理解多元材料分布技术，首先建立其物理模型，如图 2－1(a) 所示，并对层叠体的变形过程进行分析。如图 2－1(a) 所示，多元材料 $W(i)(i=1,2,\cdots,n)$ 依次层叠为层叠体 S；然后在层叠体中设计一个曲面 $z=f(x,y)$，并确定一个基准平面 $z=g$，则曲面 $z=f(x,y)$ 上各点到基准面 $z=g$ 的距离为 $f(x,y)-g$(图 2－1(b))。再将曲面上各点(x,y) 沿纵向向下平移 $f(x,y)-g$，即平移至基准面；此时曲线上的点 a、b、c、d、e 分别向下平移 h_a、h_b、h_c、h_d、h_e 距离。相应地，层叠体 S 及其平面 $z=k$ 以同样的规则在纵向上发生位移，从而得到变形后的层叠体 V 及其上的曲面 $z=F(x,y)$(图 2－1(c))。最后，通过一定的加工技术去掉基准面上方的材料，得到层叠体截面 $z=g$(图 2－1(d))，在此截面上呈现了具有一定图案的多元材料分布。

通过上述分析，在多元材料层叠体 S 中设计曲面 $z=f(x,y)$，并将该曲面在纵向上变形使之成为平面，即层叠体 V 中的截面 $z=g$，从而在该平面上得到具有一定图案的多元材料分布。对图 2－1(a) 中的层叠体 S 中每层赋予一定的材料，则图 2－1(b) 中的曲面 $z=f(x,y)$ 上各点获得相应的材料，并投影在平面上得到横向分布，如图 2－2 所示。从图 2－2 中可以发现，截面 $z=g$ 上的材料分布与曲面 $z=f(x,y)$ 上的横向材料分布完全一致。值得注意的是，在多元材料层叠体 S 中设计曲面 $z=f(x,y)$ 的过程，其实质就是在截面 $z=g$ 上设计材料分布的过程，即确定截面上各点材料的过程。因此，多元材料在平面上的任意分布可以通过曲面 $z=f(x,y)$ 的设计及层叠体 S 的变形(线位移) 来实现。

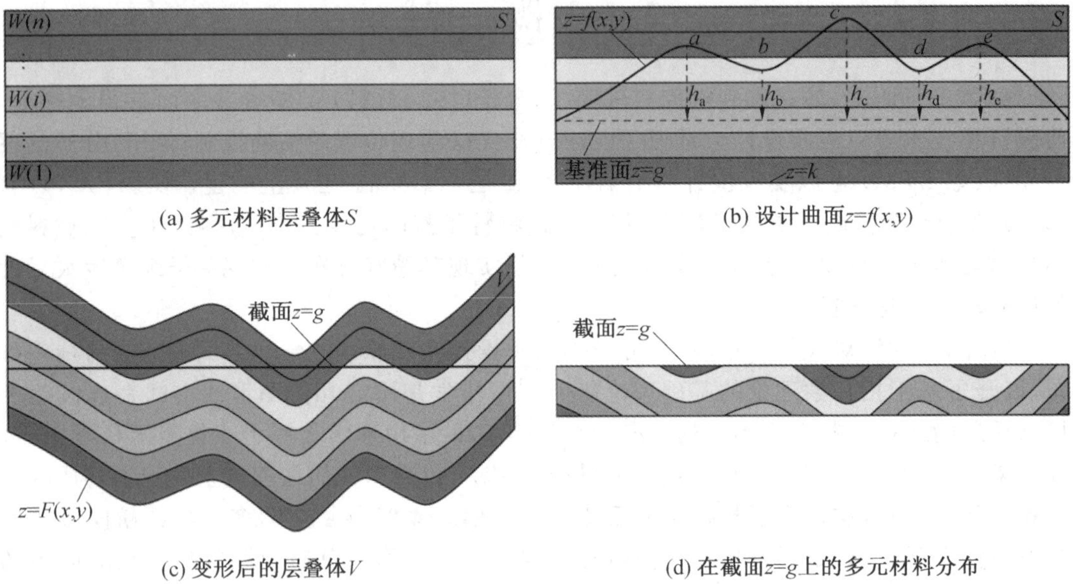

图 2－1　多元材料任意分布物理模型(彩图见附录)

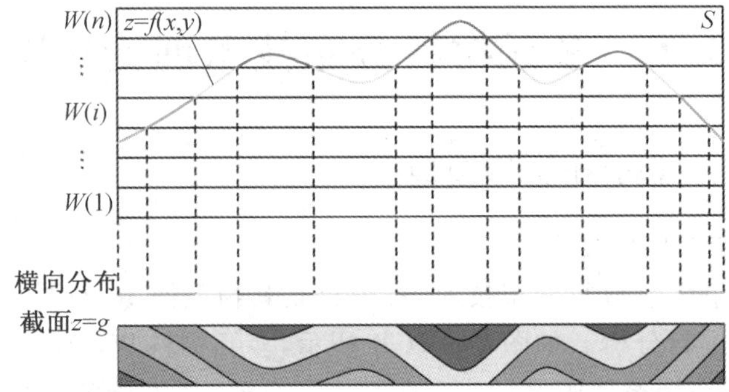

图 2－2　曲面 $z=f(x,y)$ 的横向分布与截面 $z=g$ 上分布的对比(彩图见附录)

(2) 多元材料层叠体的变形过程。

由上述分析可知，多元材料任意分布的核心是对层叠体进行线位移控制，即变形，因此如何对层叠体进行线位移便成为材料分布的关键。线位移的控制可以通过磁、电、光、热、形貌等多种方式来实现，其中通过形貌控制的线位移是当前较为简单和可控性较强的方法。由于形貌控制是物理控制方式，该方法几乎适合所有材料的精确变形。由图 2－1 可知，层叠体 V 的下表面形貌 $z=F(x,y)$ 就是层叠体 S 线位移所需的形貌特征，如图

2－3所示，该形貌特征的确定过程就是曲面 $z=f(x,y)$ 到平面 $z=g$ 线位移的过程，即模具基准面按照 $f(x,y)-g$ 在纵向方向上平移，从而形成模具形貌 $z=F(x,y)$。在此处，将层叠体 S 沉积的表面称为模具表面，亦可称为沉积面。

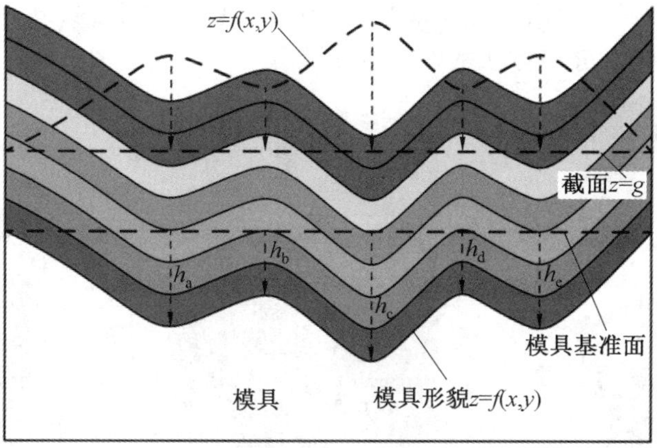

图 2－3　模具曲面的确定(彩图见附录)

在截面 $z=g$ 上多元材料分布的打印流程如图2－4所示，多元材料 $W(i)(i=1,2,\cdots,n)$ 在曲面 $z=F(x,y)$ 上的沉积过程就是在截面 $z=g$ 上分布材料的过程，最后通过去除 $z=g$ 截面以上的沉积体，从而获得固定截面上多元材料的分布。在截面 $z=g$ 上沉积材料的过程，类似于三维地貌等高线的投影过程；后者通过形貌分层，将层轮廓依次投影在平面上最终得到等高线图，从而实现了三维信息在平面上的表达；而前者则是通过沉积面上的材料沉积，在截面 $z=g$ 上使用材料沉积出相应的沉积面截面轮廓，是逐个轮廓沉积的过程，轮廓沉积的方向取决于沉积面的高度，即沉积面层轮廓由高到低进行沉积，因此，固定截面上的多元材料分布也是三维沉积面的一种映射。

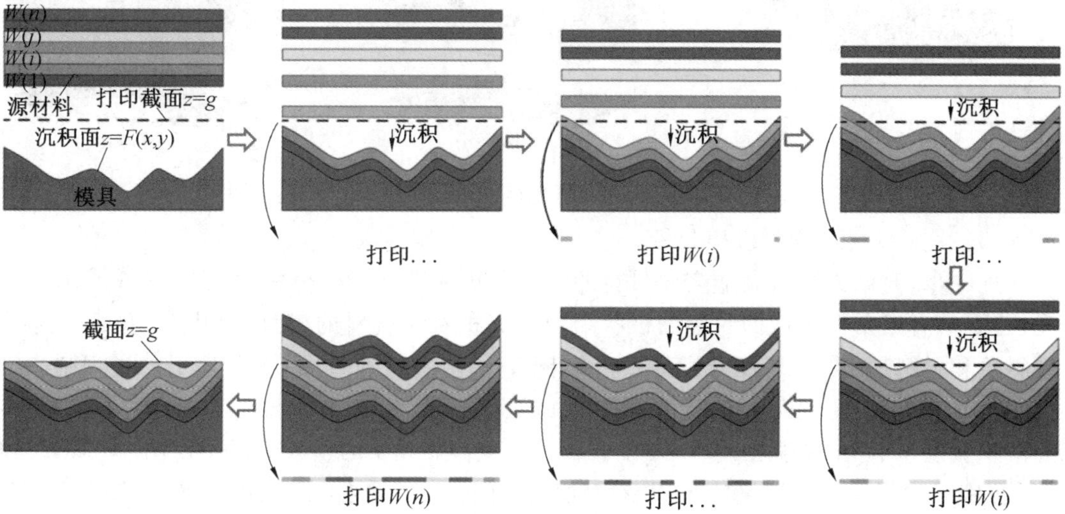

图 2－4　在截面 $z=g$ 上多元材料分布的打印流程(彩图见附录)

为了更加直观地展示沉积面上($z=F(x,y)$)层叠体材料逐层沉积及变形过程,此处以多元材料在1/4凹球面上依次沉积,从而实现截面$z=g$上径向梯度半圆分布为例进行分析(图2—5)。从图2—5中展示的沉积过程可以看出,多元材料在径向上是由外向内的逐个圆形形成的,截面上材料填充率取决于材料沉积速率,且连续不断的逐个轮廓沉积方式体现了多元材料任意分布方法的快速沉积能力。

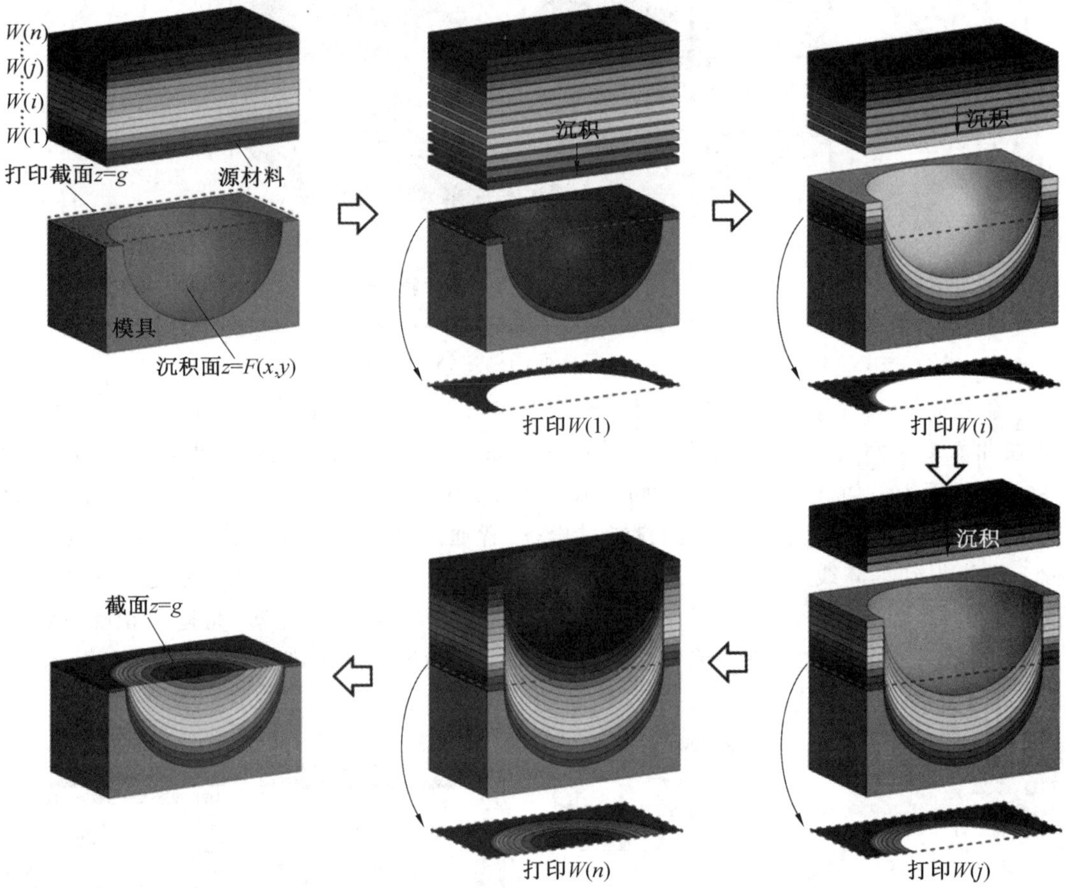

图 2—5　在截面 $z=g$ 上多元材料径向梯度半圆分布过程(彩图见附录)

(3) 多元材料位置分辨率分析。

进一步,对该方法所制造多元材料的位置分辨率进行建模分析,如图2—6所示。首先,建立具有三角形纵截面轮廓的锥状结构上沉积多元材料的模型,其中,三角形轮廓的倾斜角和材料层$W(i)$厚度分别为α和h(图2—6(a))。通过图2—6所示的过程制造出沉积体V,可以得到截面$z=g$上材料$W(i)$的沉积宽度为$w=h/\tan(\alpha)$。由此可得,$W(i)$的沉积宽度w随着材料层$W(i)$厚度h的减小或倾斜角α的增大而减小。图2—6(b)和(c)分别展示了减小层厚($h_1<h$)及增加倾斜角($\alpha_2>\alpha$)时的沉积宽度w_1和w_2,此时存在不等式$w_1<w$和$w_2<w$。由此可得,当材料$W(i)$层厚度足够小或轮廓倾斜角α足够大时,截面$z=g$上材料$W(i)$的沉积宽度在理论上可以达到纳米甚至原子级别。需要指出的是,单原子层的厚度通过现有的原子沉积技术可以实现;因此,该方法对于多元材料

纳米级位置/厚度分辨率制造具有可行性，也适用于其他具有复杂结构的基底。此时，该方法实现了材料沉积的高效率和高精度的统一。此外，现有的多元材料沉积方式都可以应用于该方法中，如物理气相沉积、化学气相沉积、电化学沉积等，使得该方法几乎适合所有的材料沉积。

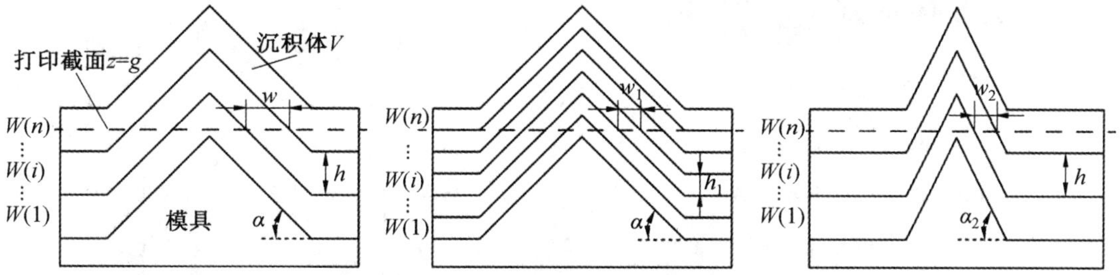

(a) 截面$z=g$上的沉积宽度w　(b) 减小层厚时的沉积宽度w_1　(c) 增大斜率时的沉积宽度w_2

图 2－6　沉积分辨率分析

2.2.2　多元材料分布数学模型

通过对物理模型的分析可知，曲面 $z=f(x,y)$ 到平面 $z=g$ 的变形及层叠体 S 到 V 的变形，其本质是一种数学意义上的拓扑变换。因此，基于拓扑变换建立多元材料任意分布数学模型，对多元材料任意分布进一步深入分析。

(1) 拓扑变换的建立。

为便于分析，本节先讨论两个曲面之间的拓扑变换。假设在同一区间内的两个曲面函数分别为 $z=f(x,y)$ 和 $z=p(x,y)$，曲面上两点分别为(x,y,z_1) 和(x,y,z_2)，则有 $z_1-z_2=f(x,y)-p(x,y)$。可知点(x,y,z_1) 到点(x,y,z_2) 的变换为 $z_1-[f(x,y)-p(x,y)]=z_1-f(x,y)+p(x,y)$，因此前者曲面到后者曲面的拓扑变换为$(x,y,z)\rightarrow(x,y,z-f(x,y)+p(x,y))$。若后者曲面为平面，即 $z=p(x,y)=g$ 时，其中 g 为常数，则拓扑变换为$(x,y,z)\rightarrow(x,y,z+g-f(x,y))$。

设 $S(i)$ 表示三维区域$(a\leqslant x\leqslant b,c\leqslant y\leqslant d,z(i-1)<z\leqslant z(i))$，其中 $z(i-1)<z(i)(i=1,2,\cdots,n)$，记 $S=\bigcup S(i)$，并设同一个区域内填充着同一种材料，用 $W(i)$ 表示三维区域 $S(i)$ 内的填充材料，$h(i)$ 表示 $W(i)$ 的材料层厚度，且 $h(i)=z(i)-z(i-1)$(图 2－7(a))。因此，可以认为三维区域 $S(i)$ 是沉积材料 $W(i)$ 的同一材料层，三维区域 S 是同一材料层 $S(i)$ 的层叠体。

给定三维区域 S 内的任意一个曲面 $z=f(x,y)(a\leqslant x\leqslant b,c\leqslant y\leqslant d)$(图 2－7(b))以及两个正数 k 和 g，其中 $k=z(0)$ 且 $k>g$，此时，建立区域 S 的一个拓扑变换 $Q:(x,y,z)\rightarrow(x,y,z+g-f(x,y))$，该拓扑变换能够实现曲面 $z=f(x,y)$ 到平面 $z=g$ 的转换；不难发现，通过该拓扑变换也实现了平面 $z=z(0)=k$ 到曲面 $z=k+g-f(x,y)$ 的变换。用 $V(i)$ 表示区域 $S(i)$ 在拓扑变换 Q 下的对应区域，并记 $V=\bigcup V(i)(i=1,2,\cdots,n)$。此时，$Q$ 也是三维区域 S 到三维区域 V 的一个拓扑变换。三维区域 S 内曲面 $z=f(x,y)$ 上的横向分布与三维区域 V 内截面 $z=g$ 上的横向分布完全一致，这意味着多元材料在平面 $z=g$ 上的任意分布可以通过曲面 $z=f(x,y)$ 的设计及层叠体 S 的拓扑变换来实现。总

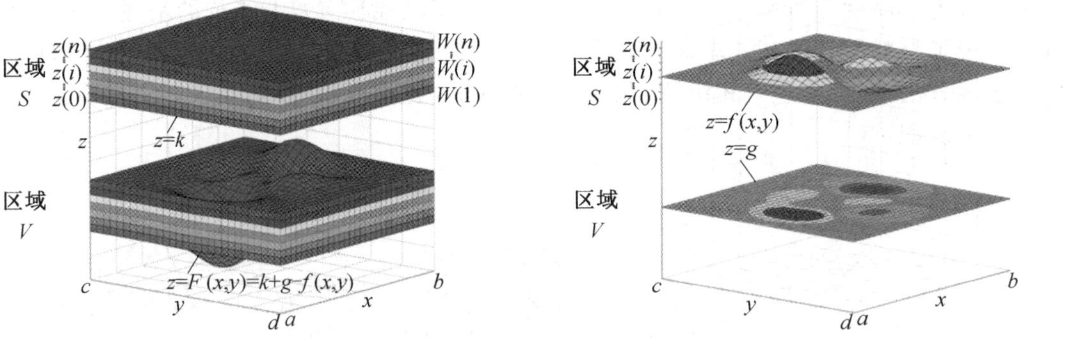

(a) 三维区域S及三维区域V (b) 曲面z=f (x,y)及截面z=g上的横向分布对比

图 2－7 三维区域 S 到三维区域 V 的拓扑变换 $Q:(x,y,z)\rightarrow(x,y,z+g-f(x,y))$(彩图见附录)

之,通过层叠体的拓扑变换使得目标材料位移至指定平面上的相应位置,从而实现多元材料在该平面上的位置控制,将极为困难的多元材料横向位置控制问题转化为相对简单的多元材料纵向层叠问题。

(2) 多元材料二维分布数学模型建立。

基于上述拓扑变换,建立多元材料平面任意分布的数学模型:

$$z=F(x,y)=k+g-f(x,y) \tag{2-1}$$

式中,$z=f(x,y)(a\leqslant x\leqslant b,c\leqslant y\leqslant d)$ 为沉积材料层叠体 S 内的一个曲面函数;常数 k 和 g 满足 $k=z(0)>g>0$。此处,定义沉积面($z=F(x,y)=k+g-f(x,y)$)上的理想沉积为 LMP(lee macroscopic－manipulation precise－distribution) 沉积。对于沉积材料层叠体 S,多元材料 $W(1)$、$W(2)\cdots W(i)\cdots W(n)$ 的理想沉积需满足以下3个条件:① 材料沉积单元为数学意义上的点;② 沉积材料的沉积轨迹为与 z 轴平行的直线;③ 没有二次沉积。LMP 沉积的核心特征在于一类特殊的沉积曲面(而不是平面),该沉积曲面由层叠体 S 内的曲面 $z=f(x,y)$ 决定,并由 $z=F(x,y)=k+g-f(x,y)$ 给出。图 2－8 中不同的颜色代表相应的区域 $S(i)$ 或填充材料 $W(i)$,多元材料按照 $W(1)$、$W(2)\cdots W(i)\cdots W(n)$ 的顺序依次沉积到沉积面 $z=F(x,y)=k+g-f(x,y)$ 上,沉积方向如箭头(垂直向下) 所示。

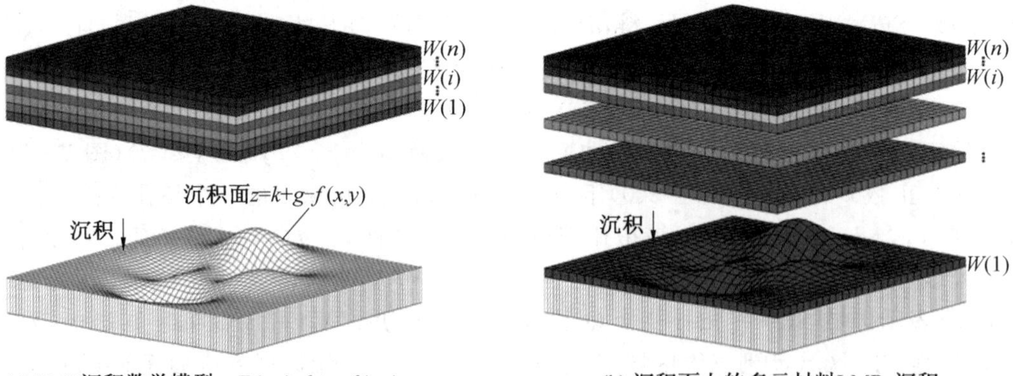

(a) LMP沉积数学模型z=F (x,y)=k+g-f (x,y) (b) 沉积面上的多元材料LMP-沉积

图 2－8 多元材料的 LMP 沉积和实际分布示意图(彩图见附录)

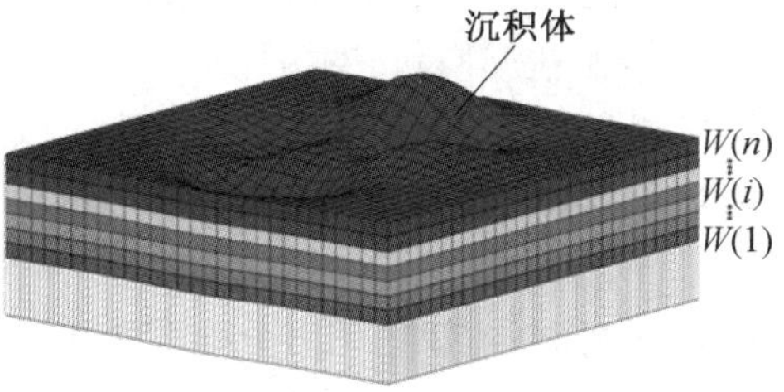

(c) 多元材料LMP沉积体

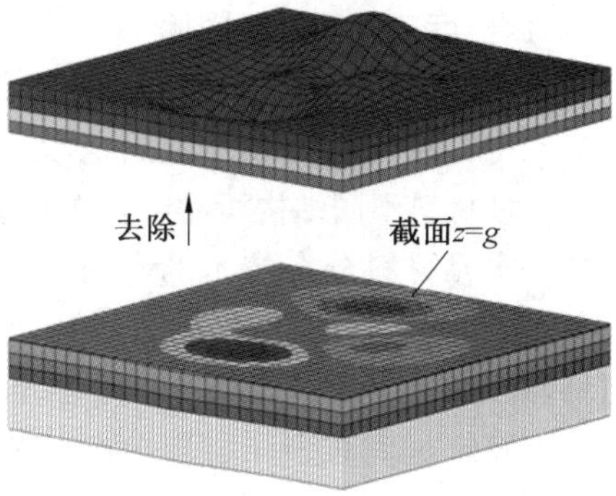

(d) 截面z=g上的实际分布

续图 2－8

根据区域 S 内的曲面 $z=f(x,y)$ 引入了一个拓扑变换 $Q:(x,y,z)\rightarrow(x,y,z+g-f(x,y))$，以及一种特殊的沉积方法(即 LMP 沉积)。接下来，将对这两者之间的关系进行分析。由拓扑变换 Q 的定义可以看出，拓扑变换 Q 使区域 S 内的平面 $z=k$ 变换为区域 V 内的曲面 $z=F(x,y)=k+g-f(x,y)$(图 2－7(a))，而 LMP 沉积就是以曲面 $z=F(x,y)=k+g-f(x,y)$ 作为沉积面，因此，$S(1)$ 在拓扑变换 Q 下的对应区域 $V(1)$ 与 LMP 沉积下的 $S(1)$ 沉积体是完全重合的。以此类推，对于给定的曲面 $z=f(x,y)$，拓扑变换 Q 和LMP 沉积是等效的(图 2－7(a) 和图 2－8(a) ～ (c))。这个结论的意义在于，可以把拓扑变换 Q 的一些结论移植到 LMP 沉积过程中，其结论同样成立。

拓扑变换 Q 把三维区域 S 内的曲面 $z=f(x,y)$ 变换为三维区域 V 内的平面 $z=g$，因此，多元材料在它们两者上的横向分布是一致的(图 2－7(b))。由于拓扑变换 Q 和LMP 沉积是等效的，这个结论可以转化为 LMP 沉积的结论，即对于多元材料 $W(1)$、$W(2)\cdots W(i)\cdots W(n)$ 层叠体 S 内任意给定的曲面 $z=f(x,y)$，经对应的 LMP 沉积，沉积体截面 $z=g$ 与曲面 $z=f(x,y)$ 具有相同的横向分布。该结论的重要意义在于它提供了通过简单的多元材料纵向沉积实现复杂的多元材料横向分布的一个全新的途径：将 $z=g$ 上的分布设定为目标分布(即所需要的分布)，要想获得多元材料的平面目标分布，只需先在三维区域 S 中找到一个以平面目标分布为其横向分布的曲面 $z=f(x,y)$，然后进行对应的 LMP 沉积(即在曲面 $z=F(x,y)=k+g-f(x,y)$ 上进行理想沉积)，则在沉积体截面 $z=g$ 上可以得到与平面目标分布完全一致的材料分布。

至于上述的以给定平面目标分布为其横向分布的曲面 $z=f(x,y)$，可以这样简单得到：给定多元材料在平面区域 $z=g(a\leqslant x\leqslant b,c\leqslant y\leqslant d)$ 上的目标分布，对于区域$(a\leqslant x\leqslant b,c\leqslant y\leqslant d)$ 内的任意一点(x,y)，若给定目标分布在此点的材料是 $W(i)$，则该点所对应的 $f(x,y)$ 应满足 $z(i-1)<f(x,y)\leqslant z(i)$。

上述的LMP沉积中有一个突出的特点，即沉积面 $z=F(x,y)=k+g-f(x,y)$ 是固定的，在整个层叠体沉积的过程中保持不变，诱导叠层体材料的变形，并在固定截面上获得二维平面多元材料的分布。因此，也可以将该方法称为固定衬底式多元材料分布技术，其核心在于如何根据预期材料的分布情况设计制造衬底和沉积体。此处，需要考虑以下几点。

(1) 由于目标材料的分布情况是可以设计的，且沉积材料的过程是将大批材料按照固定衬底的形貌进行定向的移动，因此，多元材料分布技术实际上是通过大量材料的宏观操纵实现其精确分布的方法。这种方式非常有利于制造多元复合材料及器件，如超材料，只需要根据超材料中多元材料的分布情况，制造固定形貌的衬底；再通过沉积实现多元材料的分布，可以有效地减少每种材料不同结构所需的多次制造过程，达到减少制造周期和成本的目的。

(2) 多元材料分布技术的本质在于通过多元材料的沉积过程，将多种材料分布到衬底高低不平的各个区域，利用衬底形貌的高度差，将困难的多元材料横向分布问题转化为相对简单的纵向沉积问题。

(3) 固定衬底式多元材料分布技术可以实现多元材料的二维平面分布，同时由于三维空间分布可以看成是若干个二维平面分布的叠加，理论上也可以实现多元材料的三维空间分布。但由于初始衬底是固定不变的，由上文分析可知层叠体的表面与衬底的表面呈现 $f(x,y)+F(x,y)=k+g$ 的数学关系，因此无论沉积材料的种类和厚度如何变化，随着高度的增加，三维超材料的每层材料复合方式都是不变的。唯一可变的是每层材料的种类，这类三维超材料的每层结构在平面的映射形状都是一致的，纵向上并不存在结构的改变。定义这类仅存在单一变量变化（材料种类）的多元材料分布为线性降维分布，而通过线性降维分布制造的三维结构超材料为准三维超材料。

(3) 多元材料三维分布数学模型建立。

上述多元材料的分布仅仅描述了在二维平面的分布情况，如果想要获得三维空间内多元材料的分布，则需要进一步对其进行建模和分析。

多元材料分布中有两种变量是极易调控的，即材料种类和材料的复合方式。对于固定衬底，无论沉积的材料种类和厚度如何变化，仅可改变每个平面内各分布材料的种类，而无法改变每个平面内材料的复合方式。改变单一变量的固定衬底式多元材料分布技术可以线性降维处理二维或准三维空间内多元材料的分布，而改变双重变量的可变衬底式多元材料降维分布技术可非线性处理三维空间内多元材料分布。利用增减材工艺能够调整基于初始衬底沉积而来的沉积体结构，引导后续沉积体结构改变。不断改变沉积体结构，建立可变衬底，基于可变衬底可实现多元材料三维空间中每层二维超材料的材料种类和结构变化。

首先，建立多元材料三维空间分布的物理模型，通过衬底的变化诱导其上沉积体的变形，从而便于分析和理解。如图 2－9(a) 所示，对于多元材料 $W(i)(i=1,2,\cdots,n)$ 依次堆叠形成的层叠体 S，设定初始表面 $z_1=f(x,y)$ 和改变后表面 $z_2=f(x,y)$ 分别代表预期的两层不同材料分布情况，表面 $z_1=f(x,y)$ 和 $z_2=f(x,y)$ 上各点到预设基准面 $z_1=g$ 和 $z_2=h$ 的距离分别为 $f(x,y)-g$ 和 $f(x,y)-h$(图 2－9(b))；将 z_1 表面上的每个点 (x,y) 垂直向下平移 $f(x,y)-g$，即将该表面各点投影到基准面的对应位置；与之对应，层叠体 S 及其平面 $z=k$ 以同样的趋势在垂直向上发生位移，从而得到表面 $z_1=F(x,y)$ (图 2－9(c))；通过增减材加工工艺(沉积、刻蚀、磨削等)和光刻技术改变沉积体 $W(n)$ 形成了一个完全不同于表面 $z_1=F(x,y)$ 的表面 $z_2=F(x,y)$(图 2－9(c))，改变后的沉积体及其表面可作为新衬底继续沉积材料，形成与初始衬底形貌完全不同的新的沉积体。重复上述步骤，根据三维结构的各层结构形状可继续变换沉积体结构形成可变衬底，实现层叠体 V 的三维结构变换。最终加工去掉基准面 z_2 上方材料得到层叠体截面 $z_2=h$ (图 2－9(d))，再去掉基准面 z_1 下方材料得到层叠体截面 $z_1=g$，至此，预设的多元材料分布情况呈现在截面 $z_1=g$ 和 $z_2=h$ 上，且两个截面的材料分布种类和所占区域的大小形状相异。

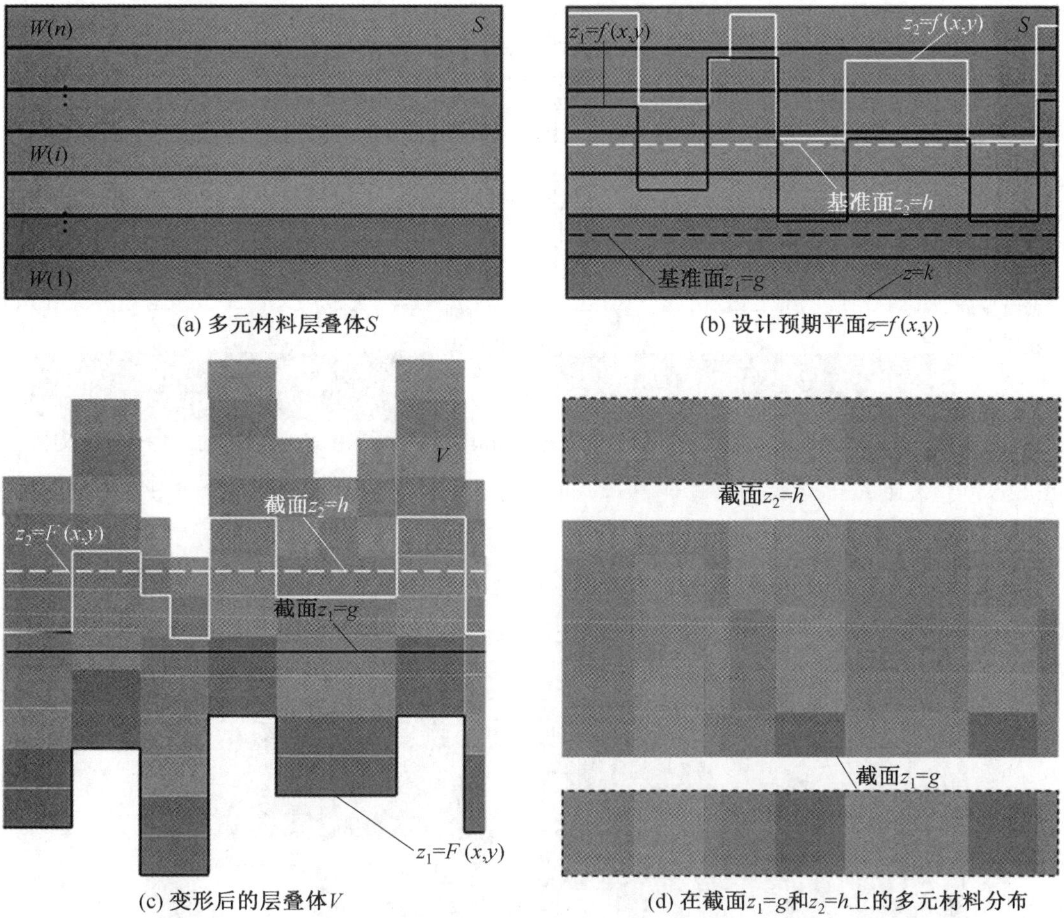

图 2－9　可变衬底式多元材料分布物理模型(彩图见附录)

上述多元材料三维分布技术，先在多元材料层叠体 S 中设计两个(或多个)表面 $z_1=f(x,y)$ 和 $z_2=f(x,y)$，并将两个表面进行垂直于基准面方向上的变形使之成为平面，即可得到层叠体 V 的截面 $z_1=g$ 和 $z_2=h$，从而在这两个平面上得到图案完全不同的两种多元材料分布。

如图 2－10 所示，两个截面 $z_1=g$ 和 $z_2=h$ 上的材料分布与表面 $z_1=f(x,y)$ 和 $z_2=f(x,y)$ 上的横向材料分布完全相同。对于多元材料在三维空间上的分布，层叠体 S 会发生多次不同位移形成不同的表面，即通过可变的微结构衬底引导材料沉积的过程中，根据三维结构每层结构的形状和尺寸变化调整后续沉积体的变化，实现三维空间上材料分布情况的逐层变化。

对于多元材料三维分布技术，多个沉积面的设计与制造是关键。由图 2－9 可知，层叠体 V 的下初始表面形貌 $z_1=F(x,y)$ 即为初始层叠体 S 线位移所需的形貌特征，而表面形貌 $z_2=F(x,y)$ 为改变 $W(n)$ 沉积体形貌后，后续沉积所需的新衬底形貌。如图 2－11(a) 所示，两种形貌特征的确定过程就是两个表面 $z_1=f(x,y)$ 和 $z_2=f(x,y)$ 到平面 $z_1=g$ 和 $z_2=h$ 线位移的过程，即沉积衬底的基准面按照 $f(x,y)-g$ 和 $f(x,y)-h$ 在纵向方向上平移形成沉积面的形貌 $z_1=F(x,y)$ 和改变沉积面后的形貌 $z_2=F(x,y)$。

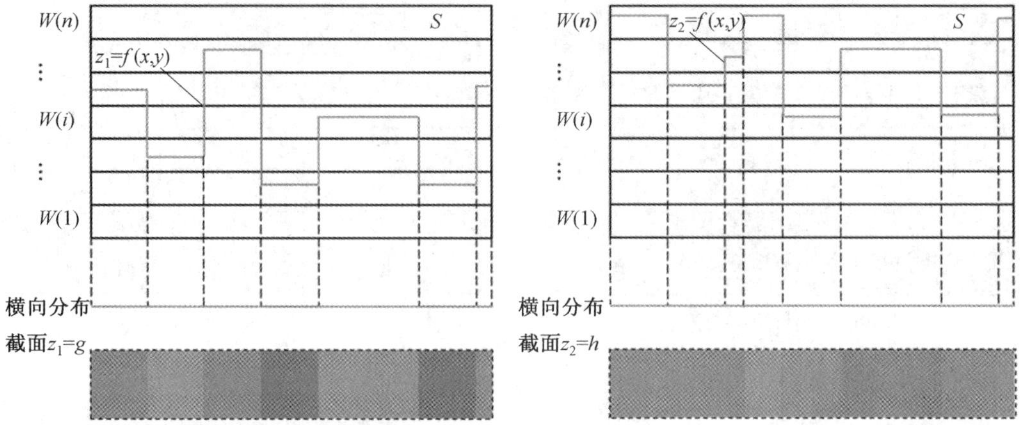

(a) 表面 $z_1=f(x,y)$ 横向分布与截面 $z_1=g$ 上分布的对比　(b) 表面 $z_2=f(x,y)$ 横向分布与截面 $z_2=h$ 上分布的对比

图 2－10　表面 $z_1=f(x,y)$ 和 $z_2=f(x,y)$ 的横向分布与截面 $z_1=g$ 和 $z_2=h$ 上分布的对比（彩图见附录）

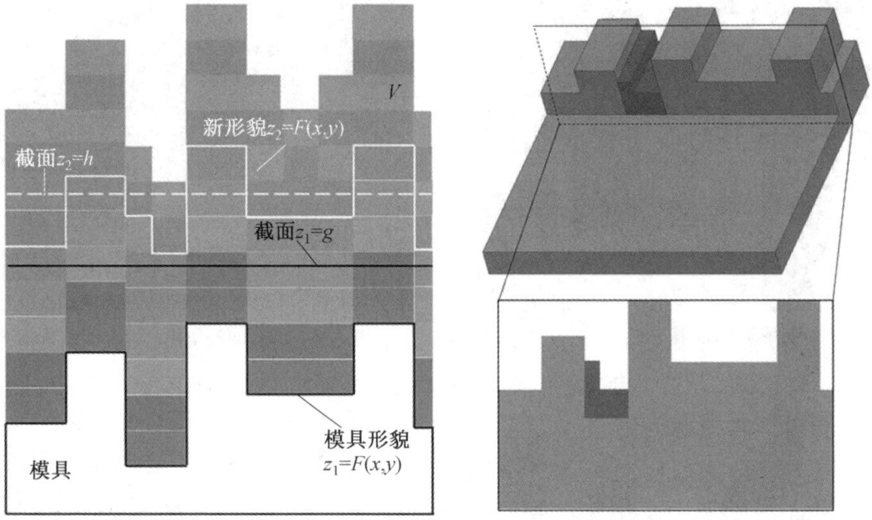

(a) 模具表面确定　(b) 改变后模具立体和截面图像

图 2－11　模具截面示意图

图 2－12 展示了多元材料分布流程。多元材料 $W(i)(i=1,2,\cdots,n)$ 在两个表面 $z_1=F(x,y)$ 和 $z_2=F(x,y)$ 上的沉积过程就是在截面 $z_1=g$ 和 $z_2=h$ 上分布材料的过程，最后通过去除固定截面以上的材料获得两种多元材料分布。沉积面的形貌 $z_1=F(x,y)$ 和新形貌 $z_2=F(x,y)$ 的结构可以不相同，因为初始的沉积面 $z_1=F(x,y)$ 决定了后续的沉积体的结构。为了实现多元材料三维空间中每层结构的差异，需要一定的制造技术改变沉积体结构形成新衬底，以新衬底的形貌 $z_2=F(x,y)$ 作为后续沉积的基础，引导后续沉积体结构改变，且后续沉积体可以继续通过制造技术进一步改变生成新衬底，通过可变衬底实现三维结构中每层结构多变，最终体现为多元材料三维空间中材料及形貌变化，即实现如图 2－12 所示的两个截面上的材料种类和分布结构的不同。

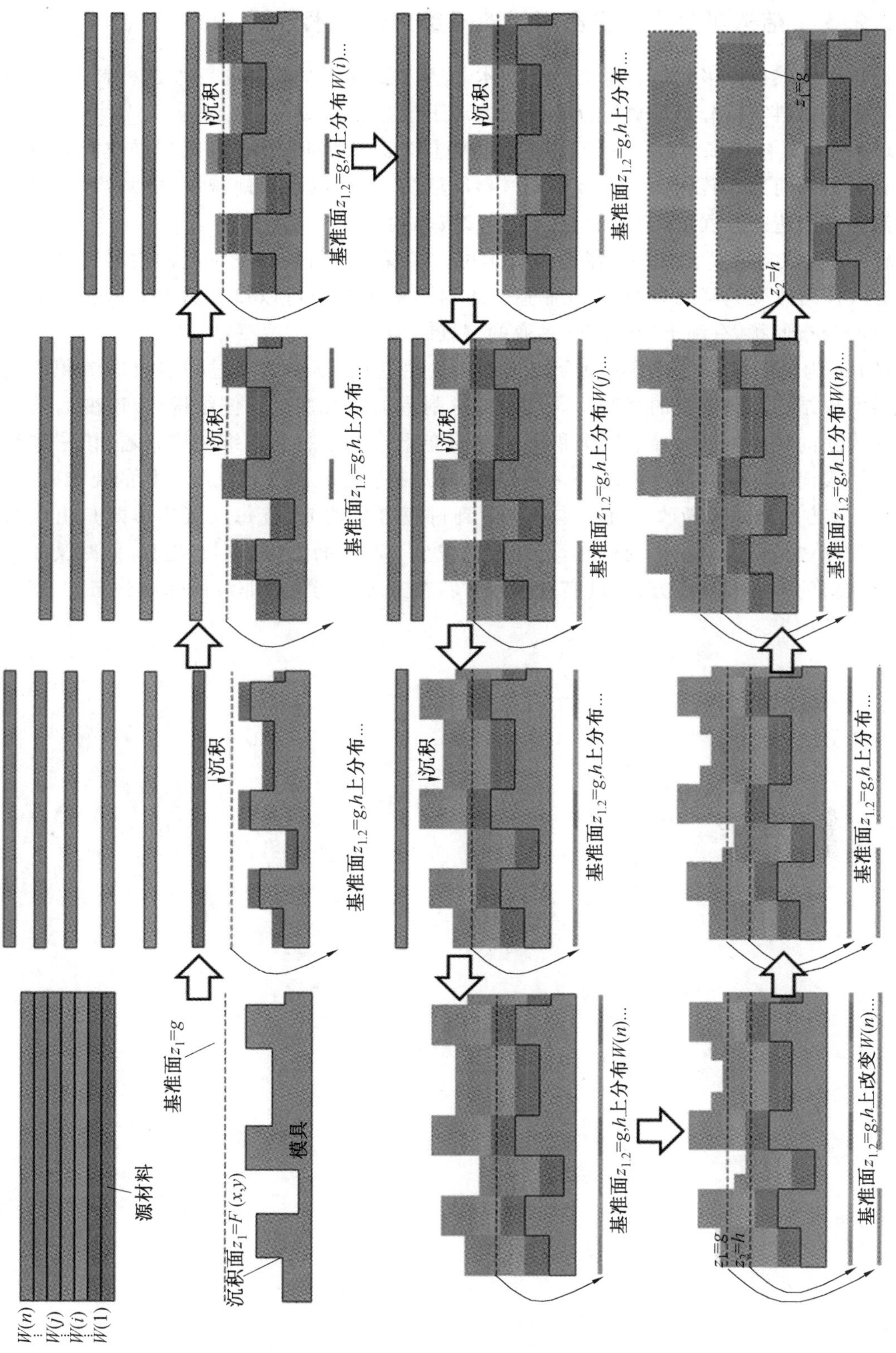

图2-12 在截图$z_1=g$和$z_2=h$上多元材料分布流程（彩图见附录）

2.2.3　结构可变式衬底多元材料降维分布技术分析

通过可变式衬底多元材料降维分布技术制造太赫兹调制器件的三维超材料，其每层结构的多元材料实际分布与目标分布一致。对于该方法有以下几点讨论。

(1) 可变式衬底多元材料降维分布技术通过多元材料的沉积过程把三维空间内每层多元材料的横向分布转化为纵向上多元材料层层沉积，可以有效地减少每种材料不同结构所需多次制造的过程，达到减少制造周期和成本的目的。

(2) 可变式衬底多元材料降维分布技术可以实现多元材料在三维空间内材料种类与复合方式同时改变的降维分布，且在制造三维材料的过程中可以自下而上地依次改变每层材料的分布形状，有利于制造复杂多变的三维结构。

(3) 因为每层材料的种类和复合方式都在发生变化，不可能通过固定衬底沉积不同的材料实现结构在纵向上的突变。通过增减材制造工艺改变沉积体结构，以改变后的沉积体作为新的衬底可以引导后续沉积体结构的变化。从宏观的三维结构来看，该三维结构的每层横向结构随着高度差的变化而变化，满足制造复杂多变的三维结构的要求。

(4) 该方法通过不断改变沉积体结构达到衬底可变功能，且每层沉积体既是上层衬底的沉积体也是下层沉积体的衬底，可有效地减少一次平面结构的制造流程，同时又改变了每层材料的种类和复合方式，可实现多元材料在三维空间上的非线性降维分布。

第 3 章　多元材料分布技术实现方法

3.1　概　述

第 2 章对多元材料在二维平面和三维空间上分布进行了理论建模研究，将复杂的平面和空间多元材料分布转化为多种材料单一层叠体依次沉积，其实质是实现了多元材料复杂分布的降维。这种降维在二维平面分布中，可以看作是在固定形貌衬底上多种材料单一层叠体线性变形；而在三维空间分布中，可以看作是在可变形貌衬底上多种材料单一层叠体非线性变形。在理论推导完善后，本章将对多元材料分布技术的实现方法进行系统阐述。

3.2　多元材料二维平面分布的实现方法

3.2.1　多元材料二维平面分布步骤

从第 2 章的分析和讨论可知，利用 LMP 沉积方法可以实现多元材料精确分布，在此将上述方法称为 LMP－分布法，多元材料 LMP－分布法流程图如图 3－1 所示。

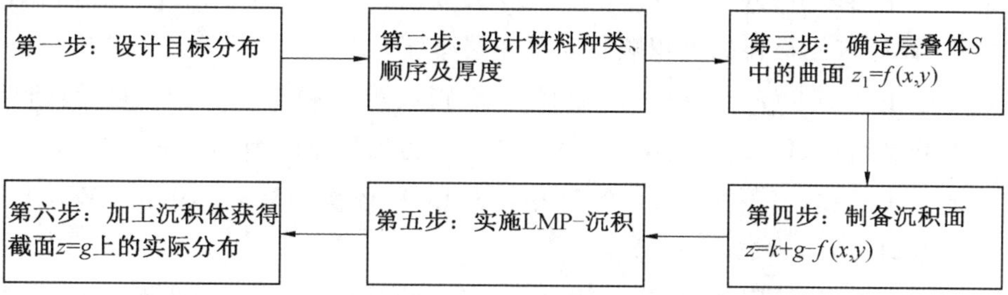

图 3－1　多元材料 LMP－分布法流程图

第一步：设计多元材料的目标分布。

这个过程实际上是把区域 $L(a\leqslant x\leqslant b, c\leqslant y\leqslant d)$ 分成若干个不相交的分区域的过程，每个分区域填充一种颜色，代表一种材料，将具有相同材料的分区域记为 $L(i)$，且 $L=\bigcup L(i)$，$L(i)$ 内的材料记为 $W(i)(i=1,2,\cdots,n)$（图 3－2(a)）。以 4 种材料分布为例，在图 3－2(a) 中，目标分布被分为 4 个区域：蓝、紫、绿和红色，并记为 $L(1)$、$L(2)$、$L(3)$、$L(4)$，代表 4 种沉积材料 $W(1)$、$W(2)$、$W(3)$、$W(4)$ 的分布区域。

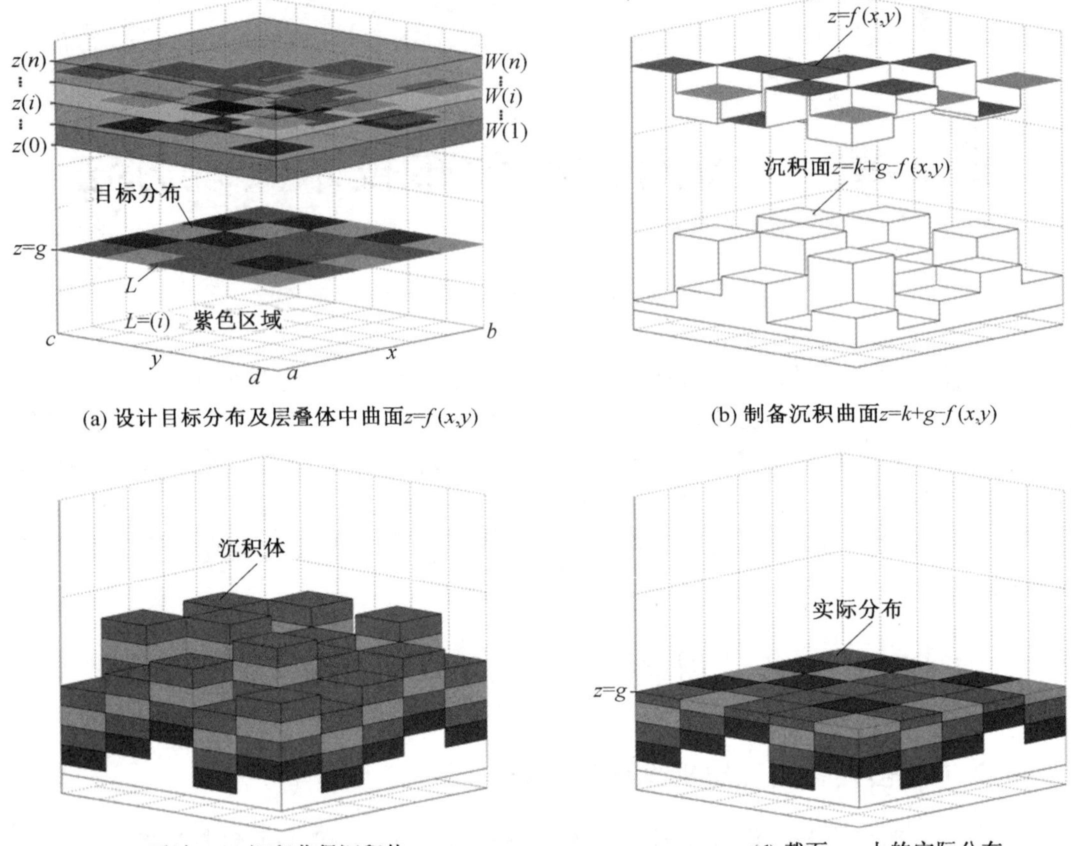

(a) 设计目标分布及层叠体中曲面$z=f(x,y)$ (b) 制备沉积曲面$z=k+g-f(x,y)$

(c) 通过LMP-沉积获得沉积体 (d) 截面 $z=g$上的实际分布

图 3－2 在 $z=f(x,y)=[z(i)+z(i-1)]/2$ 情况下的 LMP 分布示意图(彩图见附录)

第二步:设计多元材料的沉积顺序和单一层厚度。

确定一组正数 $z(i)(i=1,2,\cdots,n)$ 和另一个正数 k(其中 $k=z(0)$)。多元材料沉积顺序为 $W(1)$、$W(2)$、…、$W(i)$、…、$W(n)$,材料 $W(i)$ 的沉积厚度为 $z(i)-z(i-1)(i=1,2,\cdots,n)$(图 3－2(a) 和(b)。在图 3－2(a) 中,沉积顺序依次为 $W(1)$、$W(2)$、$W(3)$、$W(4)$,且每层的厚度均为 $t=z(1)-z(0)$。

第三步:在沉积材料层叠体 S 内,设计与目标分布横向同分布的曲面 $z=f(x,y)$。

目标分布的横向同分布曲面 $z=f(x,y)$ 按如下方式设计:对于任意点$(x,y)(a\leqslant x\leqslant b,c\leqslant y\leqslant d)$,若该点在目标分布上的材料是 $W(i)$,则该点所对应的 $z=f(x,y)$ 应满足 $z(i-1)<f(x,y)\leqslant z(i)$(图 3－2(b))。为了简化和直观,横向同分布曲面 $z=f(x,y)$ 往往在同一材料分区域内取相同的值,如图 3－2(a) 所示,当$(x,y)\in L(i)(i=1,2,\cdots,n)$ 时,(x,y) 所对应的函数值均为 $f_i(x,y)=[z(i-1)+z(i)]/2$,这时曲面 $z=f(x,y)$ 是阶梯曲面。

第四步:制造沉积曲面。

通过沉积数学模型,可知沉积曲面为 $z=F(x,y)=k+g-f(x,y)$,其中 g 是一个正数，且 $k > g$（图 3－2(a) 和(b)），根据曲面 $z = k + g - f(x, y)$ 表面形貌，通过一定的加工技术制造沉积曲面。

第五步：实施 LMP 沉积。

按照设计的材料顺序和厚度在沉积面 $z=F(x,y)=k+g-f(x,y)$ 上进行逐层沉积，从而得到沉积体（图 3－2(b) 和(c)）。

第六步：获取目标曲面的实际分布。

去除沉积体 $z=g$ 截面以上的沉积体材料，从而获得多元材料在固定截面上的实际分布（图 3－2(d)）。不难发现，得到的实际分布与设计的目标分布完全一致。

3.2.2　多元材料二维平面分布的讨论分析

基于上述分布的实现步骤可得出结论：通过 LMP－分布法得到的多元材料实际分布与目标分布完全一致。对于 LMP－分布法，有以下几点需要讨论。

(1) 由于目标分布可以任意指定，且面沉积是同时移动大量材料，因此，LMP－分布法实际上是通过大量材料的宏观操纵实现其任意精确分布的方法，至于分布的精度（误差）将在后面的章节中集中讨论。

(2)LMP－分布法的本质在于通过一个特殊的沉积过程（即 LMP 沉积）把极其困难的多元材料横向分布问题转化为相对简单的纵向沉积问题。

(3)LMP－分布法可实现多元材料的二维平面分布，由于三维空间分布可以看成是若干个二维平面分布的叠加，因此 LMP－分布法理论上也可以实现多元材料的三维空间分布。

(4) 需要注意的是，LMP－分布法虽然基于理想沉积，但也可以运用到非理想沉积的情况，如原子、分子 LMP－分布法、纳米材料 LMP－分布法及宏观颗粒 LMP－分布法，此时得到的多元材料实际分布会出现一定的误差。

以下通过一个例子，说明原子、分子 LMP－分布法相对于原子、分子逐点分布法的巨大优势。假设用 10 种金属原子对 10 cm × 10 cm 的平面进行分布，且金属原子的直径均为 0.1 nm；逐点分布法采用扫描隧道显微镜（STM）技术，其分布速度为每秒 100 万个原子（实际上这是很难达到的）；LMP－分布法采用磁控溅射技术，其沉积速度为1 nm/s，总沉积厚度为 1 μm，这时，单一材料层的平均厚度为 100 nm，是单原子层厚度的1 000 倍，这足以保证 LMP－分布法得以顺利实施。经简单计算可以得出：实现 10 cm × 10 cm 的原子分布，用逐点分布法将需要 3 万年，而用 LMP－分布法只需要 17 min。

3.3 多元材料三维空间分布的实现方法

3.3.1 多元材料三维空间分布步骤

对于多元材料的三维空间分布，根据第 2 章的理论，其核心在于可变衬底的设计与制造。具体地，多元材料三维空间分布的步骤如图 3－3 所示。

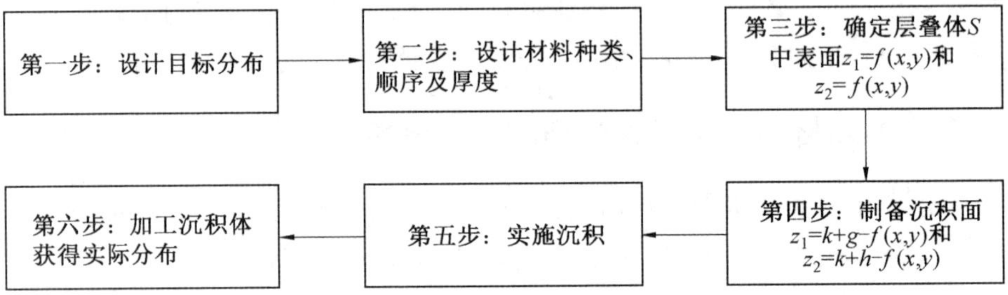

图 3－3 多元材料三维空间分布的步骤

第一步：设计多元材料的目标分布。

将三维结构中的多元材料分布区域划分为 n 个区域，每个单元区域的面积为 δ，如图 3－4 所示。理论上根据不同材料的分布情况，可以组合成各式形状结构，且每种材料对应的结构面积可以表述为 $n\delta(n \in N)$。图 3－4 以 3 种材料分布为例，3 种沉积材料 $W(1)$、$W(2)$、$W(3)$ 的分布区域分别用红、绿和蓝代表，记为 $S(1)$、$S(2)$、$S(3)$。

第二步：设计多元材料的沉积顺序和单层材料厚度。

图 3－4(a)、(b) 描述的分别是第一层和第二层目标材料的分布情况，所需目标多元材料分布的材料种类一共有 3 种，选取其中一种材料作为衬底材料，可减少一种材料的沉积，有效地降低制造成本。单层材料的沉积厚度均选取为 d。使用红色区域的 $W(1)$ 材料为衬底材料，其他两种材料的沉积顺序应该根据衬底的高度差来判断。根据第一层目标材料的分布情况(图 3－4(a) 区域 1、2 和 4)，设定沉积顺序为先沉积 $W(2)$ 再沉积 $W(3)$，则对应衬底的设计应该是区域 4、1、2 衬底高度差值为 d 的等差数列。同理，根据第二层目标材料的分布情况(图 3－4(b) 区域 1、2 和 3)，设定沉积顺序为先沉积 $W(1)$ 再沉积 $W(2)$，则对应衬底的设计应该是区域 3、1、2 衬底高度差值为 d 的等差数列。

第三步：设计沉积材料层叠体 S 内的目标分布表面 $z_1 = f(x,y)$ 和 $z_2 = f(x,y)$。

如图 3－4(b)、(c) 所示，层叠体的目标分布表面 $z_1 = f(x,y)$ 和衬底的形貌表面 $z_1 = F(x,y)$ 关于截面 $z_1 = g$ 和基准面 $z = k$ 围成的区域呈镜面对称，即 $f(x,y) + F(x,y) = k + g$。变形为 $z_1 = F(x,y) = k + g - f(x,y)$，即为第一层目标材料分布对应的沉积面的数学表达式。同理，根据层叠体的目标分布表面 $z_2 = f(x,y)$ 和衬底的形貌表面 $z_2 = F(x,y)$ 关于截面 $z_2 = h$ 和基准面 $z = k$ 围成的区域呈镜面对称，即 $f(x,y) + F(x,y) = k + h$。变形为 $z_2 = F(x,y) = k + h - f(x,y)$，即为第二层目标材料分布对应的沉积面的数学表达式。

第四步：制造衬底。

因两层结构的多元材料分布区域的形状完全不同(图 3－4(a)、(b))，存在初始衬底和改变沉积体形貌后的新衬底。初始衬底可以根据材料的沉积厚度 d，结合层叠体的目标分布表面 $z_1=k+g-f(x,y)$，得出初始衬底数学表达，进而采用一定的技术制造出(图 3－4(c))。改变沉积体后的新衬底可以根据改变后沉积体的目标分布表面 $z_2=k+h-f(x,y)$ 和沉积厚度 h 得到，如图 3－4(f) 所示。

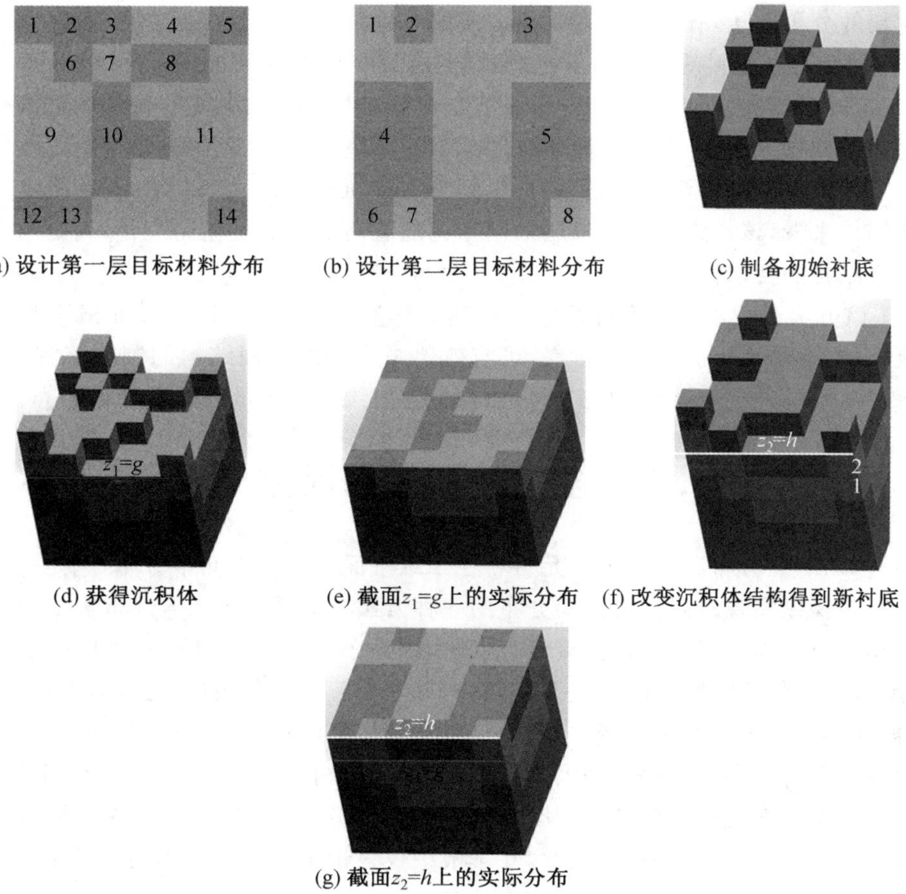

图 3－4　多元材料三维空间分布方法示意图(以 3 种材料两个目标分布为例，单一层的厚度相等)(彩图见附录)

第五步：实施 LMP 沉积。

按照设计的材料顺序和厚度在沉积曲面 $z_1=F(x,y)=k+g-f(x,y)$ 上进行逐层沉积，从而得到沉积体(图 3－4(d))。然后，改变该沉积体的表面形貌获得 $z_2=F(x,y)=k+h-f(x,y)$ 形貌，再进行新一轮的沉积，从而得到新的沉积体(图 3－4(f))。

第六步：获得多元材料三维空间实际分布。

去除沉积体 $z_2=h$ 以上的材料，从而获得多元材料在第一、二层的实际分布。

3.3.2　多元材料三维空间分布的讨论分析

通过可变衬底实现多元材料三维空间分布技术，其每层结构中多元材料实际分布与目标分布完全一致。对于该方法有以下几点讨论。

(1) 可变衬底式多元材料降维分布技术通过多元材料的沉积过程把困难的多元材料横向分布问题转化为相对简单的纵向沉积问题,可以有效地减少每种材料不同结构所需多次制造的过程,达到减少制造周期和成本的目的。

(2) 可变衬底式多元材料降维分布技术既可以实现多元材料的二维平面分布,也可以实现多元材料的三维空间分布,且在制造三维材料的过程中可以自下而上地依次改变每层材料的分布形状,有利于制造复杂多变的三维结构。

(3) 因为每层材料的种类和复合方式都在发生变化,不可能通过固定衬底沉积不同的材料实现结构在纵向上的突变。根据各层材料结构在纵向上的变化量调整沉积体结构适应材料结构在纵向上的变化,即通过增减材料制造工艺改变沉积体结构,以改变后的沉积体作为新的衬底,然后继续沉积即可得到与之前沉积体结构不同的新沉积体。从宏观的三维结构来看,该三维结构的每层横向结构随着高度差的变化而变化,满足制造复杂多变的三维结构的要求。

(4) 该方法通过不断改变沉积体结构达到衬底可变功能,且每层沉积体既是上层衬底的沉积体,也是下层沉积体的衬底,可有效地减少一次平面结构的制造流程,且同时改变了每层材料的种类和结构,可实现多元材料在三维空间上的非线性降维分布。

3.4 多元材料分布误差分析

通过LMP－分布法已实现多元材料在二维平面和三维空间中分布,它是一种基于大量材料宏观操纵实现多元材料精确分布的一种方法。如果 LMP－分布法中的材料沉积方式采用分子束外延、磁控溅射、蒸镀、热升华等原子、分子的沉积方式,理论上就可以得到原子、分子的精确操纵方法。但 LMP－分布法是存在 3 条假设前提的,因此,在实际的多元材料分布中,由于衬底制造的误差,材料非理想的沉积,沉积体材料去除误差,以及多种材料界面融合 / 相分离等多种因素,其材料的分布精度可能大幅降低。因此,本节主要讨论在一个实际多元材料分布中,其误差来源及大小。由于多元材料的三维空间分布可以降维为二维平面分布的叠加,因此,在本节中仅讨论平面分布中的误差情况。

3.4.1 分布误差影响因素分析

通过原子、分子 LMP－分布法得到的实际分布受到以下因素的影响:原子、分子尺寸、沉积过程准直性误差、二次沉积、材料层厚度误差、沉积面加工误差、截面加工误差等。在这些因素中,原子、分子尺寸是固定的且不积累,因此在分布误差分析中,假设原子、分子的直径为零。

为了便于误差分析与讨论,首先介绍以下几个重要概念。沉积面加工误差定义为最大横向加工误差和最大纵向加工误差两者中大者,用 Δ 表示,该误差主要影响沉积体的横向及纵向误差。横向沉积误差定义为在棱柱体顶部沉积得到的沉积体相对棱柱体顶部平面的最大误差,用 δ 表示。从图 3－5 中可以看出,该误差主要影响沉积体的横向误差。系统误差定义为沉积系统的最大允许误差,用 ρ 表示;该误差主要影响沉积体厚度方向上的误差。分布精确定义为实际分布和目标分布在给定点(x,y)上具有相同的分布材料。

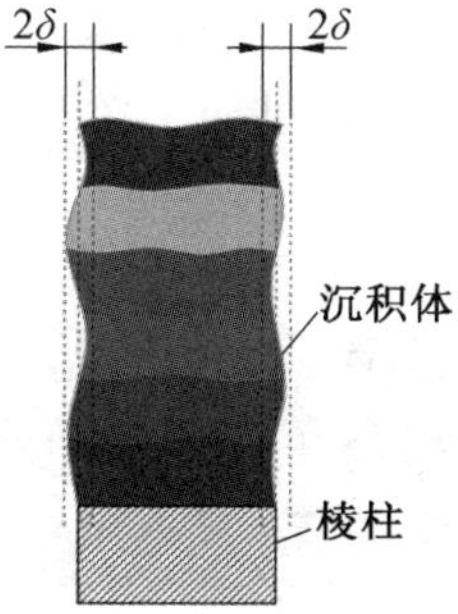

图 3－5　横向沉积误差(彩图见附录)

3.4.2　分布误差计算

先假设给定的原子、分子目标分布区域是$z=g$平面上的区域$L(a\leqslant x\leqslant b,c\leqslant y\leqslant d)$,并令$g=0$(图 3－6)。设计 LMP 沉积如下。

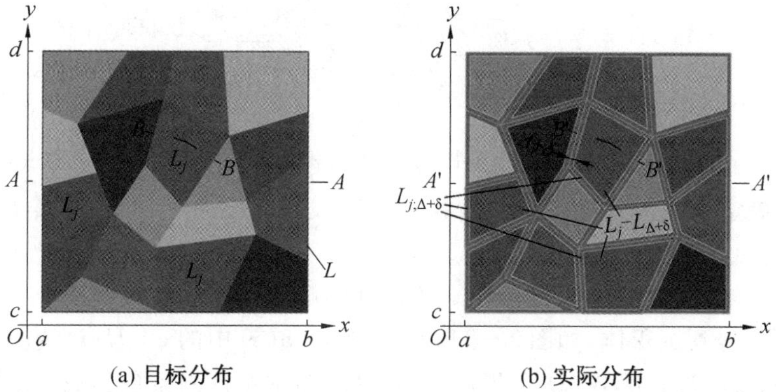

图 3－6　平面$z=0$上的目标分布和实际分布示意图(彩图见附录)

第一步:设计多元材料目标分布。将平面区域L分成若干个不相交的子区域,每一个子区域中填有相同的材料,将具有相同材料的子区域记为L_j且$L=\bigcup L_j$,L_j内的材料记为$W(j)(j=1,2,\cdots,n)$(图 3－6(a)),这并不失一般性。如此,该目标分布是具有n种不同材料的多元材料平面分布。图 3－6(a) 中L是目标分布区域$(a\leqslant x\leqslant b,c\leqslant y\leqslant d)$,并划分为若干子区域,$L_j$是具有相同颜色(表示同种材料)的子区域。为了后续对比分析,图 3－6(b) 展示了其实际分布,其中$L_{j;\Delta+\delta}$是L_j中错位原子和分子的最大区域,$L_j-L_{j;\Delta+\delta}$为实际分布中与目标分布完全一致的区域。

第二步:多元材料的沉积顺序和单一层厚度。材料沉积顺序为$W(1)$、$W(2)$、…、$W(i)$、…、$W(n)$,其中,材料$W(i)$的沉积厚度均相等,记为h,即$h=z(i)-z(i-1)(i=1,2,\cdots,n)$,$z(i)$和$k$是一组正数组和一个正数,满足$z(i)>z(i-1)$,$k=z(0)(i=1,2,\cdots,n)$。另外,设定材料$W(i)(i=1,2,\cdots,n)$与$L_j(j=1,2,\cdots,n)$一一对应,即材料$W(1)$分布在区域$L_1$内,以此类推。

第三步:目标分布图的横向同分布曲面$z=f(x,y)$的获得。当$(x,y)\in L_j$时,其对应

的函数值 $f_j(x,y)=[z(j)+z(j-1)]/2$，进而得到区域（$a\leqslant x\leqslant b, c\leqslant y\leqslant d$）上的阶梯曲面函数 $z=f(x,y)$（图 3－7）。另外，$f_j(x,y)=[z(j)+z(j-1)]/2$ 也意味着与区域 L_j 对应的沉积层 j 的二均分截面将通过向下沉积与 $z=0$ 重合。

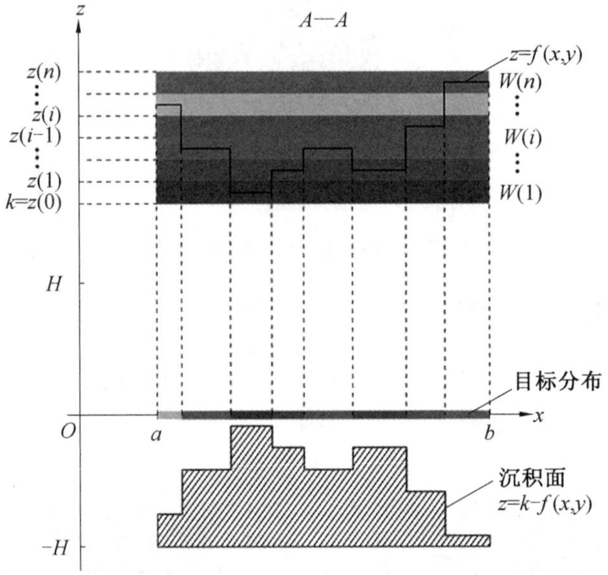

图 3－7　A－A 截面（图 3－6 中所示）上沉积材料及曲面的设计（彩图见附录）

第四步：确定沉积面。沉积面由函数 $z=F(x,y)=k+g-f(x,y)$ 给出，这个沉积面是一个阶梯曲面。由于 $g=0$，故 $z=k-f(x,y)$，制造沉积面如图 3－7 所示。

第五步：实施多元材料 LMP 沉积。按设计的顺序和厚度在沉积面 $z=k-f(x,y)$ 上进行依次沉积，得到沉积体，如图 3－8 所示。图 3－8(a) 中的 $z=H(i)$（彩图中绿色虚线）表示理想沉积后的材料层 $W(i)$ 上界面，$V_j(i)$（彩图中黄框内紫色区域）是 $H_j(i)$ 和 $H_j(i-1)$ 之间的区域，也是 $V(i)$ 与 L_j 对应的部分区域，$V_j(j)$ 如图 3－8(a) 所示。图 3－8(b) 中的 $z=\overline{H}(i)$（彩图中绿色虚线）表示实际沉积后的材料层 $W(i)$ 上界面，$\overline{V}_j(i)$（彩图中黄色框内的紫色区域）是 $\overline{H}_j(i)$ 和 $\overline{H}_j(i-1)$ 之间的区域，也是 $\overline{V}(i)$ 与 L_j 对应的部分区域，$\overline{V}_j(j)$ 如图 3－8(b) 所示。

图 3－9(a) 所示为 $V_j(j)$ 的 $B-B$ 截面，理想沉积得到的 $V_j(j)$ 是高度为 h 的棱柱，横截面 $z=0$ 与 L_j 完全重合，并被 L_j 二等分。$z=H_j(j)$ 和 $z=H_j(j-1)$ 分别为 $V_j(j)$ 的上下表面。由图 3－9(b) 可知，$L_{j;\Delta+\delta}$ 是 L_j 中错位原子和分子的最大区域，即可能包含其他异质材料，意味着 $\overline{V}_j(j)$ 的边缘区域 $\overline{V}_{j;\Delta+\delta}(j)$ 可能包含其他异质材料，如图 3－9(b) 中 $B'-B'$ 截面所示，$V_j(j)-\overline{V}_{j;\Delta+\delta}(j)$ 为与 $L_j-L_{j;\Delta+\delta}$ 对应的材料层 j，$z=H_j(j)$ 和 $z=H_j(j-1)$ 分别为 $\overline{V}_j(j)$ 的上下表面。

第六步：在沉积体截面 $z=0$ 上获得多元材料分布。由第五步可知，对于所提出的 LMP 沉积方法，其执行过程中可能存在两种沉积：没有任何误差的理想沉积（图 3－8(a)）和存在一定误差的实际沉积（图 3－8(b)）。通过理想 LMP 沉积，可以在平面 $z=0$ 上得到与目标分布完全一致的分布；而通过实际 LMP 沉积，沉积面误差、横向沉

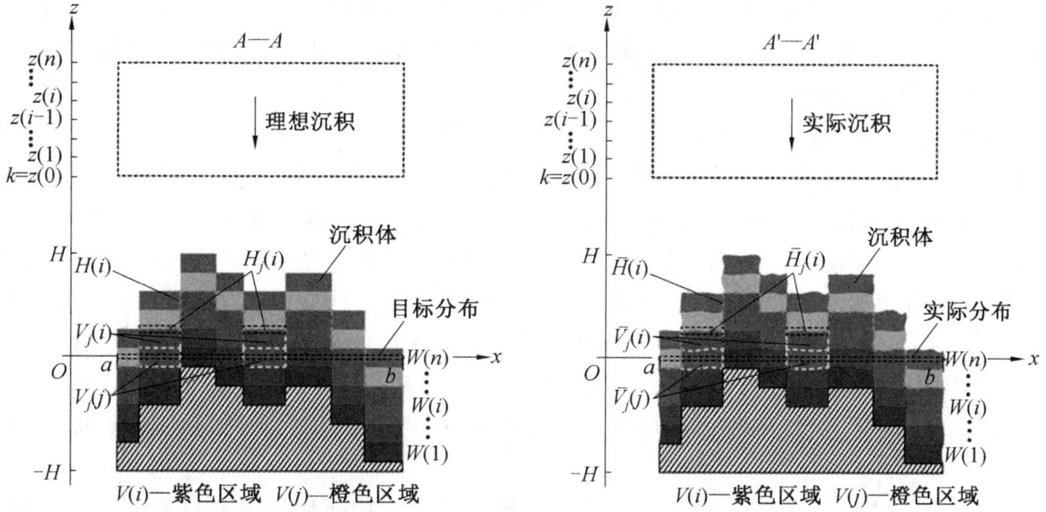

(a) 理想沉积体 A—A 截面　　(b) 实际沉积体 A'—A' 截面

图 3－8　理想沉积体和实际沉积体截面示意图（彩图见附录）

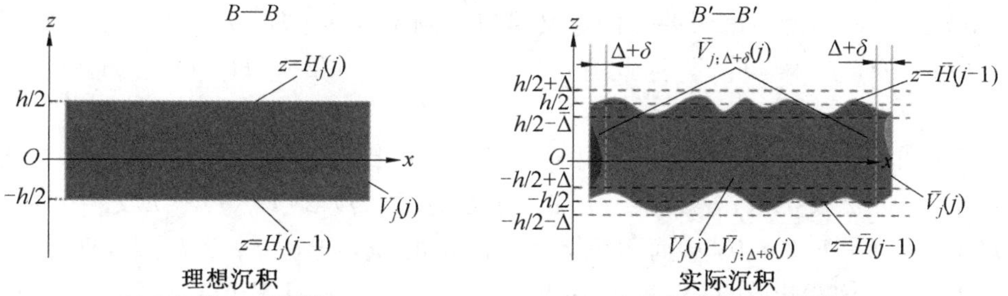

(a) $V_j(j)$ 的 B—B 截面　　(b) $\bar{V}_j(j)$ 的 B'—B' 截面

图 3－9　沉积体局部 $V_j(j)$ 和 $\bar{V}_j(j)$ 纵向截面示意图（彩图见附录）

积误差和系统误差致使在平面 $z=0$ 上得到的分布不可避免地产生偏差，下面对这个偏差进行分析。

根据第五步可知，理想 LMP 沉积后（图 3－9(a)），对应于 $z=z(i)$ 的曲面 $H(i)((x,y)\in L)$ 满足 $H_j(i)=\{(x,y,z)\mid(x,y,z)\in H(i)$ 且 $(x,y)\in L_j\}$；由两个曲面 $H_j(i)$ 和 $H_{j-1}(i)$ 作为上下界面的三维区域满足 $V_j(i)=\{(x,y,z)\mid(x,y,z)\in V(i)$ 且 $(x,y)\in L_j\}$。

同样，实际 LMP 沉积后（图 3－9(b)），对应于 $z=z(i)$ 的曲面 $\bar{H}(i)((x,y)\in L)$ 满足 $\bar{H}_j(i)=\{(x,y,z)\mid(x,y,z)\in\bar{H}(i)$ 且 $(x,y)\in L_j\}$；由两个曲面 $\bar{H}_j(i)$ 和 $\bar{H}_{j-1}(i)$ 作为上下界面的三维区域满足 $\bar{V}_j(i)=\{(x,y,z)\mid(x,y,z)\in\bar{V}(i)$ 且 $(x,y)\in L_j\}$。根据误差 $\Delta+\delta$，分区域 L_j 可分为两部分，即 $L_{j;\Delta+\delta}$ 和 $L_j-L_{j;\Delta+\delta}$（图 3－9(b)），其中 $L_{j;\Delta+\delta}=\{(x,y)\mid(x,y)\in L_j$ 且 (x,y) 离边界的距离小于 $\Delta+\delta\}$。相应地，$V_j(i)$ 也被分为两部分，即 $\bar{V}_{j;\Delta+\delta}(i)$ 和 $\bar{V}_j(i)-\bar{V}_{j;\Delta+\delta}(i)$，其中 $V_{j;\Delta+\delta}(i)=\{(x,y,z)\mid(x,y,z)\in\bar{V}_j(i)$ 且 $(x,y)\in L_{j;\Delta+\delta}\}$。

对于分区域 L_j，通过理想沉积后，$V_j(j)$ 是一个高度为 h，横截面 $z=0$ 同分区域 L_j 完全重叠，而且被 L_j 二等分的棱柱体(图 3－9(a))，可知，平面 $z=0$ 上的子区域 L_j 填充着材料 $W(j)$，即得到的分布与目标分布完全一致，因此通过理想 LMP 沉积可以得到与目标分布完全一致的分布。

相反地，通过实际 LMP 沉积得到的分布不可避免地产生误差。由于实际沉积中存在沉积面误差、横向沉积误差及系统误差，$V_j(j)$ 的纵向边界区域可能含有其他材料，但这些其他材料只可能属于 $\overline{V}_{j;\Delta+\delta}(j)$，而 $\overline{V}_j(j)-\overline{V}_{j;\Delta+\delta}(j)$ 内全部是材料 $W(j)$。

接下来，将讨论与 $L_j-L_{j;\Delta+\delta}$ 对应的材料层 $W(j)$ 区域 $\overline{V}_j(j)-\overline{V}_{j;\Delta+\delta}(j)$。首先，材料层 $W(i)$ 的厚度误差记为 $\overline{\Delta}$，并定义为：$\overline{\Delta}=\max|H(i)-\overline{H}(i)|,(x,y)\in L,i=1,2,\cdots,n$，其中 $z=H(i)$ 和 $z=\overline{H}(i)$ 分别表示理想 LMP 沉积后的材料层 $W(i)$ 的上界面(图 3－8(a)，彩图中绿色虚线)和实际 LMP 沉积后的材料层 $W(i)$ 的上界面(图 3－8(b)，彩图中绿色虚线)。同时，设定沉积体总厚为 H、层数为 n，沉积层均厚且记为 t，存在等式 $H=n\cdot t$。

对于任意点 $(x,y)\in L_j-L_{j;\Delta+\delta}$，设定前提条件为沉积面加工误差与系统沉积误差之和小于半个层厚，即 $\Delta+\rho<H/(2n)$ 或 $\Delta+\rho<h/2$。材料层在厚度方向上的误差(厚度误差)主要由沉积面加工误差和系统沉积误差决定，且小于两者误差之和，即 $\Delta\leqslant\Delta+\rho$，从而得出 $\overline{\Delta}<h/2$。由厚度误差 $\overline{\Delta}$ 的定义可以得到不等式 $|H_j(j)-\overline{H}_j(j)|\leqslant\Delta<h/2$，即 $|H_j(j)-\overline{H}_j(j)|<h/2$。因此有不等式 $H_j(j)-h/2<\overline{H}_j(j)<H_j(j)+h/2$ 及 $H_j(j-1)-h/2<H_j(j-1)<H_j(j-1)+h/2$。

$H_j(i)$ 和 $H_{j-1}(i)$ 为理想沉积后材料层 $V_j(j)$ 的上下表面且 $V_j(j)$ 被 $z=0$ 二等分，可得到 $H_j(j)=h/2$ 及 $H_j(j-1)=-h/2$。于是有 $\overline{H}_j(j)>H_j(j)-h/2=0$ 及 $\overline{H}_j(j-1)<H_j(j-1)+h/2=0$，从而得出，对于任意的 $(x,y)\in L_j-L_{j;\Delta+\delta},H_j(j)>0$ 且 $\overline{H}_j(j-1)<0$，这意味着点 $(x,y,0)\in V_j(j)-\overline{V}_{j;\Delta+\delta}(j)$，且 $\overline{V}_j(j)-\overline{V}_{j;\Delta+\delta}(j)$ 区域内均为材料 $W(j)$，即在点 $(x,y,0)$ 上，通过实际 LMP 沉积得到的材料与目标分布完全一致。

从而得到如下结论：对于 $L_j-L_{j;\Delta+\delta}$，通过实际 LMP 沉积得到的实际分布与目标分布完全一致，因此在 $\bigcup(L_j-L_{j;\Delta+\delta})$ 内，通过实际 LMP 沉积可以得到与目标分布一致的精确分布。相反也可以得出，实际分布中与目标分布不一致的点都属于区域 $\bigcup L_{j;\Delta+\delta}$。

另外，定义目标分布的同一材料区域边界长之和为 C，分区域 L_j 边界长为 C_j。可以得出，实际分布的最大横向分布误差主要由沉积面加工误差与横向沉积误差决定，且小于两者之和，对于每个分区域 L_j，边界最大横向误差为 $\Delta+\delta$，因此，误差区域 $L_{j;\Delta+\delta}$ 的面积为分区域 L_j 边界长与边界最大横向误差之积，即 $C_j(\Delta+\delta)$。进而可知，通过实际 LMP 沉积得到的实际分布中可能出现异质材料的分布区域面积小于 $\sum C_j(\Delta+\delta)=C(\Delta+\delta)$。

通过以上分布误差的推导，可以得到如下关于原子、分子 LMP－分布法的分布误差结论：对于给定的原子、分子目标分布，如果设计的 LMP 沉积满足条件 $\Delta+\rho<H/(2n)$，则通过对应的 LMP－分布法总能得到一个原子、分子实际分布，其分布误差(错位率)小于 $C(\Delta+\delta)/S$，其中 n 为材料的种类数，H 为沉积总厚度，C 为目标分布中同一材料区域边界长之和，S 为目标分布区域总面积，Δ 为沉积面误差，ρ 为系统误差，δ 为横向沉积误差。

以图 3－10 为例进行说明。假定目标分布的分布材料是硅和铜，单一材料区域是边长为 85 μm 的正方形(大约等于 300 PPI 分辨率像素的尺寸，也是人类眼睛可分辨的最小尺寸)，沉积过程中设定沉积厚度为 40 nm。

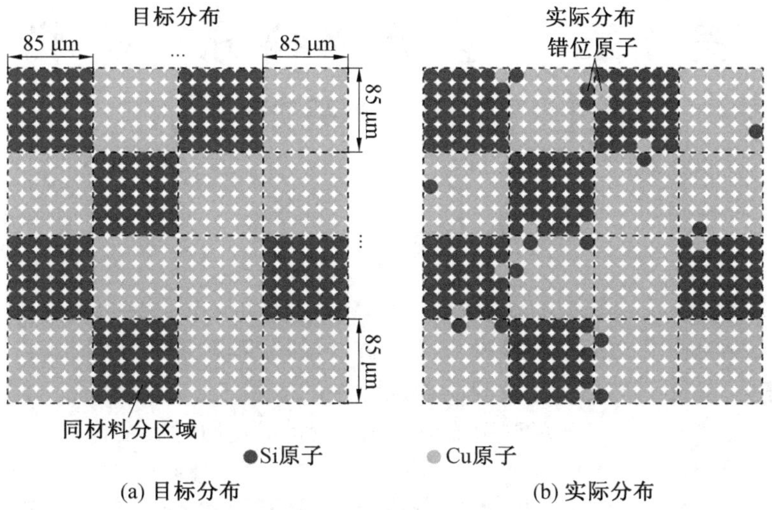

图 3－10　硅原子和铜原子的目标分布和实际分布示意图

假设沉积面误差(Δ)、系统误差(ρ) 和横向沉积误差(δ) 均小于 5 nm。使用 LMP－分布法可以得到一个实际分布，其错位率小于 0.000 47，即所得的实际分布中，每一万个原子中平均不到 5 个原子是错位的。

需要指出的是，$C(\Delta+\delta)/S$ 是实际分布错位率的上限，一般情况下，实际错位率远远小于 $C(\Delta+\delta)/S$。由结论可以得到重要推论：只要将沉积面误差(Δ)、系统误差(ρ) 和横向沉积误差(δ) 降低到足够小，通过原子、分子 LMP－分布法可以得到任意精度的原子、分子实际分布。当材料沉积单元为原子、分子聚集体时，该结论同样适用。

根据第 2 章建立的多元材料分布理论，提出了基于大量材料宏观操纵实现多元材料精确分布的新方法，并对多元材料任意分布的实现过程进行了深入分析，该分布法的本质在于通过一个特殊的沉积过程(即 LMP 沉积) 把极其困难的多元材料横向分布问题转化为相对简单的纵向沉积问题。

第4章　多元材料分布技术在图像成形中的应用

4.1　概　述

自然界中的物体是由各种原子、分子、离子等组合而成的，也可以认为是一种多元材料在三维空间中的特定分布。从某种意义上讲，材料分布就是一种图案化。鉴于此，本章将对多元材料分布技术在宏观及微观图像成形中的应用进行基础研究。本章中的图像成形主要集中在二维平面内多元材料分布，使用的是固定式的衬底结构。

4.2　多元材料的图像成形仿真与分析

通过第3章多元材料LMP－分布法可以得到与目标分布一致的实际分布；然而，分布过程中无法对层叠体的材料种类、数量、顺序及层厚等相关工艺参数进行直观的设计，无法对最终的实际分布进行预判。而颜色映象是一个有三列和若干行的矩阵，其数学结构代表颜色值，可以对特性（如高度、应力、电势、热等）差异进行直观的颜色表征，故可以通过颜色映象来表征不同的材料。鉴于此，本节基于颜色映象及三维构建功能模块，仿真分析多元材料的图像成形过程，具体过程如下。

(1) 确定目标分布图（图4－1(a)），其像素大小为500×500。光学图像是不同颜色像素的组合，故可作为不同材料的分布图。

(2) 灰度化处理，得到各个像素点的灰度值（图4－1(b)）。该过程是对像素点分区的过程，而分区的依据是灰度值，其公式为

$$\mathrm{Gray} = 0.299 \times R + 0.587 \times G + 0.114 \times B \tag{4-1}$$

式中　R、G、B——像素点颜色值的3个分量。

同一分区的像素对应一个灰度值，即分布着同一种材料。此处分区的原因主要有：① 光学图像颜色种类众多，可达千万种，大大多于现有的材料种类；② 原始图像对实际分布工艺要求极高，如较高的沉积面加工精度及材料沉积精度，同时，如此多的材料种类使得材料分布时间很长。

(3) 虚拟层叠体及离散点的生成（图4－2）。设置相应的颜色映象，从而形成虚拟层叠体，同时根据灰度图的三维矩阵（像素数×像素数×灰度值）在虚拟层叠体中生成离散点。各个像素点坐标可用(x,y)表示，而相应的灰度值就是z，由于沉积面的制造过程就是设备根据灰度图各个像素点灰度值雕刻的过程，因此，存在等式$z=k+g-f(x,y)$（图4－2(a)、(b)），继而可知离散点在虚拟层叠体中的生成过程也是$z=f(x,y)$的确定过

(a) 目标分布　　(b) 实际分布

图 4－1　目标分布的灰度化处理

程。由于曲面 $z=f(x,y)$ 在层叠体 S 中的横向分布等效于曲面 $z=g+k-f(x,y)$ 在反向层叠体(材料按照相反方向层叠的层叠体)中的横向分布，因此，颜色映象(虚拟层叠体)的顺序与实际沉积顺序相反。由图 4－2(c) 可以看出其能够很好地仿真曲面 $z=k+g-f(x,y)$ 在虚拟层叠体中的横向分布。

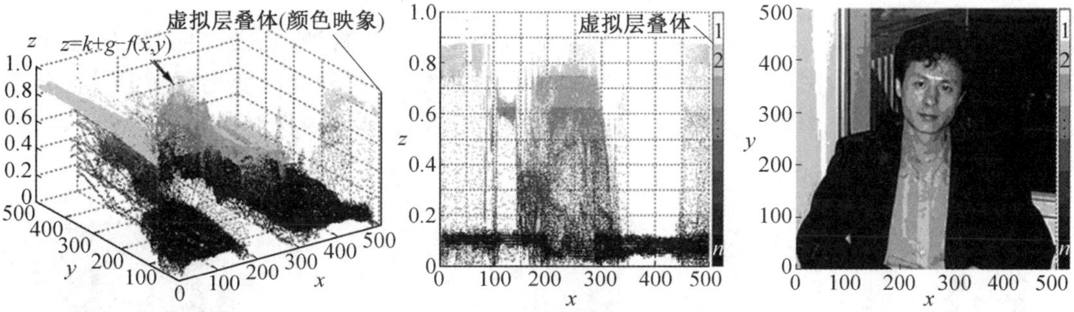

(a) 30°视图　　(b) 侧视图　　(c) 正视图

图 4－2　虚拟层叠体及离散点

需要注意，设置颜色映象的过程也是将灰度值或像素点分区的过程，同一区的灰度值或像素点被认为是同一种材料，其对应的离散点处于相应的虚拟材料层中(图 4－2(b))。颜色映象项数设置为 n，从而生成 n 种材料的虚拟层叠体，其中 n 种材料用 n 种不同的颜色表示。据此，将所有像素点(离散点)分为 n 个区，划分依据是将像素点灰度值(离散点高度)的变化范围 n 等分。设灰度值变化范围的区间差值(即最大值与最小值之差)为 Δ，则各个分区的区间差值为 Δ/n，即虚拟层叠体的每层厚度。而在实际层厚度设计中，层叠体的每层厚度为 $h=\Delta/n\times k$，其中 k 为层厚系数，单位为 μm。

图 4－2(a) 中，颜色映象项数 $n=8$ 及像素点灰度值(离散点高度)变化范围为[0,1]，可得出 8 个分区范围分别为[0,0.125]、[0.125,0.25]、[0.25,0.375]、[0.375,0.5]、[0.5,0.625]、[0.625,0.75]、[0.75,0.875] 和[0.875,1]，从而依据像素点灰度值(离散点高度)所在的区间确定像素点所处的分区，即离散点所在的虚拟材料层，其中各个分区

的区间差值(虚拟层叠体层厚) 均为 0.125,实际设计单层厚度 $h=0.125k$(μm)。

二次分区的原因:所需的实际分布材料种类少于灰度图像中的颜色种类,故应按需设置颜色映象。另外,无论一次分区还是二次分区,图像的形貌始终不变,这也是目标分布图的根本。

(4) 离散点拟合曲面,该曲面即为沉积面 $z=k+g-f(x,y)$(图 4－3)。通过正视图得到二维图像,即该曲面的横向分布,该分布等效于平面 $z=g$ 上的实际分布,从而可实现对实际分布的预判分析,指导材料种类、数量及层厚等工艺参数的设计。

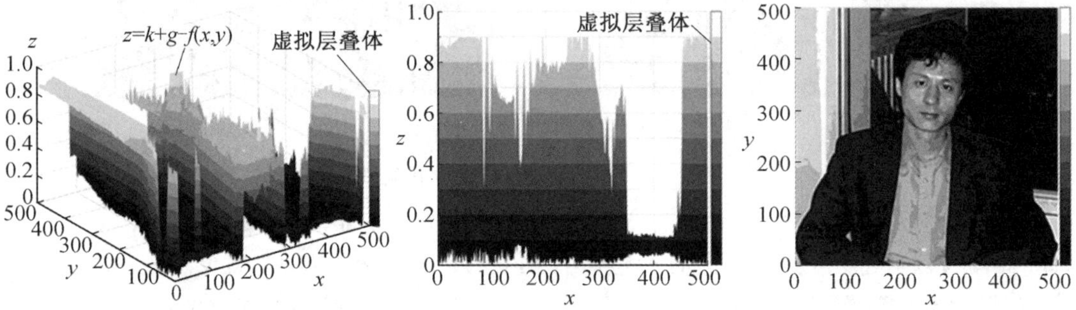

(a) 30°视图　(b) 侧视图　(c) 正视图

图 4－3　图像成形曲面(沉积面)

图 4－4 和图 4－5 所示分别为增加材料数量和改变材料种类之后的仿真结果,结果表明:材料数量越多,图像形貌越清晰;材料分布越精细,材料种类的变化展现了材料分布的多样性。目标分布图除了光学图片之外,也可直接根据所需的材料种类人为设计,从而可避免分区处理过程。

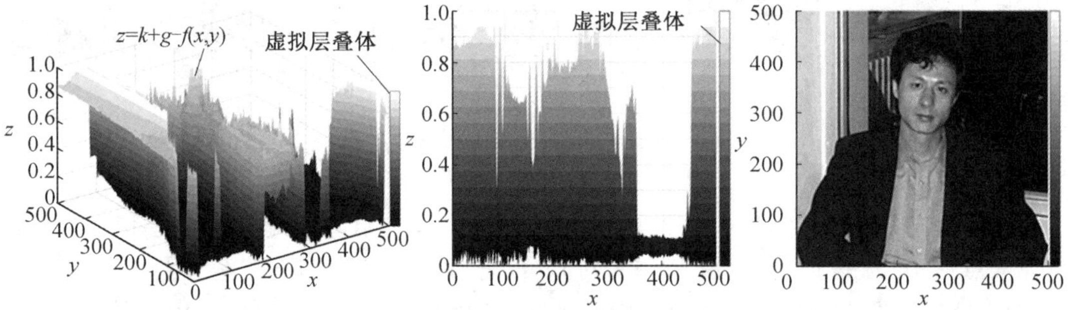

(a) 30°视图(16层)　(b) 侧视图(16层)　(c) 正视图(16层)

图 4－4　增加材料数量后的图像成形曲面(沉积面)

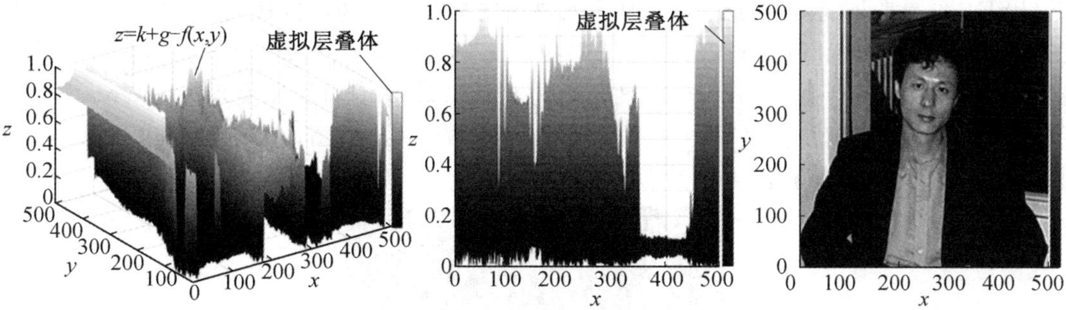

(d) 30°视图(32层)　(e) 侧视图(32层)　(f) 正视图(32层)

续图 4－4

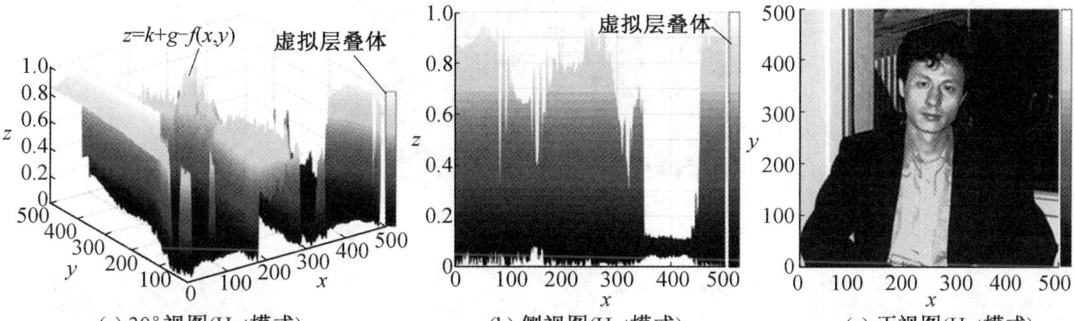

(a) 30°视图(Hot模式)　(b) 侧视图(Hot模式)　(c) 正视图(Hot模式)

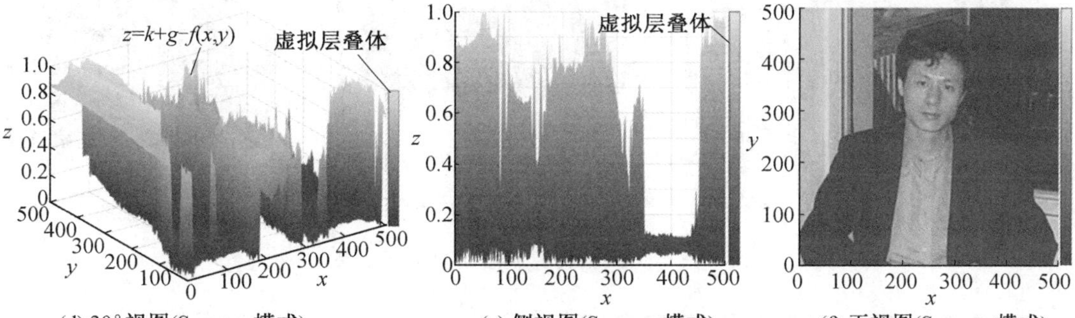

(d) 30°视图(Summer模式)　(e) 侧视图(Summer模式)　(f) 正视图(Summer模式)

图 4－5　改变材料种类后的图像成形曲面(沉积面)

总之,基于颜色映象及三维构建功能,可以对材料种类、数量、顺序及层厚等参数进行直观的设计,最终实现多元材料的二维分布效果。同时,这也开启了颜色映象功能在多元材料分布领域中的新应用。

4.3　多元材料分布技术在微观图像成形中的应用

4.3.1　多元材料的微观图像成形仿真

为了验证在微纳米尺度上多元材料分布技术的实用性,本节选择细胞光学图像作为目标分布。如图 4－6 所示,单个细胞长轴直径约为 8 μm。由于电子显微镜的背散射电子(BSE)图像是灰度图,因此,本节中颜色映象选择"Gray"模式,其包括 101 种不同灰度值的颜色,即代表 101 种材料,仿真结果如图 4－7 所示。层叠体的厚度为 0.557 4 μm,而实际厚度设计为 $H=10.1$ μm,故厚度系数为 $k=18.12$ μm,每层厚度均为 100 nm。经过图 4－6 与图 4－7 对比,发现 101 种材料所分布(成形)出的图像与细胞光学图像具有很高的一致性,为后续实验提供了参考。

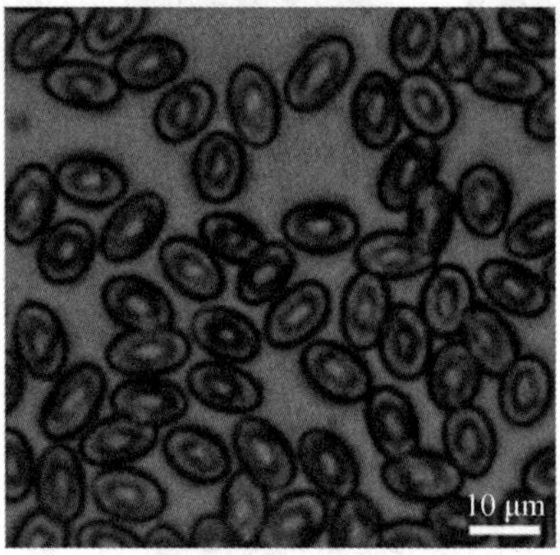

图 4－6　目标分布

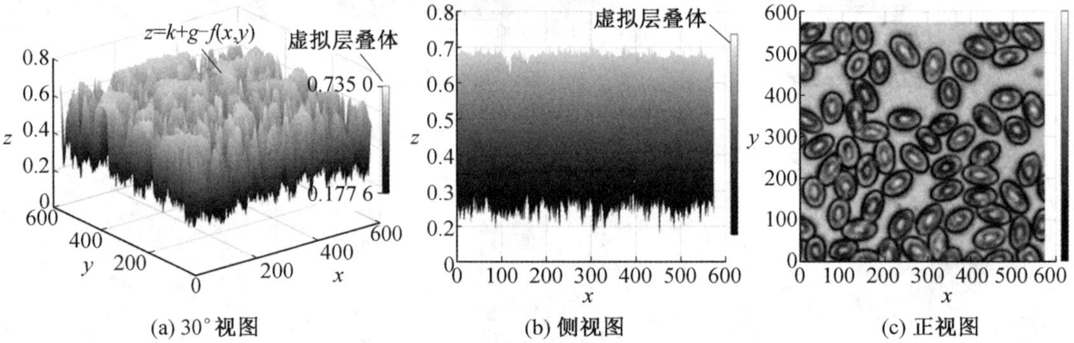

图 4－7　细胞图像成形曲面仿真结果

4.3.2　多元材料的微观图像成形

本节中细胞图像拍摄于衬底表面,所拍摄的图像为目标分布,而衬底表面的细胞分布可以看成是沉积面。因此,在本实验中,沉积面的制造已经完成,且精度较高。在此基础上,结合第 3 章中多元材料二维平面分布方法,可实现图像成形。以下简要介绍沉积面的制造过程。

第一步,三维细胞形貌的制造。为了获得细胞形貌,以石英玻璃作为基底,在其上旋涂经处理的红细胞,干燥后,在固定区域用激光刻蚀标记,以便后续定点表征。

第二步,目标分布的获得。由于分布区域面积很大,选择 5 个标记区域作为表征对象,如图 4－8 所示,通过光学设备(Leica DM4500P)快速定位至标记区域,并获取相应的细胞形貌光学图像,并将其作为目标分布(图 4－8(b) ～ (f))。

第三步,分布材料种类、厚度及顺序的设计与沉积。将目标分布中的材料数量进行简化,本实验选择 101 种配比梯度变化的铝和钨金属混合物作为沉积材料,沉积设备为高真空多靶磁控溅射镀膜机(JCP－350M2,北京某科技有限公司),该设备可实现双靶同时溅射沉积。通过调控各靶的溅射功率,控制铝和钨溅射量,从而获得 101 种不同比例的铝钨复合材料。定义沉积材料 $W(i)(i=0,1,2,\cdots,100)$ 是铝原子数分数为 $C(i)$ 的钨 / 铝混合物,且 $C(i)=(100-i)\%$。

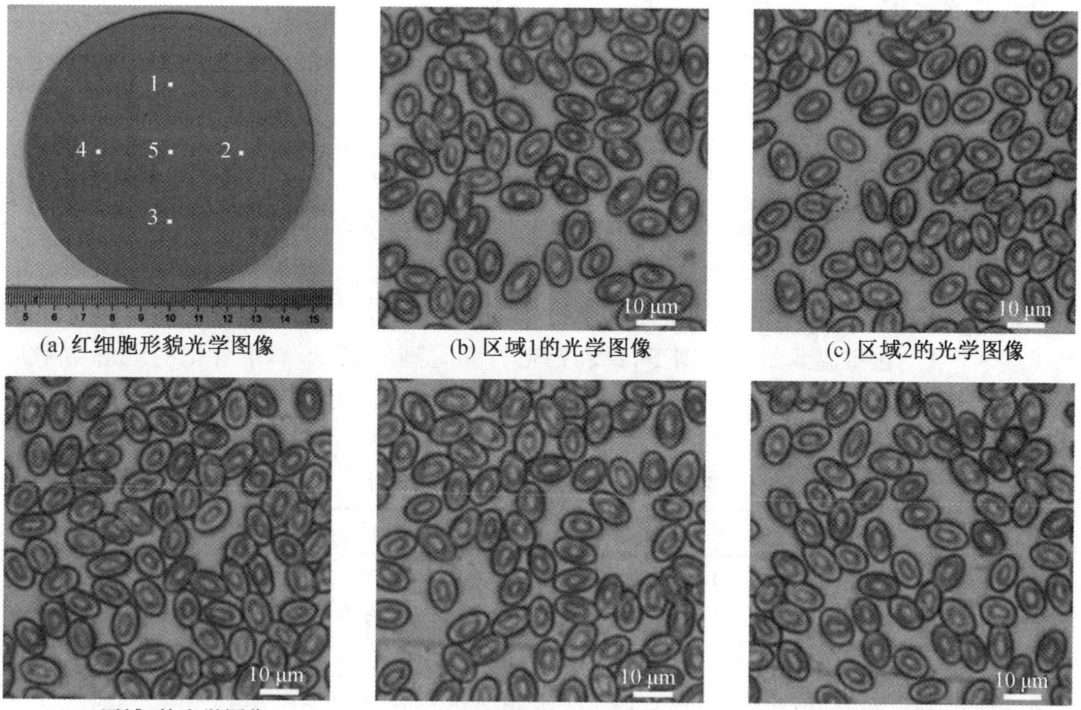

(a) 红细胞形貌光学图像　(b) 区域1的光学图像　(c) 区域2的光学图像

(d) 区域3的光学图像　(e) 区域4的光学图像　(f) 区域5的光学图像

图 4－8　石英基底上的红细胞形貌

为了获得一定原子数比例的钨 / 铝沉积层,求得铝原子数分数、沉积速率及原子半径之间的关系式如下:

$$C=\frac{U}{r_{\mathrm{Al}}^{3}}\Big/\left(\frac{V}{r_{\mathrm{W}}^{3}}+\frac{U}{r_{\mathrm{Al}}^{3}}\right) \tag{4-2}$$

式中　C—— 铝原子数分数;

V、U—— 钨和铝靶材的沉积速率($10^{-10}\,\mathrm{m/s^{-1}}$);

r_{W}、r_{Al}—— 钨和铝的原子半径(10^{-10} m)。

给定钨的沉积速率,依据式(4－2)即可得到相应铝的沉积速率,而沉积速率由磁控溅射功率控制,经统计得出钨和铝溅射功率 W_{V} 和 W_{U} 与沉积速率的关系,如图 4－9 所示,进而通过磁控溅射功率的调控,保证了一定铝原子数比例的钨 / 铝混合物沉积。

本实验中,先制造沉积面再设计层叠体,将沉积面高度赋予相应材料的过程,其本质均为材料和沉积面高度匹配的过程,即曲面 $z=f(x,y)$ 在层叠体 S 中的设计过程。根据细胞尺寸可知沉积曲面的峰谷差约为 8 μm,因此,沉积体的总厚度应大于 8 μm,本实验中设计每层的沉积厚度为 100 nm,则沉积体总厚度为 10.1 μm。由于细胞沉积面的最低点为玻璃基底表面,因此玻璃基底表面就是加工基准面。设定与细胞形貌最低点对应的

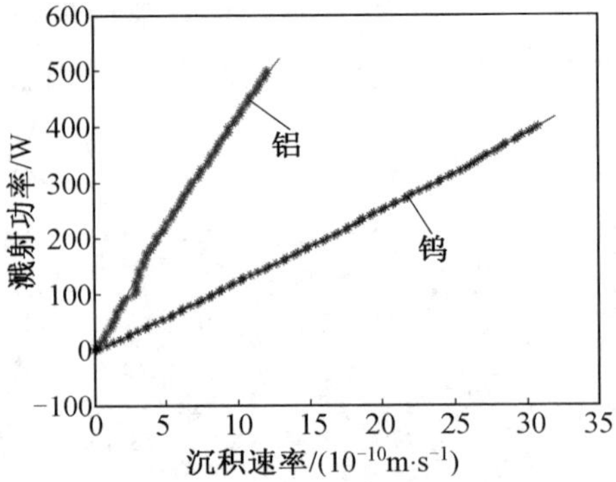

图 4－9　钨和铝靶材的磁控溅射功率与沉积速率之间的关系曲线

材料为 $W(90)$，则理想截面与加工基准面的中心距离为 8.5 μm。

根据沉积层厚度及钨和铝的沉积速率之和，可得出每层的沉积时间 $t(i)$，具体沉积参数见表 4－1。在室温及氩气氛围下，钨和铝靶材同时溅射沉积，其中各靶的溅射功率及溅射时间严格按照设计参数进行控制。为了获得均匀的沉积层，基底固定盘匀速旋转，最终得到理想的沉积体。

表 4－1　沉积过程中的参数设计

$W(i)$	V	W_V	U	W_U	t	C	$W(i)$	V	W_V	U	W_U	t	C
$W(0)$	0	0	10.0	418	100	1.00	$W(20)$	1.5	16	4.4	192	170	0.80
$W(1)$	0.2	2	14.5	596	68	0.99	$W(21)$	1.5	16	4.1	181	178	0.79
$W(2)$	0.2	2	7.2	307	136	0.98	$W(22)$	1.5	16	3.9	171	186	0.78
$W(3)$	0.2	2	4.7	207	203	0.97	$W(23)$	1.5	16	3.7	161	193	0.77
$W(4)$	0.5	4	8.8	370	108	0.96	$W(24)$	1.5	16	3.5	153	201	0.76
$W(5)$	0.5	4	6.9	298	134	0.95	$W(25)$	1.5	16	3.3	144	209	0.75
$W(6)$	0.5	4	5.7	249	161	0.94	$W(26)$	1.5	16	3.1	137	216	0.74
$W(7)$	0.5	4	4.9	212	187	0.93	$W(27)$	1.5	16	3.0	130	224	0.73
$W(8)$	0.5	4	4.2	185	213	0.92	$W(28)$	1.5	16	2.8	123	231	0.72
$W(9)$	0.5	4	3.7	162	238	0.91	$W(29)$	1.5	16	2.7	117	239	0.71
$W(10)$	0.5	4	3.3	144	264	0.90	$W(30)$	1.5	16	2.6	111	246	0.70
$W(11)$	1	10	5.9	256	145	0.89	$W(31)$	1.5	16	2.4	106	254	0.69
$W(12)$	1	10	5.4	234	157	0.88	$W(32)$	1.5	16	2.3	101	261	0.68
$W(13)$	1	10	4.9	214	170	0.87	$W(33)$	1.5	16	2.2	96	268	0.67
$W(14)$	1	10	4.5	197	182	0.86	$W(34)$	1.5	16	2.1	91	276	0.66
$W(15)$	1	10	4.1	182	194	0.85	$W(35)$	1.5	16	2.0	87	283	0.65
$W(16)$	1	10	3.8	169	207	0.84	$W(36)$	1.5	16	2.0	83	290	0.64
$W(17)$	1	10	3.6	157	219	0.83	$W(37)$	1.5	16	1.9	79	297	0.63
$W(18)$	1	10	3.3	146	231	0.82	$W(38)$	1.5	16	1.8	75	304	0.62

续表4—1

$W(i)$	V	W_V	U	W_U	t	C	$W(i)$	V	W_V	U	W_U	t	C
W(19)	1	10	3.1	137	243	0.81	W(39)	1.5	16	1.7	72	311	0.61
W(40)	1.5	16	1.6	68	318	0.60	W(71)	4	47	1.2	47	192	0.29
W(41)	1.5	16	1.6	65	325	0.59	W(72)	4	47	1.1	44	195	0.28
W(42)	3	35	3.0	133	166	0.58	W(73)	4	47	1.1	41	197	0.27
W(43)	3	35	2.9	127	169	0.57	W(74)	4	47	1.0	38	199	0.26
W(44)	3	35	2.8	122	173	0.56	W(75)	4	47	1.0	36	201	0.25
W(45)	3	35	2.7	117	176	0.55	W(76)	4	47	0.9	33	203	0.24
W(46)	3	35	2.6	112	179	0.54	W(77)	4	47	0.9	31	205	0.23
W(47)	3	35	2.5	107	183	0.53	W(78)	4	47	0.8	28	207	0.22
W(48)	3	35	2.4	103	186	0.52	W(79)	4	47	0.8	26	209	0.21
W(49)	3	35	2.3	98	189	0.51	W(80)	4	47	0.7	24	211	0.20
W(50)	3	35	2.2	94	193	0.50	W(81)	4	47	0.7	21	213	0.19
W(51)	3	35	2.1	90	196	0.49	W(82)	5	60	0.8	27	172	0.18
W(52)	3	35	2.0	86	199	0.48	W(83)	5	60	0.7	25	174	0.17
W(53)	3	35	1.9	83	202	0.47	W(84)	5	60	0.7	22	176	0.16
W(54)	3	35	1.9	79	205	0.46	W(85)	5	60	0.6	19	177	0.15
W(55)	3	35	1.8	76	209	0.45	W(86)	5	60	0.6	17	179	0.14
W(56)	3	35	1.7	72	212	0.44	W(87)	5	60	0.5	14	180	0.13
W(57)	3	35	1.7	69	215	0.43	W(88)	5	60	0.5	12	182	0.12
W(58)	3	35	1.6	66	218	0.42	W(89)	5	60	0.5	10	183	0.11
W(59)	3	35	1.5	63	221	0.41	W(90)	5	60	0.4	7	185	0.10
W(60)	3	35	1.5	60	224	0.40	W(91)	5	60	0.4	5	187	0.09
W(61)	3	35	1.4	57	227	0.39	W(92)	10	122	0.6	19	94	0.08
W(62)	3	35	1.3	54	230	0.38	W(93)	10	122	0.6	15	95	0.07
W(63)	4	47	1.7	72	175	0.37	W(94)	10	122	0.5	10	96	0.06
W(64)	4	47	1.6	68	177	0.36	W(95)	10	122	0.4	6	96	0.05
W(65)	4	47	1.6	65	179	0.35	W(96)	15	185	0.5	10	65	0.04
W(66)	4	47	1.5	62	182	0.34	W(97)	15	185	0.3	4	65	0.03
W(67)	4	47	1.4	59	184	0.33	W(98)	15	185	0.2	2	66	0.02
W(68)	4	47	1.4	55	186	0.32	W(99)	15	185	0.1	1	66	0.01
W(69)	4	47	1.3	52	188	0.31	W(100)	15	185	0	0	67	0
W(70)	4	47	1.3	49	190	0.30							

注：沉积速率 V 和 U 单位为 10^{-10} m/s；钨溅射功率 W_V 和铝溅射功率 W_U 单位为 W；沉积时间 t 单位为 s。

第四步，沉积体截面上实际分布的获取及表征。通过超精密加工机床很容易获得沉积体理想截面，并通过场发射扫描电子显微镜(Supra 55 Sapphire，蔡司，德国)对其进行背散射电子表征，表征过程中的加速电压为 20 kV，图像亮度的高低表示钨原子数分数的高低。最终获得与图 4－8 对应的 BSE 图像，如图 4－10 所示，通过对比细胞形貌图像(目标分布)与钨/铝原子的实际分布，可知目标分布与实际分布基本一致，另外，图 4－10(c)完美地复制了图 4－8(c)中的小尾巴状结构(白色虚线圆内)，其最小特征尺寸小于 1 μm，进一步验证了多元材料任意分布技术在微观图像成形中的可行性及很高的分布(成形)精度。

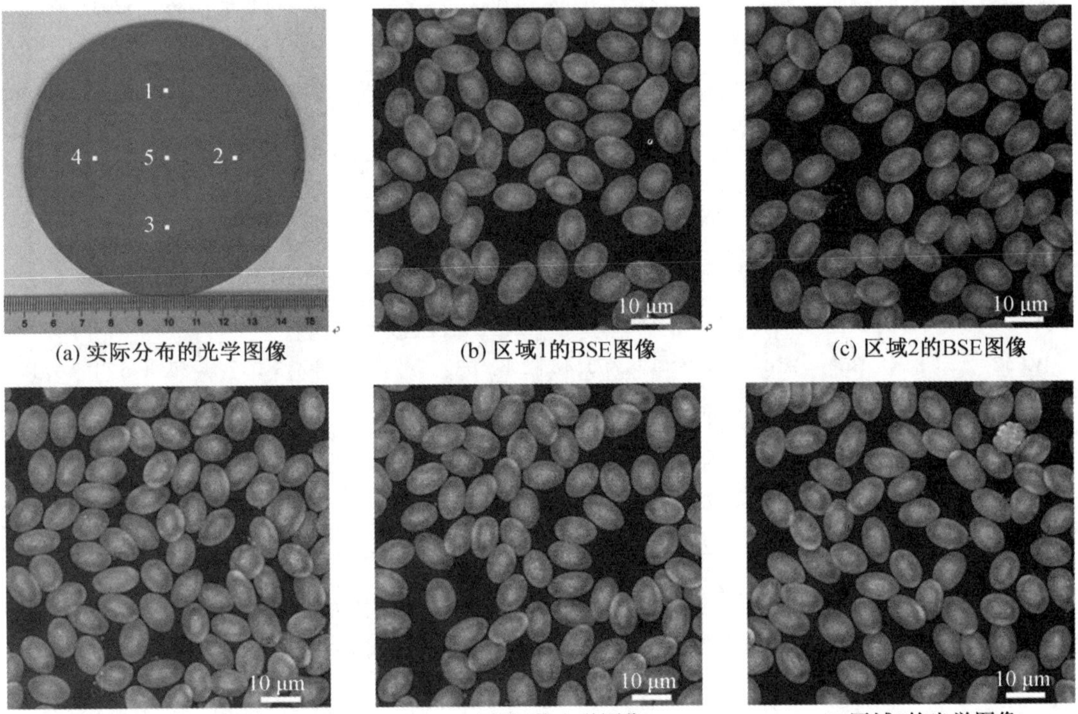

(a) 实际分布的光学图像　(b) 区域1的BSE图像　(c) 区域2的BSE图像

(d) 区域3的光学图像　(e) 区域4的光学图像　(f) 区域5的光学图像

图 4－10　基于红细胞形貌的钨/铝原子实际分布

4.3.3　多元材料微观图像成形误差分析

为了评估实际分布的分布精度，通过图像处理软件分析了实际分布(图 4－10(b)～(f))和目标分布(图 4－8(b)～(f))的重合性，进而得到分布(成形)误差。为了简化评估过程，通过调整电镜和光学设备的操作参数，得到具有相同像素(574 × 574)和尺寸(77 μm × 77 μm)的 BSE 图像和光学图像。如图 4－11 所示，白色区域表示 BSE 图像和相应光学图像的重合区域，可以看出大部分区域具有很好的重合性，说明通过 LMP－分布法得到的实际分布具有很高的精确度。统计分析得到的实际分布误差/偏差见表 4－2。

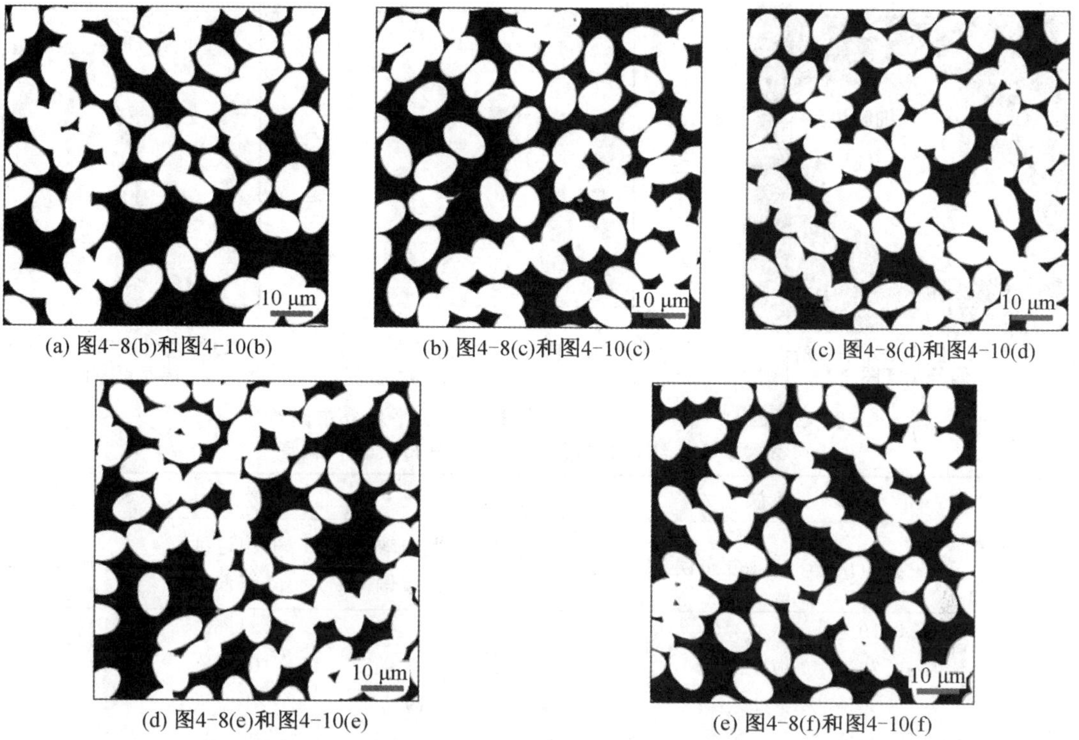

(a) 图4-8(b)和图4-10(b)　(b) 图4-8(c)和图4-10(c)　(c) 图4-8(d)和图4-10(d)

(d) 图4-8(e)和图4-10(e)　(e) 图4-8(f)和图4-10(f)

图 4－11　实际分布与目标分布的重合性分析

为了进一步分析分布误差，定义过度区域为 BSE 图像相对光学图像过量的区域；缺少区域为 BSE 图像相对光学图像缺少的区域。如图 4－12(a) 所示，过度区域与整个图像面积的比值即过度分布误差；缺少区域与整个图像面积的比值即为缺少分布误差，进而得到分布误差，即为过度分布误差与缺少分布误差之和。通过过度 / 缺少分布区域与细胞边界长的比值，得到平均过度 / 平均缺少分布偏差，两者之和即为平均分布偏差。通过统计分析得到分布误差及平均分布偏差，见表 4－2，其相应的分布误差 / 平均分布偏差直方图如图 4－12(b) 和(c) 所示。由图 4－12(b) 过度和缺少分布误差直方图可以看出前者大于后者，总的分布误差范围在 3.22% ～ 3.91% 之间，验证了该分布方法的高精度性。另外，图 4－12(c) 中平均过度和缺少分布偏差直方图显示的误差趋势和分布误差一致，平均过度偏差和缺少偏差分别为 81.24 ～ 126.31 nm 、6.44 ～ 19.53 nm，最后得到平均分布偏差为 100.77 ～ 132.75 nm。与增材制造精度(约 15 μm) 相比，该方法精度要高出两个数量级。

分析误差过程中，需要考虑到图像处理误差。由于 BSE 图像和光学图像中模糊的细胞边界也会导致青色和红色区域偏差的产生，这些不确定的区域也被作为偏差来计算，使得分析出的误差最大化，故实际分布误差或偏差要小于以上的计算结果。综上，通过磁控溅射铝 / 钨材料，在 5 h 内可实现大小可达 50 mm 且位置精度大于 96% 的细胞图像多元材料分布(偏差为 132.75 nm)

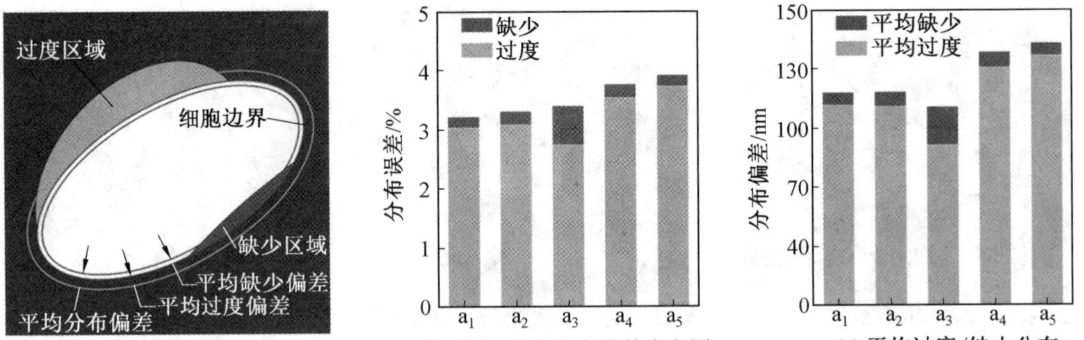

(a) 单一细胞实际分布误差/偏差示意图　(b) 过度/缺少分布误差直方图　(c) 平均过度/缺少分布偏差直方图

图 4－12　图 4－11 中实际分布误差 / 平均分布偏差分析

表 4－2　统计分析得到的实际分布误差 / 偏差

图像编号	误差 /%			偏差 /nm		
	缺少分布误差	过度分布误差	分布误差	平均缺少分布偏差	平均过度分布偏差	平均分布偏差
1	0.19	3.03	3.22	6.48	101.50	107.98
2	0.23	3.08	3.31	7.49	100.82	108.31
3	0.66	2.74	3.4	19.53	81.24	100.77
4	0.23	3.53	3.76	7.95	120.36	128.31
5	0.19	3.72	3.91	6.44	126.31	132.75

4.4　多元材料任意分布技术在宏观图像成形中的应用

4.4.1　多元材料的宏观图像成形仿真

为了验证 LMP－分布法在多元材料宏观尺度上的实用性，将由相机获得的光学图像（图 4－13）作为目标分布，其像素大小为 400 × 800。由于实验颜料颜色的选取为白－黄－红－黑的渐变模式，因此，颜色映象选择“Hot”模式，其包含 88 种颜色，即代表 88 种材料。仿真结果如图 4－14 所示，通过原图与仿真图的对比可以发现 88 种颜料分布（成形）出的风景图可以很好地复制风景图像。层叠体的厚度为 748.7 μm，而实际厚度设计

图 4－13　目标分布

为 $H=880\ \mu m$，每层厚度均为 $10\ \mu m$。

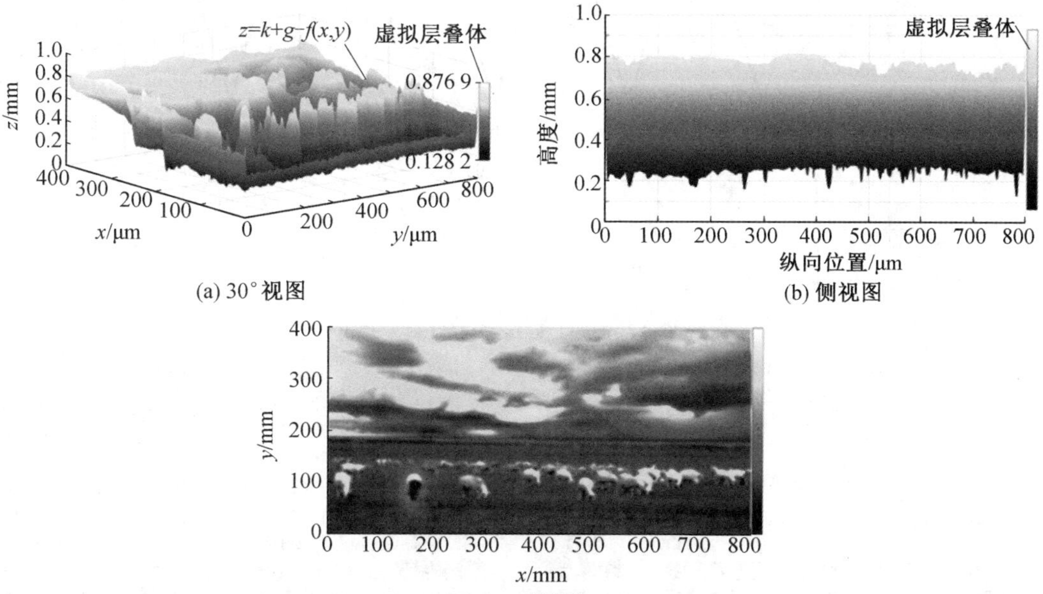

(c) 正视图

图 4－14　风景图像成形曲面(沉积面)仿真结果

4.4.2　多元材料的宏观图像成形

按照多元材料二维平面分布技术的实施步骤进行操作，以下简要介绍关键步骤。

第一步，设计目标分布，现实中的场景颜色是自然连续的，而光学图像是用离散化的方法将场景再现，其由一定大小的像素组成，每个像素具有各自相应的颜色，不难理解，场景图像化的过程就是目标分布设计的过程，其原理对应于图 3－2(a)。目标分布材料的简化如图4－15 所示。

第二步，设计分布材料种类、顺序及厚度。图 4－13 中目标分布(彩照)包含的颜色太多，使得相应的材料种类繁多而难以实施。同时为了方便后续沉积面雕刻，将目标分布简化，即光学图像灰度化处理得到灰度图，从而减少了目标分布的分区 $L(i)$ 数量，相应地减少了分布材料种类。此时灰度图中的每一个灰度对应一种分布材料，而实际操作中，由于材料种类的限制，所选择的材料种类仍小于灰度数(灰度的数量为 256 级)，这可以理解为目标分布的进一步简化，如图 4－15 所示，但这并不会影响多元材料的风景图像成形。本实验中选择 88 种不同颜色的有机颜料 $W(i)$ $(i=1,\cdots,88)$，且 $W(1)$、$W(2)$、…、$W(i)$、…、$W(88)$ 的颜色从白到黑依次渐变，该次序也为沉积顺序，如图 4－16 所示，有机颜料购自广东某塑胶颜料股份有限公司，其颗粒大小约为 $1\ \mu m$，升华温度为 160 ℃。

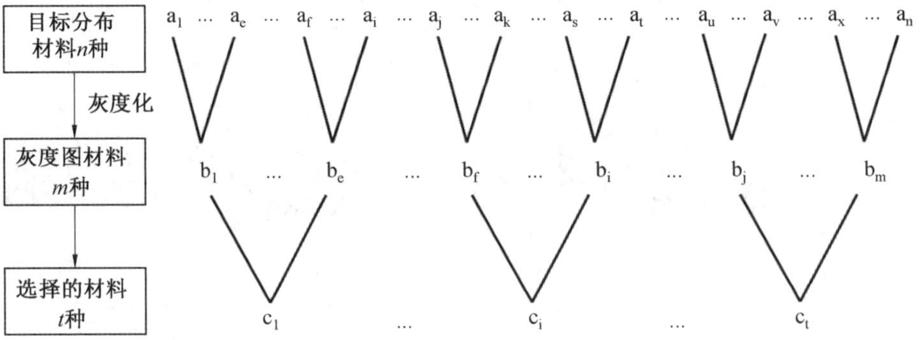

图 4－15　目标分布材料的简化

图 4－16　选择的颜料 $W(i)(i=1,\cdots,88)$

第三步，确定曲面 $z=f(x,y)$ 或沉积面 $z=g+k-f(x,y)$。曲面 $z=f(x,y)$ 与沉积曲面 $z=g+k-f(x,y)$ 关于直线 $z=(g+k)/2$ 对称；因此，沉积曲面的设计确定过程也是曲面 $z=f(x,y)$ 的设计过程，且曲面 $z=f(x,y)$ 和沉积曲面 $z=g+k-f(x,y)$ 具有相同的峰谷差（即曲面的最高点与最低点之差）。在多元材料二维平面分布的实现过程中，目标分布的横向同分布曲面 $z=f(x,y)$ 位于沉积材料叠层体 S 内，这意味着材料层叠体的厚度将大于等于曲面 $z=f(x,y)$ 的峰谷差（或为沉积面的峰谷差）。如图 4－17 所示，图中变形前后层叠体厚度均为 H，变形前层叠体中曲线面 $z=f(x,y)$ 的峰谷差为 a，变形后层叠体的有效截面区域范围为厚度 b（虚线 1、虚线 3 中间区域，其中上方虚线 1 为层叠体上轮廓的最低点，下方虚线 3 为层叠体下轮廓的最高点），则 3 个参数之间的关系满足 $b=H-a$。在本实验中，由于沉积体总厚度为 880 μm，进而可以确定沉积面的最大峰谷差值小于等于 880 μm，在此设定其为 600 μm，则在沉积体 280 μm 厚度范围内的截面上均有完整的风景图像。另外，仿真过程中沉积面（即图像成形曲面）的最大峰谷差为沉积体总厚度，但这并不影响仿真结果的有效性。

沉积面 $z=g+k-f(x,y)$ 主要通过雕刻软件生成，其生成过程如 3.2 节中所述，其加工过程为：光学图像（图 4－8）→灰度图（图 4－18(a)）→三维曲面模型（图 4－18(b)）→雕刻沉积面（图 4－18(c)）。在沉积曲面的制造过程中，设定雕刻模型尺寸大小为150 mm×75 mm，雕刻设备（JDGR400，北京精雕集团）按照三维曲面模型的几何数据在基底铝板上进行雕刻。需要注意的是，由于雕刻深度仅为 600 μm，因此，应保证铝板待加工表面具有很好的平整度及粗糙度。此外，多元材料分布误差受到沉积面加工精度的影响，因此，实际分布的精度高度依赖于沉积面的雕刻精度，但现有的加工技术可以使加工误差达到微纳米级别。

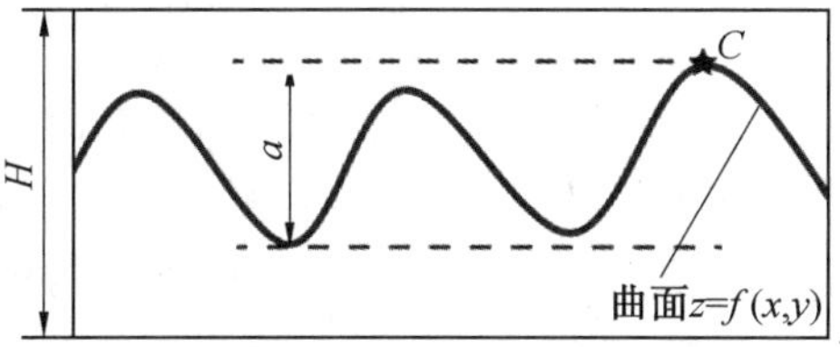

(a) 变形前

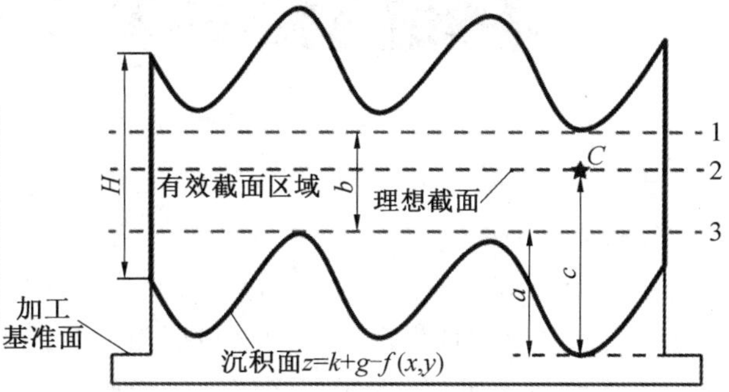

(b) 变形后

图 4－17　层叠体变形前后对比示意图

(a) 边缘处具有灰度基准的灰度图

(b) 边缘处具有加工基准面的三维曲面模型

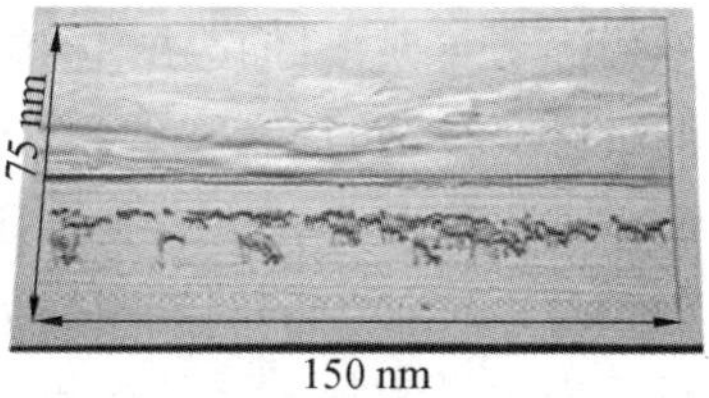

(c) 沉积面$z=k+g-f(x,y)$

图 4－18　根据风景灰度图雕刻沉积面

第四步，颜料热升华沉积。88 种颜料通过热升华按照 $W(1)$、$W(2)$、…、$W(i)$、…、$W(88)$ 顺序依次沉积在沉积面上（图 4－19）。图中分别显示了前 1、10、25、50、60、70、80、88 层的沉积体，可以看出，沉积层具有良好的形貌一致性。

(a) 1层

(b) 10层

(c) 25层

(d) 50层

(e) 60层

(f) 70层

图 4－19　88 种颜料升华沉积过程，选取第 1、10、25、50、60、70、80 和 88 层沉积后数码图片

(g) 80层

(h) 88层

续图 4－19

第五步，实际分布的获取。为了获取理想截面(即 $z=g$ 截面)，需设定加工基准面。由于沉积面 $z=g+k-f(x,y)$ 与曲面 $z=f(x,y)$ 的对称性，可知沉积面 $z=g+k-f(x,y)$ 的最低点对应于曲面 $z=f(x,y)$ 的最高点；因此，在实际制造过程中，可直接指定与沉积面最低点对应的理想截面上的材料层为 i，且最低点到第 i 层材料(图中五角星)的距离为 c，且有 $c\geqslant a$。此时，理想截面位置已经确定(图 4－17(b) 中虚线 2)，在加工过程中，很难直接通过沉积面的最低点来定位截面，因此，在基底上的有效浮雕区域之外加工基准面，且该基准面通过沉积面的最低点。该基准面的加工方法如图 4－18 所示，通过图像处理软件扩大灰度图尺寸，且将扩大区域(图 4－18(a) 中黑色边缘)的灰度值设置为灰度图的最大灰度值，这意味着在三维模型中，扩大区域深度(图 4－18(b) 边缘)与有效雕刻曲面最大深度相等，其中，扩大区域为基准面，雕刻曲面最大深度位置为沉积面的最低点，雕刻设备最终加工出的沉积面如图 4－18(c) 所示。需要注意的是，为避免加工基准面被颜料污染而导致加工出的理想截面位置出现偏差，在颜料热升华沉积过程中，需要对加工基准面遮挡保护。本实验中，设计与沉积曲面最低点对应的理想截面上的材料层为第 75 层，则可知理想截面距离该点(即加工基准面)的中心距离为755 μm。超精密机床通过基准面定位(图 4－20)，并加工得到理想截面，其风景图像如图 4－21 所示，通过对比可以看出，实际分布和目标分布(图 4－13)基本一致，验证了多元材料任意分布技术在宏观图像成形中的可行性。同时，将实际分布与仿真结果(图 4－14)进行对比，发现两者具有高度的一致性，验证了基于颜色映射及三维构建功能模块的多元材料图像成形仿真的可靠性。

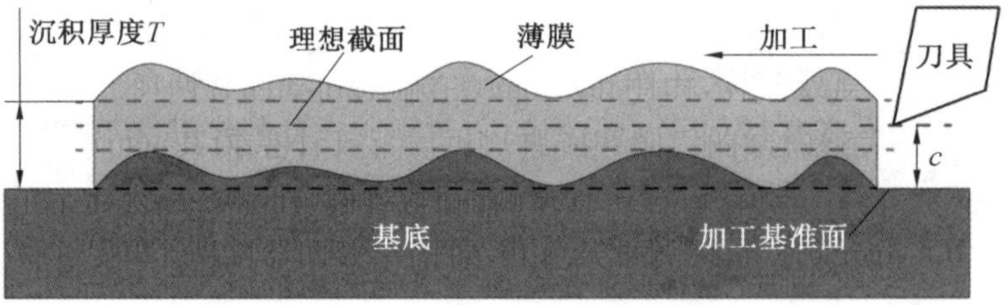

图 4－20 沉积体加工示意图

图 4－21 风景图像的多元材料分布(实际分布)

4.5 多元材料的图像成形工艺性讨论

多元材料分布(成形)的图像与传统的打印图像相比,具有以下两点优势:一是多元材料任意分布技术的原理决定了图案化的多元材料是连续(而非点阵)分布的,因此不存在图像分辨率的问题;二是在沉积体一定厚度范围内的截面上都存在图像,即具有通透图案,这些截面上的图像色调是渐变的。

LMP－分布法的应用在很大程度上依赖于材料属性、沉积方式及参数设置(如温度、氛围等)。沉积过程中至少存在两种沉积方式,即物理沉积和反应沉积。对于物理沉积而言,沉积材料正好是分布材料;而对于反应沉积,正如化学气相沉积,该沉积技术极大地扩宽了薄膜材料的可选范围,沉积材料作为中间物与其他沉积材料或氛围发生化学反应从而生成目标分布所需的分布材料。第 4.4 节中钨/铝沉积是在室温及氩气氛围下进行的,保证了材料物理沉积/分布,另外,钨和铝在高于 682 ℃ 的情况下反应生成金属间化合物;在氧气氛围下生成相应的氧化物,而这些特性有助于分布材料的多样化。大多数材料包括金属、化合物、陶瓷、半导体及聚合物,都可以通过磁控溅射、分子束外延及升华等方式进行沉积。在沉积过程中原子扩散对多元材料分布的影响是难以避免的,但可以通过低温技术来减少原子的扩散。例如,磁控溅射的样品固定盘可以通过液氮来冷却从而降低基底沉积材料的原子扩散。综上,LMP－分布法是一种通用的多元材料精确分布方法,几乎适用于所有的材料分布。

第5章　多元材料分布技术在太赫兹调制器件制造中的应用

5.1　概　述

前面章节对多元材料在二维平面和三维空间上分布进行了理论建模，对分布方法和图案化过程等进行了系统阐述。多元材料分布技术将复杂的平面和空间多元材料分布转化为多种材料单一层叠体依次沉积，其实质是实现了多元材料复杂分布的降维。这种降维在二维平面分布中，可以看作是在固定形貌衬底上多种材料单一层叠体线性变形；而在三维空间分布中，可以看作是在可变形貌衬底上多种材料单一层叠体非线性变形。基于前述的理论和方法，本章将对多元材料分布技术在太赫兹调制器件制造中的应用进行介绍。

太赫兹调制器件的诸多调制性能（吸波、滤波、幅值调制、频率调制等）实现了太赫兹技术在通信、医疗、军事等重大领域的广泛应用。太赫兹调制器件所需的调制性能往往无法通过自然材料实现，需要依托超材料独特的人工阵列结构实现。超材料是根据应用需求，通过在现有材料的基础上进行结构及尺寸的有效设计，从而获得由周期性或非周期性人工微结构单元排列而成的复合结构或复合材料，具有天然材料所不具备的超常物理特性，可以打破某些自然规律的限制。超材料的亚波长结构决定了其微结构尺寸往往远小于工作频段的波长，而太赫兹波的波长一般在 0.03 ～ 3 mm，因此，太赫兹调制器件中超材料结构尺寸一般在微纳米量级，其中微米级超材料在太赫兹调制器件中较为常见。大量周期性排列的微米级人工结构制造难度和成本较大，随着太赫兹技术的逐步发展，太赫兹调制器件所需功能多样化，超材料结构也逐渐复杂化。太赫兹调制器件的超材料已经不再局限于单一材质的二维结构，诞生了多元材料复合型二维结构，甚至是更为复杂的准三维与三维结构，制造难度和成本陡增。

传统的微纳制造工艺常采用光刻技术、掩膜印刷技术、打印技术等方式进行二维超材料的制造。以目前的工艺技术水平，简易的单一材质二维超材料成形较易实现。但是针对多元材料复合型超材料，随着复合材料种类的增加，制造难度逐级递增，制造过程中需要重复多次制造流程实现不同材料结构的制造，且不同材料结构间的组装精度也较难控制。当二维超材料跨度到三维超材料时，除了上述制造中会遇到的困难外，还存在不同层超材料结构的组装问题。现有的三维超材料制造方法主要是印刷电路堆叠组装、多次光刻和 3D 打印等，这些方法可以实现三维结构的制造，但是受限于设备尺寸和组装方式的精度，这几类方法存在着一定缺陷。如何降低不同材料结构的制造难度，提升不同结构间组合的精度，是多元材料复合型太赫兹调制器件的发展重点。

5.2　二维太赫兹宽带吸波器研制

5.2.1　多元材料复合型太赫兹宽带吸波器设计

在多元材料复合型超材料结构中，每个周期结构均可等效为一个独立的复合材料，不同材料结构间存在的耦合电磁场带来了单个材料结构所不具备的电磁特性，将单个周期的复合材料阵列化，即可实现宽带吸收。将复合材料和超材料的各自特点相融合，用材料种类的变化取代复杂结构的设计，简化衬底结构为直壁结构，将复杂的平面多元材料分布问题转换为简单的纵向多元材料沉积问题。

根据阻抗匹配原理，等效阻抗(z)越接近超材料与空气界面的阻抗时，反射率越低，而等效阻抗可通过控制介电常数(ε)来改变。传统的方法是通过设计不同的周期结构来改变等效阻抗，从而获得较低的反射率。本节中提出了阵列化多元材料复合形成超材料，从而改变等效阻抗的设计思路。其原理是通过在超材料的周期结构内将不同材料合成复合材料，达到改变整个超材料介电常数的目的。多元材料复合型超材料的等效介电常数可以通过文献计算，其中单周期结构的等效介电常数(ε_s)可以用公式(5－1)计算：

$$\varepsilon = x_1^2\varepsilon_1 + x_2^2\varepsilon_2 + 4x_1x_2\frac{\varepsilon_1\varepsilon_2}{\varepsilon_1+\varepsilon_2} + 2x_1x_2\varepsilon_1 \tag{5-1}$$

式中，ε_1、ε_2 分别为硅和钛的介电常数；x_1、x_2 分别为硅和钛在单周期结构中所占的体积比例，且 $x_1 + x_2 = 1$。

对于整个超材料结构，等效介电常数(ε_T)可以通过公式(5－2)计算得到：

$$\varepsilon_T = 4y_1^2\varepsilon_s + y_2^2\varepsilon_0 + 8x_1x_2\frac{\varepsilon_s\varepsilon_0}{\varepsilon_s+\varepsilon_0} + 2y_1y_2\varepsilon_1 \tag{5-2}$$

式中，ε_0 为空气的介电常数；y_1、y_2 分别为整个超材料结构中每个周期结构所占的体积比例和相邻两个周期结构之间的空白区域所占的体积比例，且 $y_1 + y_2 = 1$。

如公式(5－1)和公式(5－2)所示，本节设计的多元材料复合型超材料等效介电常数 ε_T 可以根据材料的种类(不同的介电常数组合)和每种材料所占的体积比例求得，即改变复合的各种材料种类和其各自所占的体积比，得到不同的等效介电常数和阻抗。最终根据阻抗匹配原理得到理想的吸收。根据这一设计思路，结合电磁仿真确定了钛、硅作为多元材料复合型超材料的两种复合材料。

棋盘状太赫兹宽带吸波器的尺寸为 5 mm×5 mm，共由 27 899(167×167)个周期结构组成(吸波器的结构示意图如图 5－1 所示)。单个周期结构的剖视图如图 5－1(c)所示，涂抹在棋盘状结构表面的是聚酰亚胺(polyimide，PI)薄膜，厚度为 l_2。第二层是钛－硅棋盘状分布的复合周期结构，每个周期结构都是由 13 个硅柱体和 12 个钛柱体互相间隔组成，其中硅柱体和钛柱体都是形状大小为 $d\times d\times l_1$，底面为正方形的长方体，单个棋盘状周期结构的边长为 $5d$，且相邻的 2 个棋盘状周期结构相距 p。第三层结构是一个正方形底面边长为 $5d$、高度为 l_3 的长方体。底层是正方形底面边长为 p、厚度为 l_4 的金属平板。

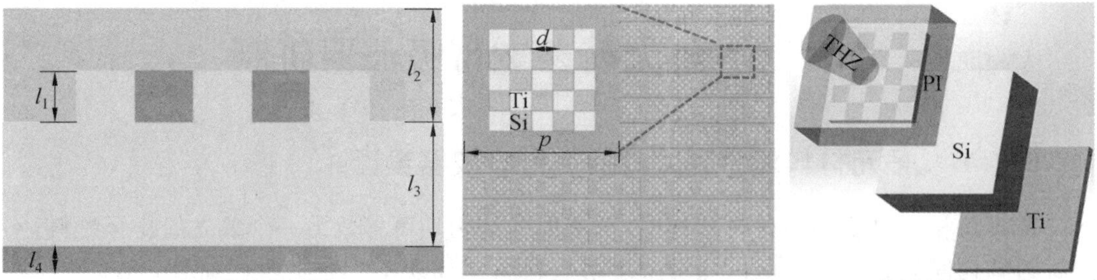

(a) 吸波器的截面图　(b) 吸波器的俯视图　(c) 吸波器的剖视图

图 5－1　棋盘状太赫兹宽带吸波器结构示意图(彩图见附录)

根据太赫兹宽带吸波器的宽带吸波性能需求，以太赫兹吸收率和吸波带宽为优化目标，在 0 ～ 4 THz 范围内对复合材料的种类及搭配、棋盘中以材料的边长(d)、棋盘周期(p)、复合材料厚度(l_1)、顶层 PI 厚度(l_2)、中间层厚度(l_3)、底部金属层厚度(l_4) 等参数进行优化设计，并通过软件仿真获得相对优值，棋盘状超材料的结构参数见表 5－1。

表 5－1　棋盘状超材料的结构参数

层	结构参数	材料	
		名称	物理参数
顶层	$l_2 = 10\ \mu m$ $d = 4\ \mu m$	聚酰亚胺	$\varepsilon = 3.5, \mu = 1$
棋盘状层	$l_1 = 0.05\ \mu m$	钛	$\varepsilon = 1, \mu = 1.000\ 18$
	$p = 30\ \mu m$	硅	$\varepsilon = 11.9, \mu = 1$
中间层	$l_3 = 30\ \mu m$	硅	$\varepsilon = 11.9, \mu = 1$
底层	$l_4 = 0.01\ \mu m$	钛	$\varepsilon = 1, \mu = 1.000\ 18$

5.2.2　基于多元材料二维平面分布技术的太赫兹宽带吸波器制造

5.2.1 节中设计的太赫兹宽带吸波器是平面结构，可通过多元材料二维平面分布技术进行高精度快速制造。图 5－2 展示了整个棋盘状钛 / 硅元素分布的太赫兹宽带吸波器的制造流程，其中的核心在于棋盘状钛 / 硅复合超材料的制造。值得注意的是，制造过程中衬底形貌是不变的，亦可称之为基于固定衬底的多元材料分布技术。简要地，首先根据所设计的太赫兹宽带吸波器的超材料结构(钛－硅棋盘分布)，设计并制作所对应的衬底结构。整个衬底设计为由 167 × 167(27 899) 个单独硅柱状周期结构组成，衬底的面积大小为 5 mm × 5 mm。图 5－2(a) 显示了单元衬底的示意图，该衬底的厚度为 325 μm(l_5)，材料是纯度为 99.99% 的硅片，单元衬底上有 12 个凸起的长方体，长方体的底面边长 d 为 4 μm，凸起高度($2l_1$) 为 100 nm，凹坑深度(l_1) 为 50 nm。此处硅衬底的制造是通过光刻技术和干法刻蚀相结合方法。硅衬底制造完成后，即获得了具有微米级结构的沉积面，在该衬底上沉积钛(图 5－2(b))，厚度为 50 nm。采用高真空电子束蒸发镀膜机(TEMD500)，电子枪电流约为 0.9 A，沉积时间约为 40 min。

由于相邻的两个凸起长方体间存在一个高度差为 50 nm，底面边长为 4 μm 的凹坑

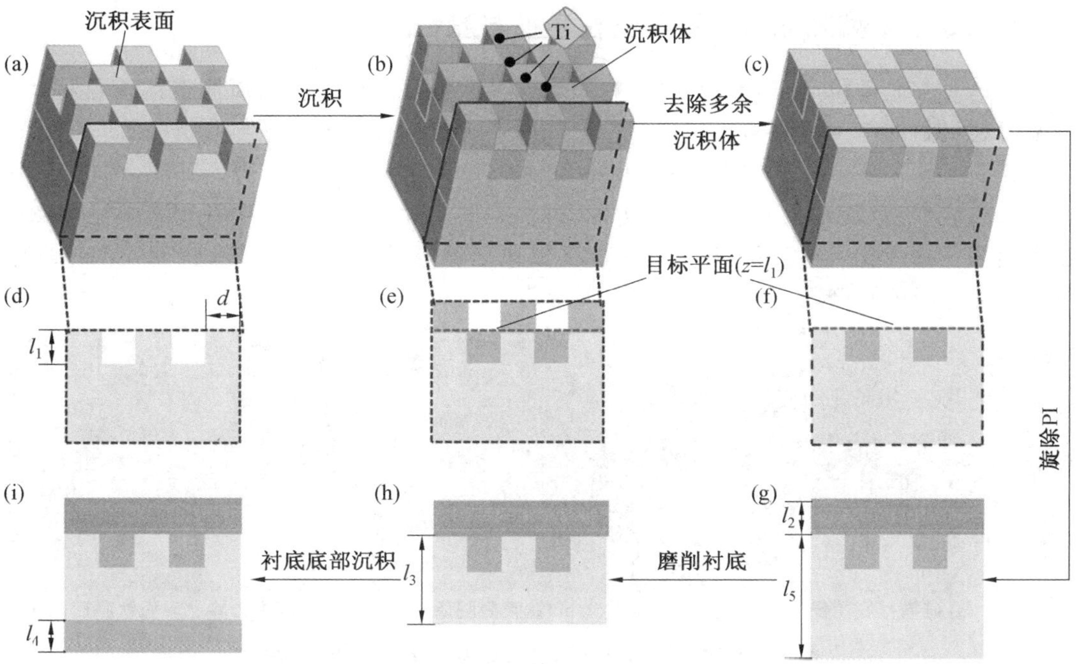

图 5－2　棋盘状太赫兹宽带吸波器的制造流程(彩图见附录)

(图 5－2(a))。理想情况下,在沉积后两个凸起长方体间的凹坑会被填平,而两个凸起长方体的上方会出现边长为 4 μm、高度为 50 nm 的钛金属块凸起(图 5－2(b)、(e))。因此,只需去除凸起的 50 nm 钛金属膜,即可得到一个呈棋盘状分布的钛－硅平面。通过磨削和光学显微镜检测方法,可以较为精确地去除顶部 50 nm 的钛薄膜,得到棋盘状钛/硅复合超材料。通过旋涂工艺将聚酰亚胺薄膜制造在钛/硅棋盘状超材料的表面(图 5－2(g))。进一步,将硅衬底(原始厚度为 325 μm)减薄至 30 μm(图 5－2(h))。最后在底层硅的背部蒸镀一层 10 nm 厚度的金属钛,从而完成宽带吸波器的制造(图 5－2(i))。

通过上述制造工艺,利用固定式衬底可以获得平面超材料,进而制造出具有跨尺度太赫兹宽带吸收器件。该方法可以批量获得晶圆级阵列器件,具有高效和低成本制造能力。图 5－3(a) 显示了 100 mm 的硅片上总计有 64 个太赫兹宽带吸波器器件。图 5－3(b) 显示了单个棋盘状太赫兹吸波器,其中方框范围为吸波器的有效面积(5 mm × 5 mm)。

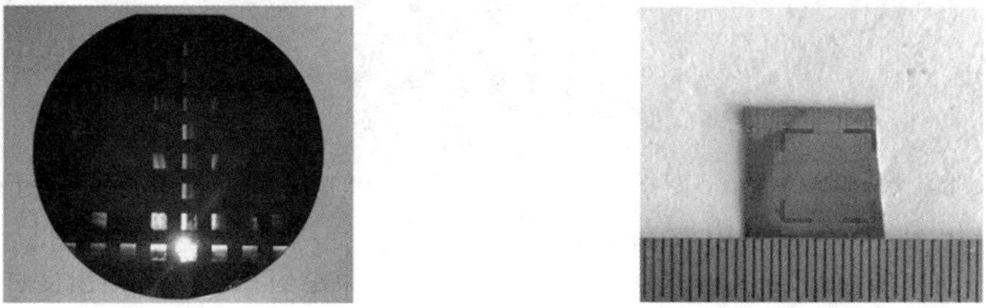

(a) 包含64个吸波器的100 mm衬底数码图像　　(b) 单个吸波器的数码图像

图 5－3　棋盘状太赫兹宽带吸波器的宽带性能测试结果

5.2.3　太赫兹宽带吸波器物性表征与测试

通过光学显微镜、扫描电子显微镜、原子力显微镜等表征仪器对所制造的棋盘状钛/硅复合超材料的结构及尺寸、元素分布、表截面形貌等进行系统表征与分析(图5－4)。

在5 mm×5 mm范围内,制造出27 899(167×167)个周期结构。沉积金属钛后衬底表面由硅变为钛,光镜下周期结构边缘弯曲,亮度增强。磨削过程中利用光学显微镜观察表面颜色的变化,当表面银灰色逐渐出现黑色区域时,控制磨削力度,直到表面呈现黑灰相间颜色时停止磨削。

(a) 硅微衬底图像　(b) 镀50 nm钛膜后图像　(c) 磨削去除上表面钛膜后图像

图5－4　钛/硅复合超材料分布的光学显微镜图像

进一步,对单一钛和硅的子区域尺寸和材料分布进行表征。图5－5(a)展示了棋盘状结构钛/硅复合超材料俯视SEM图像,单个周期结构的整体尺寸约为19.85 μm,与其设计值(20 μm)之间的误差为0.75%;结构的周期实测约为29.95 μm,与其设计值(30 μm)之间的误差仅为0.2%。而对于单个钛或者硅材料边长,实测值约为3.88 μm,与其设计值(4 μm)之间的误差为3%。图5－5(d))给出了结构截面SEM图像,从图中可以看出沉积体侧面呈现缓坡状,由此导致制造误差,其内容将在5.2.4节中具体讨论。除了结构外,钛和硅元素的分布对吸波器的性能也会产生影响。图5－5(b)、(c)、(e)、(f))给出了棋盘状结构钛和硅元素的分布Mapping图像,两种元素具有一定的空间分布,与理论设计基本相符。

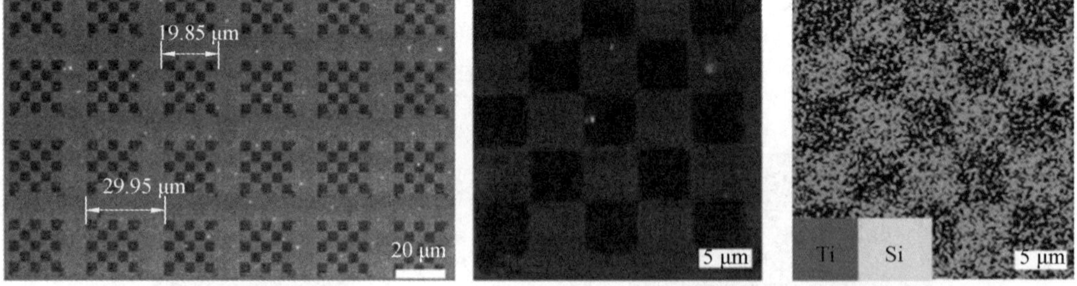

(a) 棋盘状结构俯视SEM图像　(b) 单元棋盘结构Mapping图像　(c) 钛和硅元素叠加Mapping图像

图5－5　棋盘状钛/硅复合材料结构尺寸,表截面形貌及元素分布SEM表征(彩图见附录)

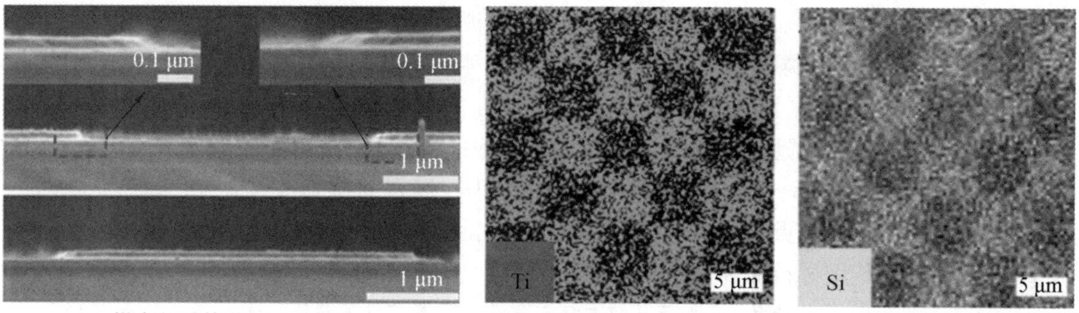

(d) 棋盘状结构截面SEM图像　(e) 单一钛元素Mapping图像　(f) 单一硅元素Mapping图像

续图 5－5

通过太赫兹时域光谱仪(CCT－1800)对吸波器件进行吸收率测试，光谱范围为 0.06～4 THz，入射角为 35°，对比分析实验与仿真结果，评价以优化制造工艺技术。图 5－6(a)测试数据显示该吸波器在 0.1～4 THz 波段内吸收率大于 60%，在 2.1～4 THz 波段内吸收率大于 70%。两种吸收曲线之间仍然存在一定偏差，尤其是在高频区域；这一误差主要是器件制造误差所致，既包含结构的尺寸误差，也包含材料位置分布误差。为了进一步量化实验与仿真结果之间的差异，引入绝对误差(Err.)来定义实验和模拟吸收率曲线的相似度，可由公式(5－3)计算得到。其中，$Q(t)$ 和 $R(t)$ 分别为实验吸收率和仿真吸收率。

$$\text{Err.}=\frac{\sum_{i=1}^{N}|R(t)-Q(t)|}{\sum_{i=1}^{N}|Q(t)|} \tag{5－3}$$

$$\text{Err.}=\frac{S_1+S_2}{S_1+S_3} \tag{5－4}$$

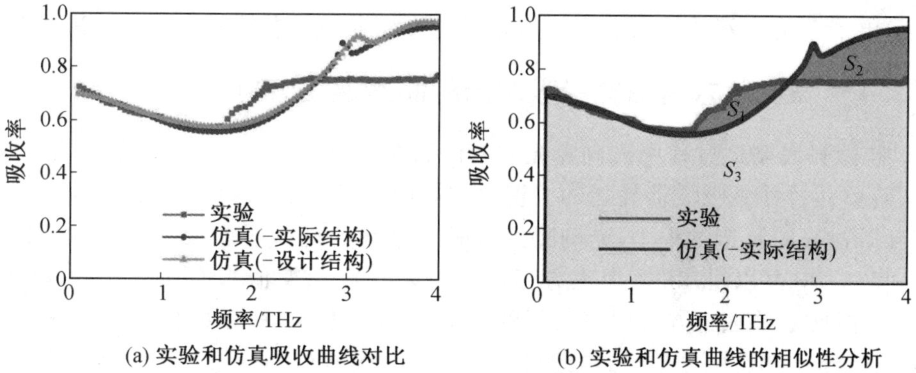

(a) 实验和仿真吸收曲线对比　(b) 实验和仿真曲线的相似性分析

图 5－6　棋盘状太赫兹宽带吸波器的宽带性能测试(彩图见附录)

采用等效面积法简化计算，在图 5－6(b)中定义了 3 个区域(S_1、S_2 和 S_3)。将公式(5－3)转换为公式(5－4)，最终得到误差值(Err.)为 0.08，即表明两种吸收率曲线的相似性可达 92%，证明了测试性能达到了初始的设计性能。

为了凸显多元材料分布技术在太赫兹宽带吸波器制造中优势，此处以吸波率和带宽两个参数指标为准，对比了通过光刻、刻蚀、镀膜等方法制造的单一材料吸波器和本方法制造器件的性能，结果见表 5 — 2。表 5 — 2 所提到的一部分太赫兹吸波器的吸收率高(> 80%)，但吸收带宽较窄(< 1 THz)。同时因一部分太赫兹吸波器的超材料的结构较为复杂，不易制造仅停留在结构设计层面。本方法制造的的太赫兹宽带吸波器仿真吸收率高于 80% 的波段宽度为 1.35 THz(2.65 ～ 4 THz)，且测试吸收率在几乎同一波段范围内仍高于 75%(2.2 ～ 4 THz)。测试结果表明，棋盘状太赫兹宽带吸波器可同时兼备宽频带和高吸收两项重要指标，不仅展示了太赫兹宽带吸波器应用的可能性，还验证了基于固定衬底式多元材料微米级分布技术的平面复合型二维超材料制造的可行性。

表 5 — 2　与其他太赫兹宽带滤波器的性能对比

材料	参数指标(仿真)		参数指标(实验)	
	吸收率 /%	带宽 /THz	吸收率 /%	带宽 / THz
铜	> 90	0.896	—	—
铝	> 90	0.86	> 50	0.83
金	> 80	3.08	—	—
石墨烯	> 90	2.66	> 80	2.12
钛和硅	> 80	1.35	> 75	1.8

至此，对于所设计棋盘状太赫兹宽带吸波器器件，通过钛 / 硅材料的复合形成超材料，作为吸波器的核心，具有多重优势：一方面，通过多元材料的使用，降低了单一材料复杂结构的弊端，使得制造技术变得相对简单；另一方面，采用多元材料二维平面分布技术，可以方便快捷的实现棋盘状钛 / 硅复合材料的制造，相较于传统的光刻、刻蚀、镀膜工艺具有快速性、简便性和低成本特点。需要指出的是，从 SEM 图像(图 5 — 5(a)、(d)) 中可以看出所制造的棋盘状钛 / 硅复合超材料与理论设计值存在一定的偏差，且通过性能测试也显示出了一定的差异。以下将对多元材料二维平面分布技术加工误差进行分析。

5.2.4　棋盘状太赫兹宽带吸波器的制造误差分析

(1) 硅微衬底制造过程中光刻曝光时间的影响。

钛、硅单元尺寸是吸波器性能的关键之一，其尺寸受光刻、刻蚀、磨削等工艺参数的影响。在硅微衬底的制造过程中，光刻曝光时间对最终的硅微衬底尺寸起着重要的影响。从图 5 — 5(a) 中可以看出，每个正方形图案的边长和预期值都有所减小(4 μm 减小至 3.88 μm)，但两个单独正方形图案之间的间隔也随之增大，所以即使每个边长 d 的误差稍大(1% ～ 5%)，但整个周期结构的尺寸和周期的误差很小(< 1%)，对太赫兹宽带吸波器的性能影响较弱，这点将在误差分析处详细阐述。如图 5 — 5(d) 所示，电子束蒸镀金属钛后，沉积体钛和衬底上的硅之间存在着明显的边界，其中顶层部分为沉积体钛，其高度约为 50 nm，下层部分为衬底中凸起的硅，其高度也为 50 nm，两层总高度为 100 nm，满足设计要求，其中图 5 — 5(d) 中放大图的比例尺为 0.1 μm。硅衬底是呈现棋盘状结构的柱状衬底，每个凸起硅柱体的高度均为 50 nm，金属钛沉积后，50 nm 厚度的钛沉积体会附着在凸起的硅柱体上(图 5 — 4)，该沉积体表面为金属钛，每个凸起的金属钛沉积体下

衬底凸起的硅柱体，如图 5－5(b) 所示，凸起的金属钛边长约为 4 μm 符合设计值。

通过上述分析与测试结果可得，光刻曝光时间对后续结构以及钛 / 硅材料的分布有着重要的影响，因此，首先分析由曝光时间带来的制造误差，结果如图 5－7 所示。过度曝光会导致斜对角点相连的硅柱体互相分离，经过刻蚀后硅微衬底结构 SEM 图像验证上述过渡曝光的影响。硅柱体边长减小为 3.75 μm，经过钛薄膜沉积，导致钛材料在沉积过程中占据一部分原来硅材料的空间；磨削后相邻斜对角处的钛材料出现部分重叠现象。相反地，曝光不足会使相邻硅柱体重叠，导致硅柱体边长增大为 4.25 μm。钛在沉积过程中，原本钛应沉积的位置一部分被硅衬底占据，磨削后的棋盘状结构中相邻斜对角的钛材料分离。上述两种情况都会导致钛 / 硅棋盘状结构出现较大材料分布误差，影响太赫兹宽带吸波器件的性能(图 5－6)；因此，硅微衬底制造应当严格控制曝光时间，以提高衬底制造的尺寸精度。图 5－7(f) 是通过优化曝光时间后得到的硅柱体图像，尽管每个硅柱体间仍有连接部位，但已尽可能地减少。硅柱体的边长为 3.88 μm，与设计值 4 μm 非常接近。图 5－7(i)、(l) 展示了曝光时间优化后的最终钛 / 硅棋盘状结构示意图和 SEM 图像。单个棋盘状结构的尺寸为19.85 μm(图 5－5(a))，与设计值(20 μm) 相比仅相差 0.75%；吸波器的周期(p) 为29.95 μm(图 5－5(b))，与设计值(30 μm) 相比仅相差 0.2%。

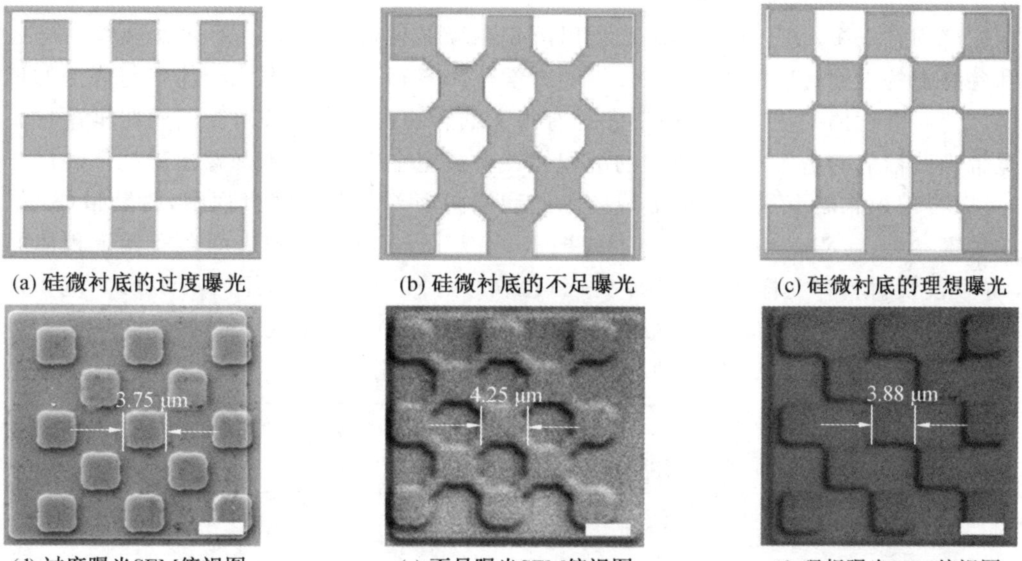

(a) 硅微衬底的过度曝光　(b) 硅微衬底的不足曝光　(c) 硅微衬底的理想曝光

(d) 过度曝光SEM俯视图　(e) 不足曝光SEM俯视图　(f) 理想曝光SEM俯视图

图 5－7　由光刻曝光时间引起的衬底制造和最终钛 / 硅复合材料分布的误差

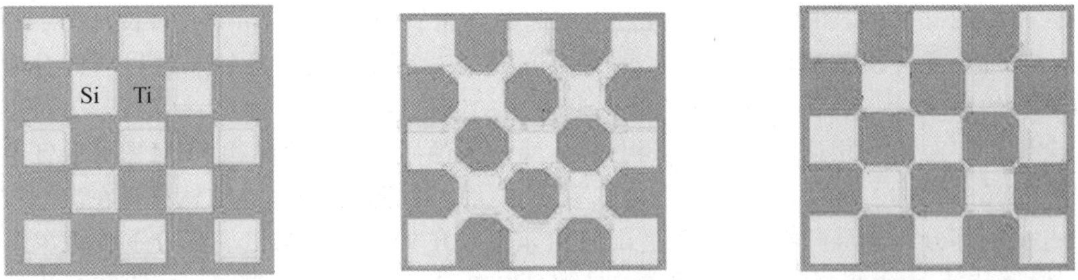

(g) 过度曝光的示意图　(h) 不足曝光的示意图　(i) 理想曝光的示意图

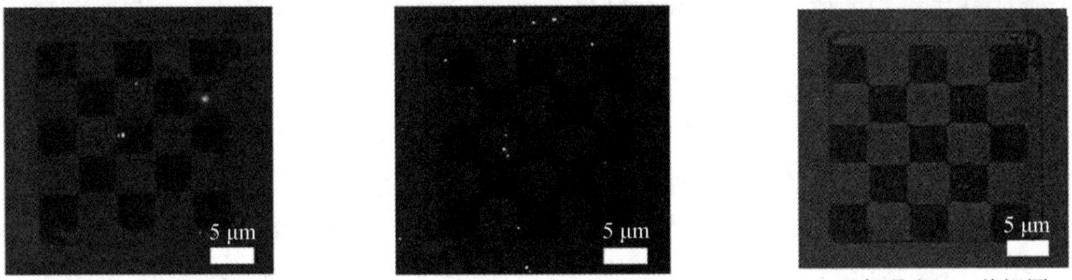

(j) 过度曝光SEM俯视图　(k) 不足曝光SEM俯视图　(l) 理想曝光SEM俯视图

续图 5－7

（2）沉积体磨削过程影响。

在沉积过程中，钛原子或团簇被溅射沉积在微结构硅衬底上。上述钛颗粒在硅柱侧壁和台阶上的吸附、迁移、成核、生长等动力学行为各有不同，导致沉积体在基底上的形态不同。它对沉积体的纵向和横向形态都有很大的影响（图 5－8(a)）。然而在棋盘状太赫兹宽带吸波器的制造过程中，凸起的沉积体钛将被完全去除，直到暴露出硅柱体表面。因此，可以合理地忽略沉积过程中形成的纵向和横向误差。在打磨过程中，打磨量(ε)是实验的关键参数。ε 设计值为 50 nm。如果 $\varepsilon < l_1$（$l_1 = 50$ nm），则表面会有钛沉积体的残留，导致仅钛材料存在样品表面（图 5－8(c)、(e)）。如果 $\varepsilon > 2l_1$（图 5－8(b)），沉积体钛被完全消除，导致错误的材料分布出现（图 5－8(d)、(f)），因此，ε 必须控制在一个固定范围（$l_1 < \varepsilon < 2l_1$）保障钛、硅两种材料呈现棋盘状结构分布。

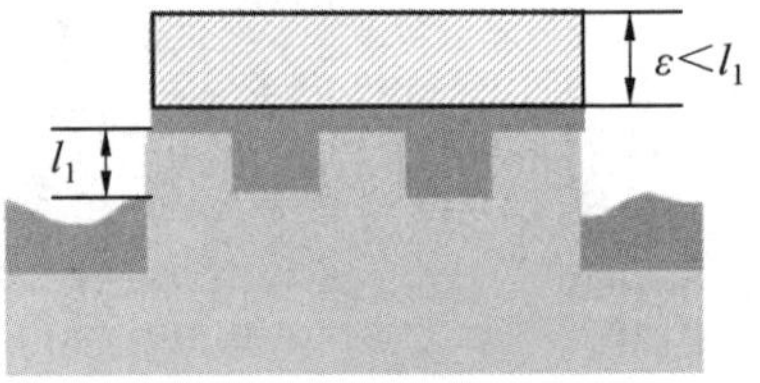

(a) 欠打磨的沉积体截面示意图

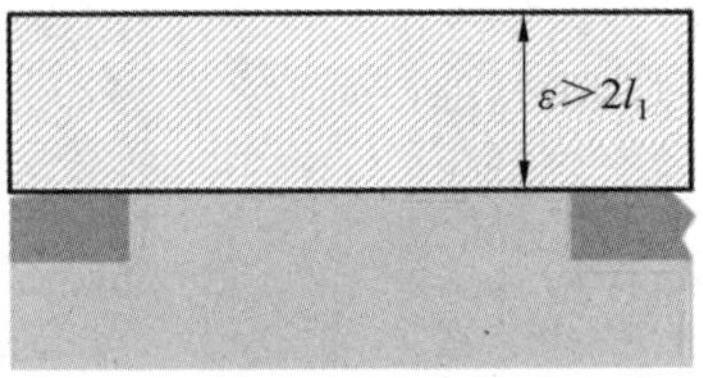

(b) 过度打磨的沉积体截面示意图

图 5－8　沉积体误差分析

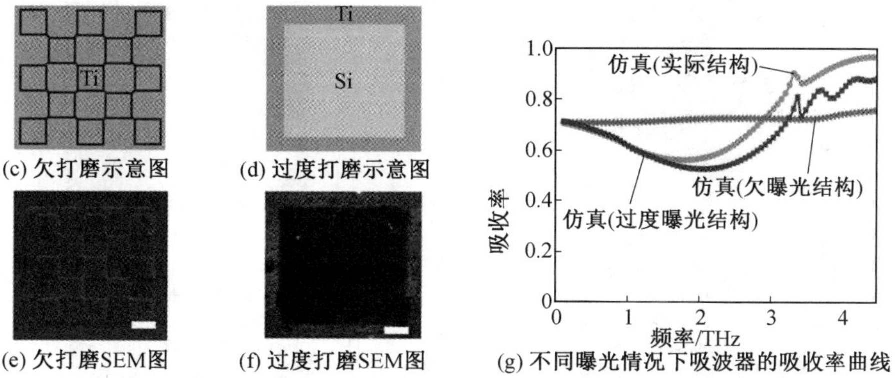

(c) 欠打磨示意图　(d) 过度打磨示意图

(e) 欠打磨SEM图　(f) 过度打磨SEM图　(g) 不同曝光情况下吸波器的吸收率曲线

续图 5－8

5.3　准三维双层十字形太赫兹幅值调制器制造

多元材料复合型层叠体超材料作为二维超材料到三维超材料的过渡(准三维超材料),其特点在于存在三维超材料的多层结构,每层结构中材料分布种类各异但材料结构相同。层叠体超材料利用不同层结构间的电磁场耦合效应,实现太赫兹调制器器件的各种调制特性。针对层叠体多元材料复合型超材料的制造,每层二维超材料结构都存在多元材料分布问题,同时,相邻两层二维超材料间的不同层材料在三维空间上存在一定几何关系,制造难度在二维超材料的基础上进一步加大。本节提出一种基于层叠体超材料的太赫兹幅值调制器,其每层结构都是尺寸一致的十字形复合结构,但上下两层复合的材料种类不同,利用每层结构间电磁场耦合效应,实现太赫兹波的幅值调控。利用固定衬底式多元材料分布技术,根据每层十字形复合结构的形状制造固定的微结构衬底,然后依次进行多种材料沉积实现多元材料在不同层的十字形分布。

5.3.1　双层十字形太赫兹幅值调制器设计

太赫兹幅值调制器的调控方式多为电调控、磁调控、力调控和温度调控等,其中温度调控成本最低。基于二氧化钒(VO_2)的温度调控性能,本节设计了一个包含二氧化钒的双层重叠十字形超材料,基于该超材料制造了通过温度调控太赫兹波幅值变化的调制器,实现了多频段滤波调制功能。

(1) 错层电磁屏蔽原理。

图 5－9 所示为双层重叠十字形结构超材料设计原理,铜分布在顶层的十字形区域,二氧化钒分布在中间层的环绕十字形区域,铜和二氧化钒分属上下两层,但铜和二氧化钒的结构投影到同一平面为十字形复合结构(图 5－9(c))。利用二氧化钒低温相变的特性,使下层二氧化钒材料的电阻率发生突变,改变双层材料的电磁特性,从而实现对太赫兹波幅值的调制特性。具体地,当温度升高到 70 ℃ 时,二氧化钒转化为导电态,两个互补结构(铜和二氧化钒)在横向上形成一个金属平面。对于太赫兹的传输,如果金属平面的厚度大于太赫兹波的波长,代表整个金属平面是一个完美的电磁屏蔽罩,太赫兹波不能通过金属平面传输。

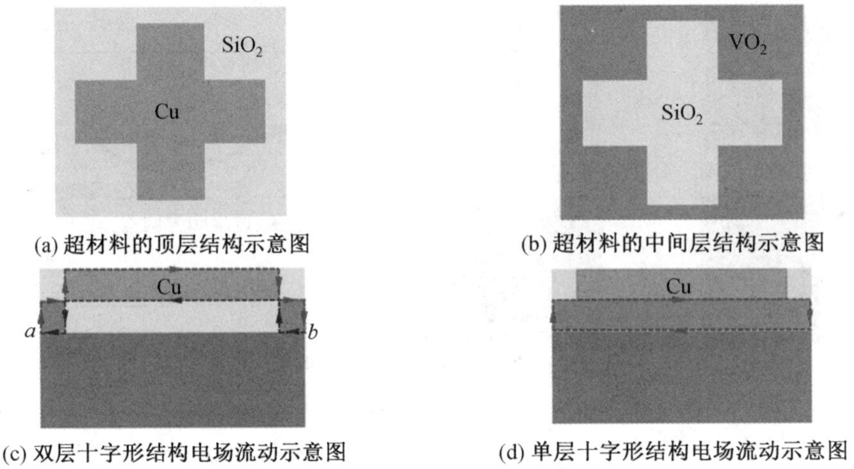

(a) 超材料的顶层结构示意图 (b) 超材料的中间层结构示意图

(c) 双层十字形结构电场流动示意图 (d) 单层十字形结构电场流动示意图

图 5－9　双层重叠十字形结构超材料设计原理(彩图见附录)

图 5－9(c) 中箭头所示为温度上升到 70 ℃ 后双层十字形结构的流体电场，红线表示从 a 点开始顺时针流动的流体电场方向，紫线表示从 b 点开始逆时针流动的流动电场，二者形成一个闭环电磁场实现电磁屏蔽，可以有效地阻止太赫兹波的传输。图 5－9(d) 所示为单层十字形结构的流体电场，该调制器由 3 部分组合而成：底层硅层、中间层二氧化钒层和顶层 Cu @ SiO_2 复合十字形结构。公式(5－5) 和公式(5－6) 表达了透射系数与材料电导率的关系。

$$z=\gamma\times\frac{\Delta l}{\Delta s} \tag{5-5}$$

$$S_{21}=\frac{1}{\cos(\varepsilon z\boldsymbol{k}h)-\dfrac{i}{2}\left(z+\dfrac{1}{z}\right)\sin(\varepsilon z\boldsymbol{k}h)} \tag{5-6}$$

式中　γ—— 电导率，S/m；

Δl—— 材料的单位长度，m；

Δs—— 单位面积，m^2；

ε—— 介电常数，F/m；

μ—— 磁导率；

$\boldsymbol{k}$—— 入射波的波矢；

h—— 材料厚度，m。

根据公式(5－6) 可知，对于固定的太赫兹波和超材料，$\boldsymbol{k}$ 和 h 是不变的，仅有 ε 和 γ 两个参数决定超材料透射率。根据公式(5－6) 可以大致计算出 SiO_2 的透射系数接近 1，而 VO_2 的透射系数小于 1。因此，透过顶层的太赫兹波可以完全穿过 SiO_2 中间层(图 5－9(c))，而部分太赫兹波在 VO_2 中间层衰减(图 5－9(d))。因此，所提出的双层十字形结构的超材料可以提高温度为 35 ℃ 时太赫兹波的传输效率，当温度升高到 70 ℃ 时，由于电磁屏蔽效应，两种超材料结构的传输均降为 0。结果表明，采用双层十字形结构可以实现错层电磁屏蔽，从而改善调制深度(modulation depth，MD)。

(2) 双层十字形太赫兹幅值调制器参数设计。

根据错层电磁屏蔽原理,设计调制器的整体尺寸为 6 mm × 6 mm,共由 5 625(75 × 75) 个周期结构组成,每个周期结构由双层重叠十字形结构和一个厚度为 l_2 的硅衬底组成。太赫兹幅值调制器的三维剖析图如图 5－10(c) 所示,顶部的双层重叠十字形结构由上至下分别为:第一层蓝色区域的材料为铜(Cu),黄色区域的材料为二氧化硅(SiO_2);第二层黄色区域的材料为 SiO_2,绿色区域的材料为 VO_2。两层的厚度均为 l_1,且十字形结构由两个长为 x、宽为 d、高为 l_1 的长方体组成,周期结构的周期为 p。

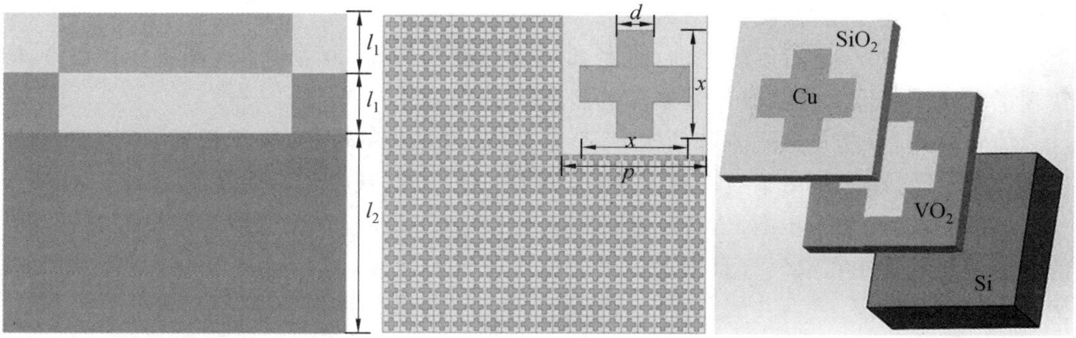

(a) 截面示意图　(b) 平面示意图　(c) 三维剖析图

图 5－10　双层十字形太赫兹幅值调制器示意图(彩图见附录)

为实现 1 ～ 2 THz 范围内多波段幅值调控,通过 HFSS 软件对上述结构参数和材料种类进行优选,得到优化之后的器件结构参数,见表 5－3。

表 5－3　双层重叠十字形太赫兹幅值调制器的结构参数

层	结构参数	材料	
		名称	物理参数
顶层	$d = 20$ μm $x = 60$ μm $p = 80$ μm $l_1 = 0.1$ μm	铜 二氧化硅	$\varepsilon_1 = 1$ $\mu_1 = 0.999\ 991$ $\varepsilon_2 = 4$ $\mu_2 = 1$
中间层	$d = 20$ μm $x = 60$ μm $p = 80$ μm $l_1 = 0.1$ μm	二氧化硅 二氧化钒	$\varepsilon_2 = 4$ $\mu_2 = 1$ $\varepsilon_3 = 1$ $\mu_3 = 1$
底层	$l_2 = 30$ μm	硅	$\varepsilon_4 = 11.9$ $\mu_4 = 1$

5.3.2　基于多元材料二维平面分布技术的太赫兹幅值调制器制造

根据双层十字形调制器参数,采用固定衬底式多元材料分布技术进行制造,基于微结构衬底进行二氧化硅和铜的沉积,减少了光刻次数,提高了制造精度。双层十字形超材料幅值调制器制造工艺流程图如图 5－11 所示。

第一步,通过标准光刻和物理气相沉积(PVD) 工艺制造了覆盖在硅衬底上的 VO_2 十字形空心结构(图 5－11(a))中的绿色部分。十字形空心结构的长度为 x(x＝60 μm),宽度为 d(d＝20 μm)。

第二步,在 VO_2 衬底上溅射 100 nm 二氧化硅薄膜,该薄膜可填充 VO_2 十字形空心结构的中空部分(图 5－11(b)、(e))。

第三步,在 SiO_2 沉积体上继续溅射 100 nm 铜薄膜,达到填充 SiO_2 沉积体中空部分的目的(图 5－11(c)、(f))。

第四步,通过磨削工艺去除顶部凸起的铜材料,即可得到 Cu/SiO_2 和 SiO_2/VO_2 两层不同的十字形复合结构(图 5－11(g))。

第五步,通过金刚石砂轮磨削,将底部的硅衬底削减至 30 μm(l_2)(图 5－11(i)),即实现了双层十字形太赫兹幅值调制器的制造。

综上所述,仅需一次光刻和两次 PVD 工艺就可以将 SiO_2 和 Cu 沉积到不同层的指定区域,避免了二次光刻图案对准的误差,提高了制造精度,减少了制造难度。

值得注意是,第一步中 PVD 制造的二氧化钒的质量在整个调制器工作过程具有重要的作用。此处采用在氧气气氛中磁控溅射纯钒靶沉积薄膜,再经过高温退火获得结晶性优异的二氧化钒层。

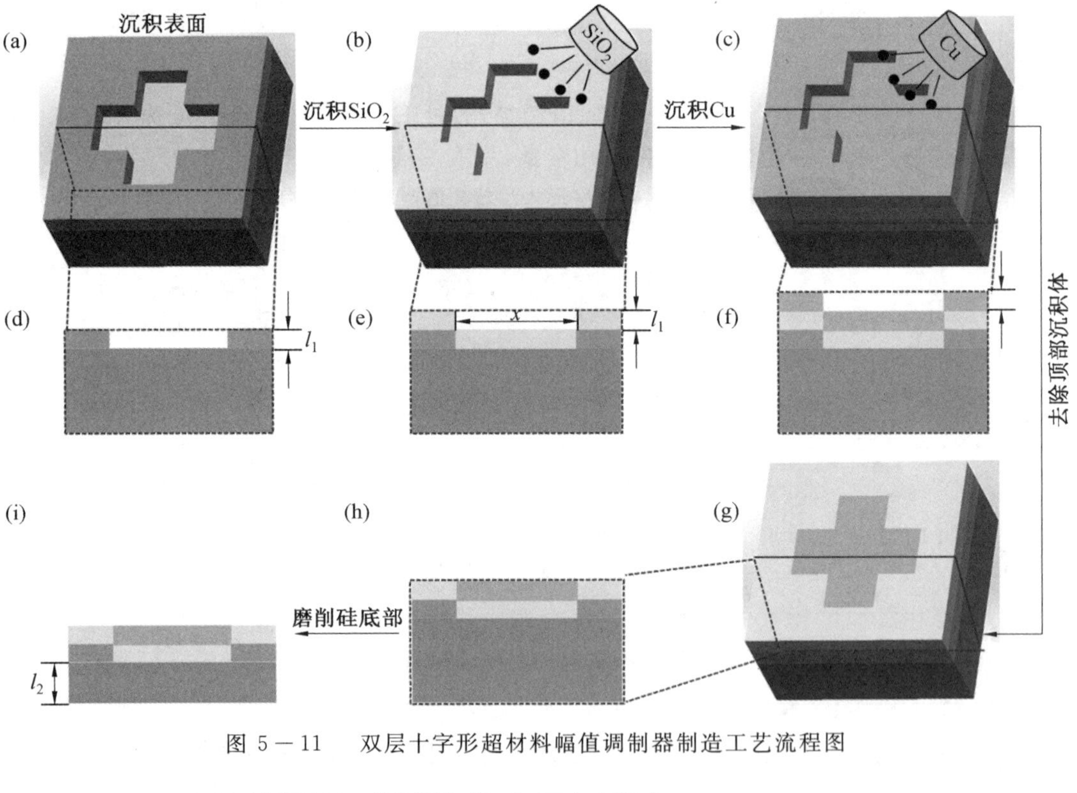

图 5－11　双层十字形超材料幅值调制器制造工艺流程图

5.3.3　太赫兹幅值调制器物性表征与测试

图 5－12(a)～(c)分别显示了光学显微镜下的 VO_2 衬底、SiO_2 和 Cu 的沉积体及磨削后沉积体的光学图像。VO_2、SiO_2 和 Cu 在光镜下的明亮程度是不同的,磨削过程中可

以利用光学显微镜观测表面的明亮程度变化来控制磨削量。图 5－12(d)～(f) 是 VO_2 衬底、SiO_2 和 Cu 的沉积体以及磨削后沉积体的 SEM 图像，无论是 VO_2 衬底、SiO_2 和 Cu 的沉积体还是双层十字形超材料，十字形结构的轮廓都清晰可见。十字形结构的大小和周期与设计尺寸相符，证明通过多元材料分布技术制造双层十字形超材料的精度较高。图 5－12(g) 是 VO_2 衬底的 SEM 截面图，因为 VO_2 衬底的中心存在镂空十字形结构，将其从中间剖开后，垂直于剖开方向的结构应该存在一个前后景的视觉差效果，如图 5－12(g) 的放大图所示，单个镂空十字形结构中相邻两个长方体的角连接处具备前后的空间关系，在 SEM 截面图中显示为前后景的视觉差效果。图 5－12(h) 是磨削后沉积体的 SEM 截面图，其放大图展示了每层结构都存在明显的材料分层，说明每层结构都存在两种材料的复合。其中，第一层为 Cu 和 SiO_2 组成的双层十字形复合结构，第二层为 VO_2 和 SiO_2 组成的双层十字形复合结构。图 5－12(g)、(h) 中放大图的比例标尺为500 nm。

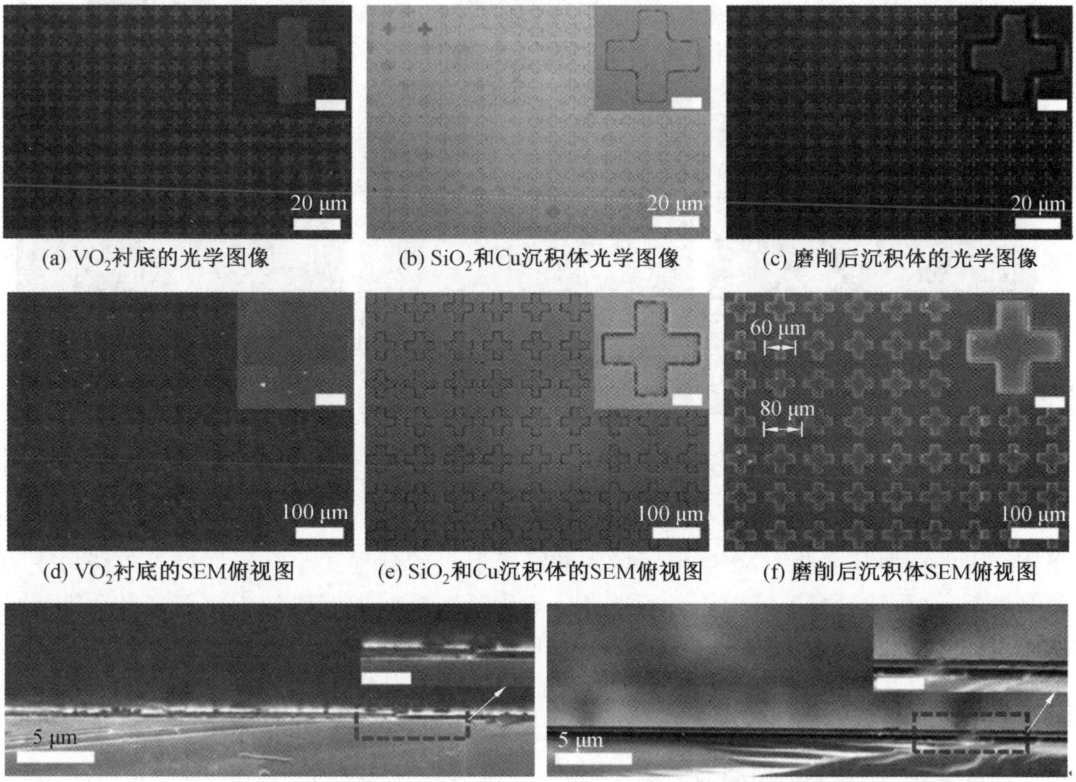

(a) VO_2衬底的光学图像　(b) SiO_2和Cu沉积体光学图像　(c) 磨削后沉积体的光学图像

(d) VO_2衬底的SEM俯视图　(e) SiO_2和Cu沉积体的SEM俯视图　(f) 磨削后沉积体SEM俯视图

(g) VO_2衬底的SEM截面图　(h) 磨削后沉积体的SEM截面图

图 5－12　双层十字形结构超材料的电镜和光镜图

进一步，通过元素面扫描表征调制器中 V、Cu 和 Si 元素的分布情况，结果如图 5－13 所示。在双层十字形结构中，钒元素主要来自顶层环绕在十字形结构周围的二氧化钒，其元素分布满足了设计中二氧化钒的分布情况(图 5－10(a) 绿色区域)。铜元素来自顶层位于十字形结构区域的金属铜，铜元素的分布也符合预期设计(图 5－10(a) 蓝色区域)。鉴于整个双层十字形结构制造于硅片上，故针对硅元素分布测试时整个平面都存在硅元素，但十字形区域本就存在较多的铜元素，因此硅元素在十字形区域会显示得稍微暗淡

（图 5－13(f) 十字形区域红色标记较为暗淡）。图 5－13(b)、(c) 展示了单个周期结构内第一层和第二层十字形结构的不同元素分布情况（铜－硅和钒－硅），显然符合初始设计的两种材料呈现十字形复合分布。最终铜和二氧化钒两种材料的分布情况满足了预期设计，为实现错层电磁屏蔽奠定了基础。

(a) 单个双层十字型结构的SEM图像　(b) 铜和硅的元素分布图像　(c) 钒和硅的元素分布图像

(d) 钒元素分布的图像　(e) 铜元素分布的图像　(f) 硅元素分布的图像

图 5－13　双层十字形超材料的元素分布图像（彩图见附录）

图 5－14(a) 为双层十字形结构的 AFM 图像。图 5－14(b) 展示了图 5－14(a) 中 3 条虚线上的截面高度曲线，十字形区域内的线段上点的高度比十字形区域外的线段上点的高度低，这可能是磨削沉积体过程中部分氧化铝颗粒嵌入凹陷的十字形区域内造成的磨削不均匀导致的。但两者的差值控制在 10 nm 范围内，对比双层重叠十字形结构实际的厚度（$2l_1=200$ nm），其误差小于 5%，可以视为磨削后的结构较为平坦。

(2) 双层十字形太赫兹幅值调制器性能测试。

图 5－15(a) 为单个调制器的数字图像，红色线框内尺寸为 6 mm×6 mm，为双层十字形太赫兹幅值调制器所在有效区域。通过 CCT－1800 太赫兹时域光谱仪测试 0.06～2 THz 范围内器件的透射率，结果如图 5－15(b)～(d) 所示。

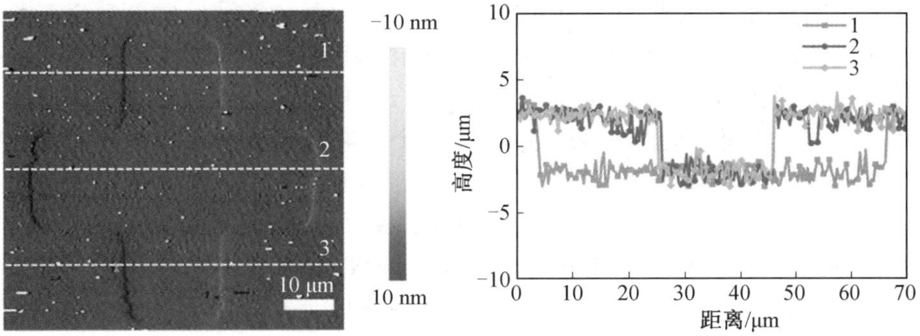

(a) 双层十字形结构的AFM图像　　(b) 图(a)中3条虚线上的截面高度曲线

图 5－14　双层十字形结构超材料的 AFM 图像和高度信息(彩图见附录)

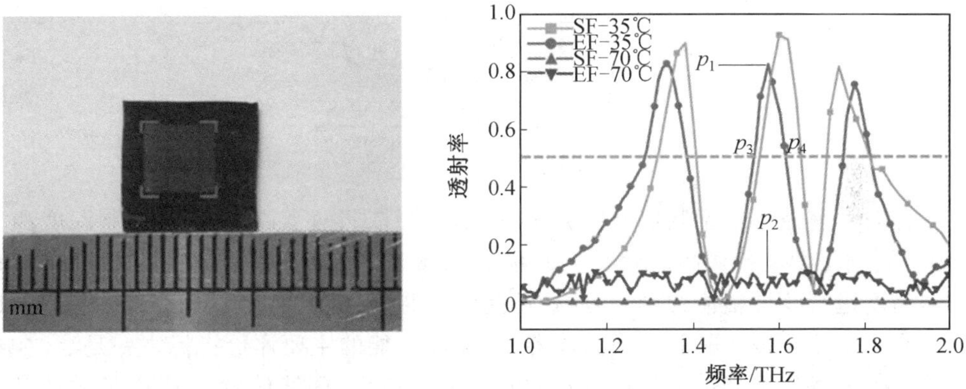

(a) 单个调制器的数字图像　　(b) 实验和仿真的调制器透射曲线

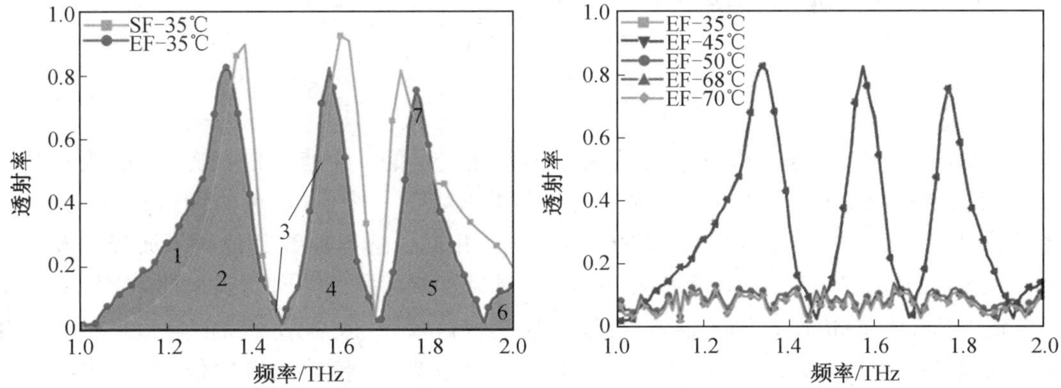

(c) 实验与模拟的透射曲线的相似性分析　　(d) 调制器在不同温度下的透射曲线

图 5－15　调制器的测试结果(彩图见附录)

图 5－15(b) 为实验和仿真的透射曲线在 35 ℃ 和 70 ℃ 下对比。在 35 ℃ 下，该调制器在 1.31～1.36 THz、1.55～1.59 THz 和 1.76～1.79 THz3 段太赫兹频率范围内透射率均大于 70%。其中，双层十字形结构的耦合电场在 1.3～1.4 THz 处产生第 1 个透射峰。顶部十字形结构与底部硅之间的耦合电场在 1.5～1.6 THz 处产生第 2 个透射峰。中间十字形结构与底层硅之间的耦合电场在 1.8～1.9 THz 处产生第 3 个透射峰。当温度升高到 70 ℃ 时，在 1～2 THz 范围内透射率下降到 10% 以下(图 5－15(b) 中的

蓝色曲线),表明所研制的器件具有良好的调制能力。在 35 ℃ 时,实验和仿真的透射曲线仍存在明显的偏差(图 5－15(b))。此处用透射误差(Err.)来定义实验和仿真透射曲线的相似度,该相似度可由公式(5－7)计算。$Q(t)$ 和 $R(t)$ 分别为实验透射曲线和仿真透射曲线。采用等效面积法求取 Err. 值,定义 7 个区域为 $S_{1\sim7}$,如图 5－15(c) 所示,公式(5－7)可以改写为公式(5－8)。最终 Err. 的值经过计算为 14.33%,表明两条透射曲线的相似度可达到 85.67%。由图 5－15(d) 可知,VO_2 在较低温度(35 ～ 45 ℃)时处于非金属状态,其透射峰峰值在 0.8 左右,35 ～ 45 ℃ 时透射曲线变化较小。当温度升高到 60 ℃ 以上时,VO_2 处于金属态,透射峰峰值急剧降低至 0.2 以下,当温度继续升高到 68 ℃ 以上,金属态 VO_2 的导电性增强,透射峰进一步降低到 0.1 以下。

$$\text{Err.} = \frac{\sum_{i=1}^{N} |R(t) - Q(t)|}{\sum_{i=1}^{N} |Q(t)|} \tag{5-7}$$

$$\text{Err.} = \frac{S_1 + S_3 + S_7}{\sum_{i=1}^{7} S_i} \tag{5-8}$$

针对太赫兹幅值调制器性能分析,目前主要依照两个评价指标:调制深度和滤波响应(S)。调制深度是指调制前后发生的幅值或频率的变化,双层十字形太赫兹幅值调制器依靠温度进行滤波幅值的调制,此处调制深度指调制前后滤波幅值的变化值。调制前该器件是一个多频段太赫兹带通滤波器,而滤波性能的主要评价指标之一是滤波响应,即滤波波峰到波谷的下降速率和波谷到波峰的上升速率,即滤波的上升和下降斜率。传输曲线第二波峰的 MD 和 S 分别定义为

$$\text{MD} = (y_{p_1} - y_{p_2}) \tag{5-9}$$

$$S = \left| \frac{y_{p_1} - y_{p_3}}{x_{p_1} - x_{p_3}} \right| + \left| \frac{y_{p_1} - y_{p_4}}{x_{p_1} - x_{p_4}} \right| \tag{5-10}$$

式中,图 5－15(b) 中 p_1、p_2、p_3、p_4 为实验透射曲线上的 4 个点(红色和蓝色曲线),其中 p_1 为第二波峰峰值点,p_2 为 70 ℃ 时实验透射曲线上的一个点(蓝色曲线),p_3、p_4 为第二波峰透射率为 0.5 的半波峰点,p_1 和 p_2 的横坐标相同。透射曲线其他两个波峰的 MD 和 S 也可以用同样的方法定义。调制深度越大,调制效果越好。同时,传输曲线的斜率决定了传输响应的性能快慢。斜率越大,传输响应越快。表 5－4 总结了当前单一材料和复合材料幅值调制参数,部分太赫兹调制器的调制深度较高,但传输响应较低,且并非所有的太赫兹调制器都进行了制造,部分调制器还停留在设计阶段。双层十字形太赫兹幅值调制器在 1.34 THz、1.57 THz 和 1.78 THz 处的实验调制深度分别为 0.73、0.77 和 0.68。该调制器的平均调制深度为 0.73,比截止透射率(0.7)高,可作为太赫兹滤波器的开关器件。同时,透射曲线 3 个峰值的斜率分别为 4.38、7.29、6.33,平均斜率为 6.00,比之前研究的太赫兹调制器高,即响应速度较快。

表 5－4　与其他太赫兹调制器研究的对比

材料	参数指标(仿真)		参数指标(实验)		参考文献
	MD	*S*	*MD*	*S*	
A @SiO_2	0.73	4.56	0.68	4.32	93
$MoSe_2$	—	—	0.32	4.15	94
Bi_2Se_3	0.25	2.56	0.21	2.44	95
WSe_2	0.38	5.12	0.31	4.82	96
石墨烯	0.77	5.56	—	—	97
SiO_2 @VO_2 @Cu	0.82	5.83	0.73	6.00	本研究

5.4　三维镂空框架结构太赫兹滤波器制造

随着太赫兹调制器件功能需求的多样化和复杂化，超材料的人造微结构设计开始从二维结构转变为三维结构。对比多元材料复合型二维和准三维结构，多元材料复合型三维结构的每层结构中材料种类和结构都在发生变化，制造难度成倍增加。针对超材料三维立体结构的制造问题，固定衬底式多元材料分布技术的适用性已较弱。基于第 3 章可变衬底制造三维太赫兹滤波器镂空框架结构。通过改变初始衬底上的沉积体结构形成新衬底，引导后续沉积体结构改变，持续调控沉积体变化使衬底随动，解决制造每层结构各异的三维超材料问题。改变沉积体结构所采用的方法各有不同，一般分为增材制造和减材制造两类，本节中主要介绍减材方法。

5.4.1　镂空框架结构太赫兹滤波器设计

如图 5－16 所示，镂空框架型太赫兹带阻滤波器由 4 根钛柱和顶层的铜环状结构叠加形成，该三维超材料内部完全镂空，呈现一个方形框架结构。适用于基于减材制造制造的随动衬底制造。镂空框架型 3D 超材料带阻滤波器核心为三维超材料的单个周期长方体框架结构，该结构包含 3 层，分别为硅的底层、中间钛(Ti) 层和顶部铜(Cu) 层。其中，顶层为方形环状结构，在结构参数仿真中分别优选了环形结构(图 5－16(c)) 的宽度(d)和边长(x)。中间层由 4 个钛柱组成，宽度与顶层铜环宽度相同(图 5－16(b))。此外，滤波器从上到下的 3 层结构厚度分别为 l_1、l_2 和 l_3(图 5－16(b))，周期为 p(图 5－16(c))。

带阻滤波器品质因素(Q) 越高，带宽越窄，表明该波段滤通的信号越多，掺杂信号越少，从而提高滤波精度。同时，高 Q 使阻带的上升和下降斜率增大，从滤波通到阻塞的时间缩短，从而提高了传输响应。因此，在应用中对高 Q 带阻滤波器有很高的需求。本设计中以 Q 值为优化目标，对滤波器特征参数进行优化，结果见表 5－5。

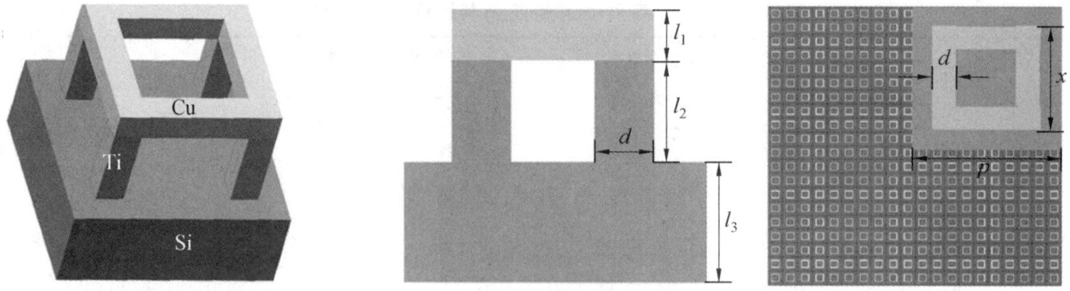

(a) 滤波器的3D示意图　(b) 滤波器的截面示意图　(c) 滤波器的俯视图

图 5－16　太赫兹带阻滤波器的 3D 框架结构超材料示意图(彩图见附录)

表 5－5　带阻滤波器结构参数

层	结构参数	材料	
		名称	物理参数
环形层	$d = 10\ \mu m$ $x = 60\ \mu m$ $l_1 = 0.01\ \mu m$	铜	$\varepsilon_1 = 1$ $\mu_1 = 0.999\ 991$
柱状层	$d = 10\ \mu m$ $x = 60\ \mu m$ $l_1 = 0.03\ \mu m$	钛	$\varepsilon_2 = 1$ $\mu_2 = 1.000\ 18$
底层	$l_3 = 30\ \mu m$ $p = 100\ \mu m$	硅	$\varepsilon_3 = 11.9$ $\mu_3 = 1$

5.4.2　基于多元材料三维空间分布技术的太赫兹滤波器制造

根据镂空框架结构的特点，此处在制造随动衬底时采取了减材制造技术。本节所提出的镂空框架型太赫兹带阻滤波器的三维超材料属于这一类别，其制造流程如图 5－17 所示。

设计的太赫兹带阻滤波器中顶层铜方形环状结构的 4 个角由钛柱支撑，而连接相邻两个角间的部分为悬臂梁，悬浮在半空中。通过减材制造的方式改变沉积体结构，形成新衬底引导方形环状结构的沉积。

第一步，通过标准光刻和湿法刻蚀工艺制造 Si 表面上有凹坑的 SiO_2 微结构衬底（图 5－17(a)）。4 个凹坑（图 5－17(d)）的宽度（d）和高度（l_2）分别等于钛柱体的设计值 20 μm 和 200 nm。

第二步，在 SiO_2 衬底上溅射 200 nm 钛薄膜填充该衬底的 4 个凹坑（图 5－17(b)、(e)）。

第三步，通过磨削工艺去除顶部凸起材料（图 5－17(c)），光学显微镜下 4 个钛柱周围颜色变深为磨削结束的标志，呈现出 Ti－SiO_2 平面的分布（图 5－17(f)）。

第四步，通过光刻工艺在 Ti－SiO_2 平面上刻画出方形环状图案，然后溅射 100 nm(l_1) 的 Cu 薄膜（图 5－17(g)、(k)），即得到方形环状结构（图 5－17(h)）。

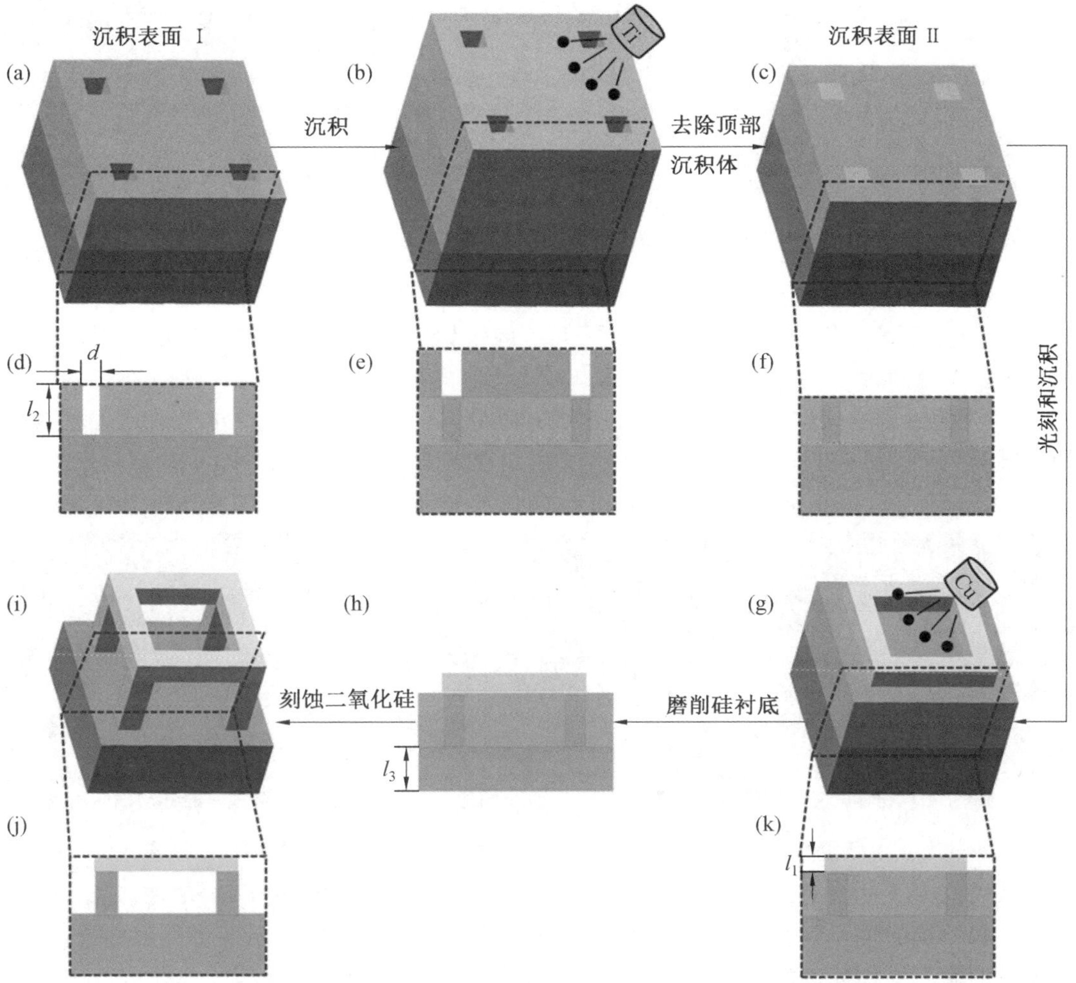

图 5－17　镂空框架型太赫兹超窄带滤波器制造流程(彩图见附录)

第五步,利用金刚石砂轮减薄硅衬底至 50 μm(l_3)。

第六步,利用氢氟酸混合溶液对 SiO_2 进行蚀刻(图 5－17(i)、(j)),成功制造出 3D 镂空框架型太赫兹带阻滤波器。

5.4.3　太赫兹带阻滤波器表征与测试

1. 器件结构及物性表征

图 5－18(a) 为 SiO_2 衬底上 Ti 沉积体的光学图像,在整个衬底上形成了均匀的微结构 Ti 凹坑。去除顶部沉积材料后,在整个基底上形成 Ti/SiO_2 平面阵列分布(图 5－18(b))。Ti 和 SiO_2 材料在光学图像中明亮度差异较大(图 5－18(b) 放大图),因此可将明亮度的变化作为磨削过程结束的标志。图 5－18(c)、(d) 为 SiO_2 蚀刻前后镂空框架结构的光学图像,与刻蚀前的状态相比,SiO_2 蚀刻后的表面变得更加粗糙。图 5－18 放大图的所有比例尺为 20 μm。

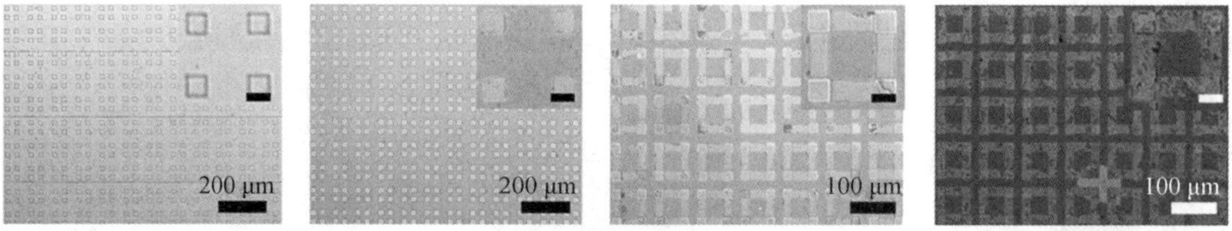

(a) SiO_2衬底上Ti沉积体的光学图像　(b) 磨削后Ti@SiO_2结构的光学图像　(c) 刻蚀前镂空框架结构的光学图像　(d) 刻蚀后的光学图像

图 5－18　镂空框架结构超材料的光学显微镜图像

图 5－19(a)、(b) 为蚀刻前后镂空框架结构(CFS) 的 SEM 图像，测得蚀刻前后 CFS 的边长(x) 分别为 79.7 μm 和 79.5 μm，与设计值的偏差仅为 0.375% 和 0.625%。图 5－19(c) 为蚀刻前镂空框架结构的截面 SEM 图像，从上到下依次为 Cu、Ti、Si3 层材料。相邻层的两种不同材料之间边界非常清晰。同时，测得顶层和中间层厚度分别为 99.55 nm 和 198.60 nm，与设计值 l_1 和 l_2 的偏差分别为 0.45% 和 0.70%。。

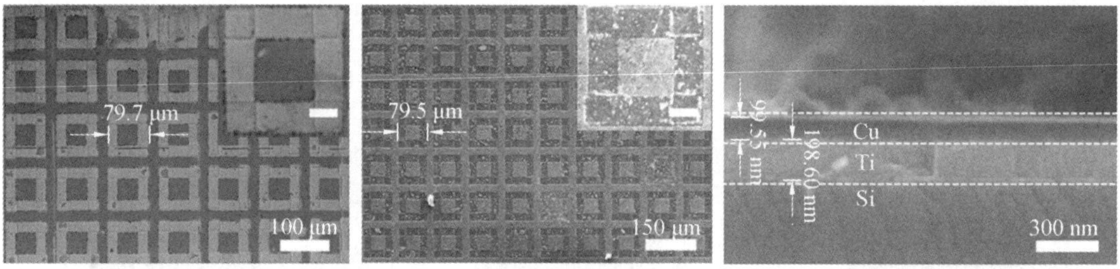

(a) SiO_2衬底上Ti沉积体的SEM图像　(b) 刻蚀后的SEM图像　(c) 刻蚀后的SEM截面图像

图 5－19　镂空框架结构超材料的扫描电子显微镜图像(放大图的比例尺均为 20 μm)

采用白光干涉仪对镂空框架的形貌进行了测量。图 5－20(a) 为 CFS 的白光干涉图，方形环状结构的顶点间的悬臂梁和顶点的红色明亮度非常接近，表示两者高度接近，在刻蚀掉方形环状结构底部的 SiO_2 后，方形环状结构不会发生较大的坍塌。同时，每个方形环状结构的颜色几乎相同，表明所制造的镂空框架结构的表面高度是均匀的。为更清晰地判断表面高度是否均匀，在图 5－20(b) 中获得了镂空框架结构的 3D 视图。即使蚀刻掉 SiO_2，顶层的方形环状结构依旧保持完整。此外，图 5－20(a) 中用白色虚线表示的截面轮廓如图 5－20(c) 所示，顶部 Cu 层与底部 Si 层的高度差平均为 290 nm，接近设计的 l_1 和 l_2 的和。

通过 EDS 面扫描表征镂空框架结构(图 5－21(a)) 的元素分布，其结果如图 5－21(b) ～ (d) 所示，单独 Ti 和 Cu 分布与设计的材料种类分布一致。通过镂空框架结构的结构和元素分布表征，证明了制造的镂空框架结构超材料符合设计预期。

图 5－22(a) 显示了用于太赫兹透射测试的样品数码图片，其中红色框给出了滤波器所在区域。测试样品尺寸为 10 mm × 10 mm，其中滤波器的周期阵列数量为 3 600 个(60 × 60)。透射实验在太赫兹时域光谱仪(CCT－1800) 上进行，光谱区域为 0.06 ～ 4 THz，入射角为 35 °。为了进一步验证所提出的滤波器的性能，计算了 Q 值。

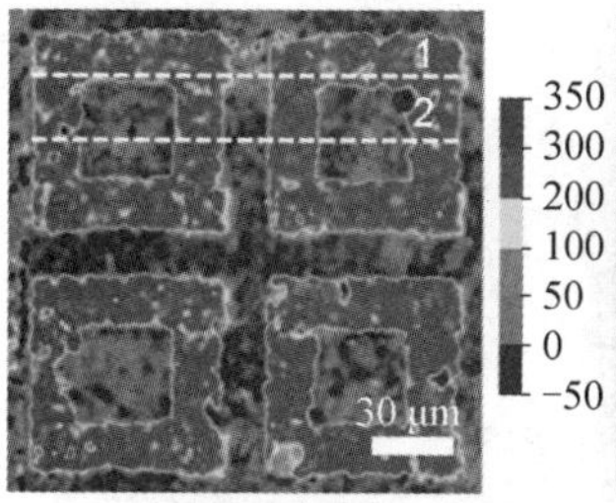

(a) 白光干涉仪测试的镂空框架结构的高度信息

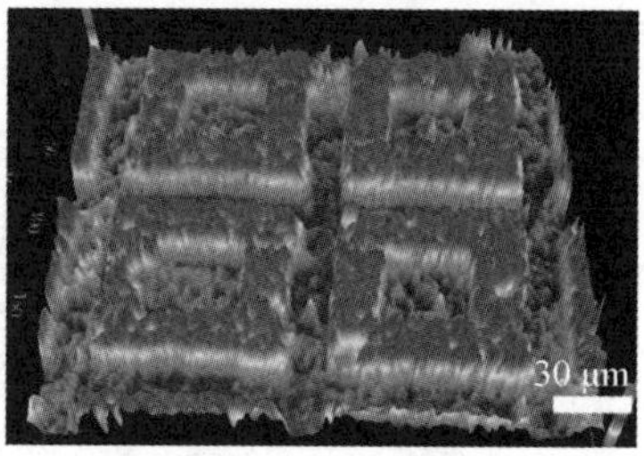

(b) 白光干涉仪测试的镂空框架结构的3D图片

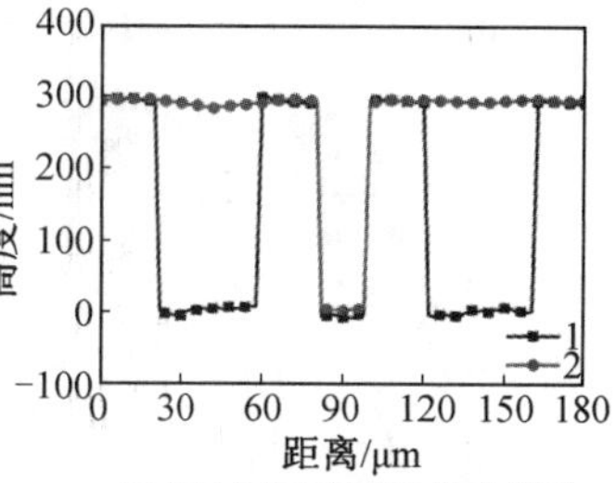

(c) 图(a)中标注的2条白线的高度信息剖面图

图 5－20　3D 框架结构超材料的白光测试(彩图见附录)

(a) 镂空框架结构的SEM

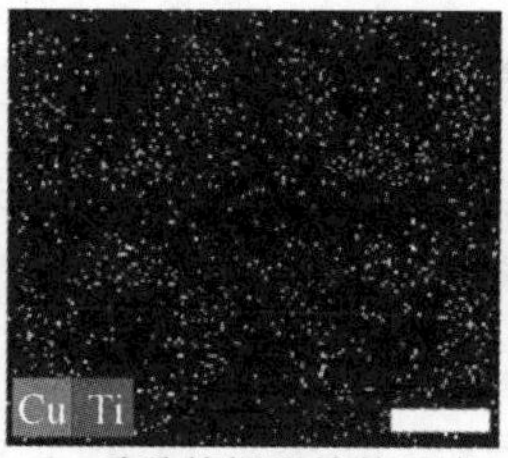

(b) 重叠的铜和钛的元素

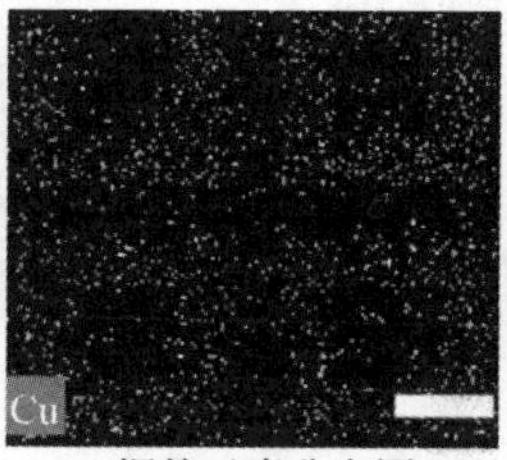

(c) 铜的元素分布图

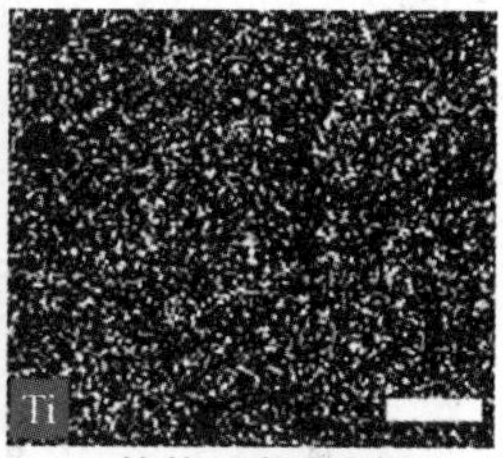

(d) 钛的元素分布图

图 5－21　镂空框架结构超材料的元素测试(比例尺均为 40 μm)

(a) 单个调制器的数码图片

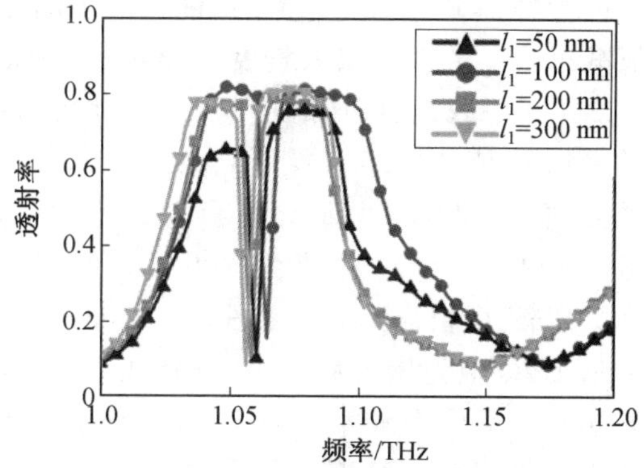

(b) 方形环状结构的厚度l_1

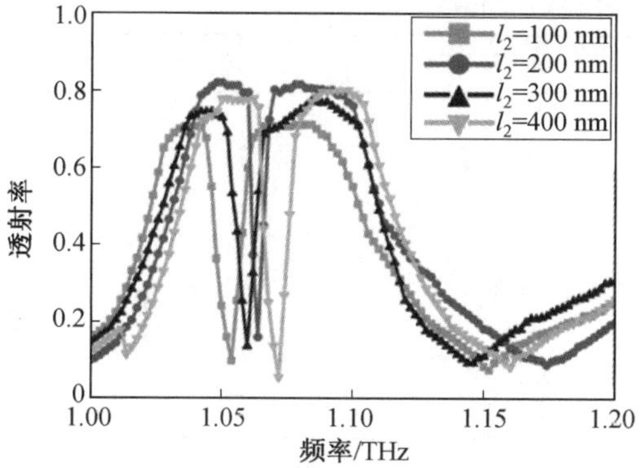

(c) 柱体的厚度l_2

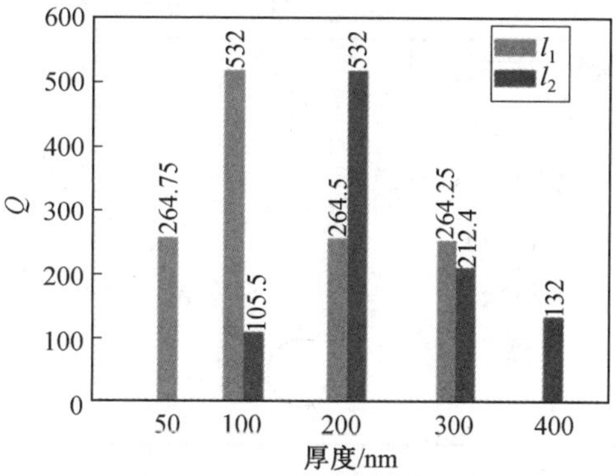

(d) l_1和l_2不同厚度下的Q值

图 5－22　滤波器的测试结果(彩图见附录)

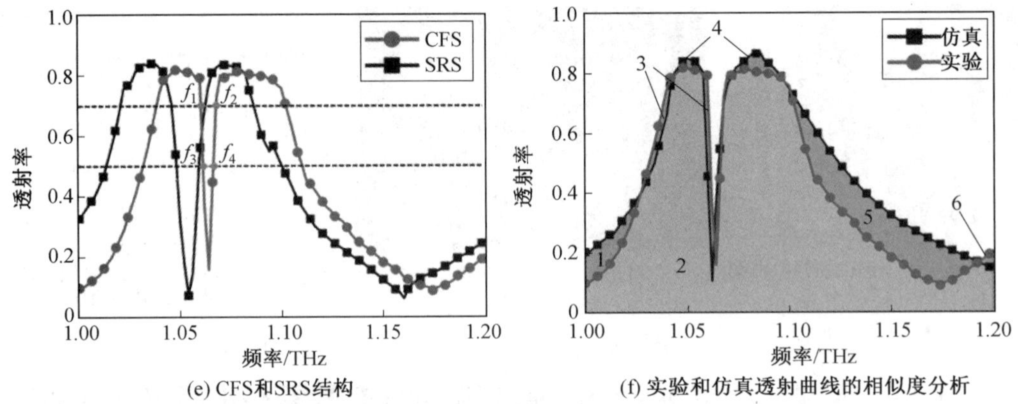

续图 5－22

Q 的定义如公式(5－11)所示，其中 f_1、f_2 为透射率等于 0.7 时阻带的截止频率，f_3、f_4 为透射率等于 0.5 时阻带的截止频率(图 5－22(e))。

$$Q=\frac{\frac{1}{2}(f_2+f_1)}{f_4-f_3} \tag{5－11}$$

图 5－22(b)为不同顶部铜层厚度(l_1)的实验透射曲线。当 l_1 大于 50 nm 时，透射曲线的两个峰值显著增加。同时，随着 l_1 的增大，阻带两个截止频率间的带宽也增大，导致 Q 值减小。l_1 的大小很大程度上影响了 Q 值。实验结果(图 5－22(b))与仿真结果(图 5－22(f))一致，表明所制造的器件精度较高。实验结果的平均 Q 值(331.38)与仿真结果的平均 Q 值(317.55)接近，误差率仅为 4.17%。另外，不同厚度中间钛层(l_2)的透射曲线如图 5－22(c)所示。随着 l_2 的增大，透射峰峰值增大，而两个截止频率之间的带宽呈减小趋势。当 l_2 的值为 200 nm 时，两个截止频率之间的最窄带宽测试结果为 0.005 THz，Q 值高达 532。图 5－22(d)显示了不同厚度(l_1 和 l_2)下的 Q 值。随着 l_1 和 l_2 的增加，Q 值先增大后减小，分别在 l_1 和 l_2 为 100 nm 和 200 nm 时达到最大。实验结果与仿真结果吻合较好。表 5－6 总结了文献中模拟和实验中不同材料的 Q 值。显然，本节提出的带阻滤波器的 Q 值有着较大的提升，具有更好的传输响应和较高的滤波精度。

表 5－6　不同材料的 Q 值

周期结构的材料	Q 值(仿真)	Q 值(实验)	参考文献
Al 和 Si	2.45	1.75	103
PI 和 Cu	7.59、11.95、9.35	—	104
石墨烯	8.41、5.14	—	105
石墨烯	43.6、95.5	—	106
Al	35.88、22	—	107
Ti 和 Cu	213	532	本研究

图 5－22(e)绘制了不同结构(CFS 和 SRS)的透射曲线。计算出带阻滤波器 CFS 和 SRS 的 Q 值分别为 532 和 213，证明了镂空框架结构可以提高带阻滤波器的 Q 值。Q 值越高，带阻滤波器的性能越好。SRS 阻带的两个截止频率(0.018 THz)之间的带宽比图

5－22(e) 所示的CFS(0.005 THz) 宽，导致Q值减少。图5－22(f) 描述了实验和仿真的透射曲线。实验透射曲线在 1.062 ～ 1.066 THz 被阻断传输，实验透射曲线与仿真透射曲线仍存在一定误差。本节采用绝对误差来定义实验和仿真透射曲线的相似度，其计算方法可由公式(5－12) 计算。式中，$Q(t)$ 为实验透射曲线，$R(t)$ 为模拟透射曲线。计算 Err. 时，采用等效面积法，6 个区域分别定义为 $S_1 \sim S_6$，如图 5－22(f) 所示。因此，公式(5－12) 可以改写为公式(5－13)。最后求取 Err. 的值为13.68%，表明两条透射曲线的相似度达 86.32%。证明了该滤波器具有高 Q 阻带传输能力，不仅表明了该方法在太赫兹带阻滤波器中应用的可能性，而且表明该方法制造三维镂空型超材料的可行性。

$$\text{Err.} = \frac{\sum_{i=1}^{N} |R(t) - Q(t)|}{\sum_{i=1}^{N} |Q(t)|} \tag{5－12}$$

$$\text{Err.} = \frac{S_1 + S_3 + S_4 + S_5 + S_6}{S_2 + S_3} \times 100\% \tag{5－13}$$

第6章　多元材料分布技术在功能梯度材料制造中的应用

6.1　概　述

功能梯度材料是一种成分或结构在空间上呈现变化的复合材料，这种成分和结构的分布使其功能属性也呈现一定规律的梯度变化。大自然中有许多独特的功能梯度材料，如竹子、鱿鱼喙、节肢动物外骨骼、松质骨等，这些结构材料及其功能能够很好地适应周围环境，且可以不断优化。受此启发，人造功能梯度材料广泛应用于航空航天、军事装备、功率器件、生物医疗、工农业生产等诸多领域。随着对功能梯度材料需求的不断提高，其设计和制造也面临着诸多挑战，因此，探索新兴技术在功能梯度材料制造方面的特点，具有重要的意义。

本章将探索多元材料分布技术在功能梯度材料制造中的应用。基于基底形貌导向，制造出径向梯度圆阵列薄膜。通过数学模型的建立，定量分析了给定截面上多元材料分布宽度和面积，并对梯度圆阵列薄膜形貌、电学、力学等特性进行表征与分析。为了展示材料分布的多样化及分布精度，制造了钨和铝交替分布的同心环阵列薄膜，并对其进行表征分析。

6.2　径向梯度薄膜制造

6.2.1　径向功能梯度薄膜设计

设计50种配比梯度变化的铝/钨混合物作为沉积材料$W(i)(i=1,2,\cdots,50)$，其相应的铝体积分数为$R(i)$，则铝体积分数和沉积速率存在如下关系式：

$$R = U/(V + U) \tag{6-1}$$

式中　V、U——钨和铝靶材的沉积速率。

给定钨的沉积速率，依据公式(6－1)可得到相应铝的沉积速率。而沉积速率由磁控溅射功率控制，经统计得出钨和铝的溅射功率W_V和W_U与沉积速率的关系。通过调控钨靶和铝靶的溅射功率，可确保一定铝体积分数的Al/W混合物沉积。设定每层沉积厚度为100 nm，则根据钨和铝的沉积速率之和，可得出每层的沉积时间$t(i)$，具体参数见表6－1。选择商业化的蓝宝石衬底(PSS)作为沉积面，该类蓝宝石表面具有锥状微结构阵列，微结构间距为3 μm，高度为1.59 μm，底部圆直径为2.6 μm，具体结构如图6－1和图6－2所示。

表 6－1　沉积过程中的参数设计

$W(i)$	V	W_V	U	W_U	t	R	$W(i)$	V	W_V	U	W_U	t	R
$W(1)$	0.0	0.0	5.00	218.4	100	0.950	$W(26)$	2.0	22.4	5.87	254.7	64	0.746
$W(2)$	0.4	2.5	6.48	279.2	73	0.942	$W(27)$	2.0	22.4	5.63	244.6	66	0.738
$W(3)$	0.4	2.5	5.63	244.7	83	0.934	$W(28)$	2.0	22.4	5.40	235.0	68	0.730
$W(4)$	0.5	3.8	6.21	268.5	74	0.926	$W(29)$	2.0	22.4	5.18	226.0	70	0.722
$W(5)$	0.5	3.8	5.55	241.3	83	0.917	$W(30)$	2.0	22.4	4.98	217.4	72	0.713
$W(6)$	0.5	3.8	5.01	218.6	91	0.909	$W(31)$	2.0	22.4	4.78	209.3	74	0.705
$W(7)$	0.5	3.8	4.55	199.4	99	0.901	$W(32)$	2.0	22.4	4.60	201.5	76	0.697
$W(8)$	0.5	3.8	4.17	182.9	107	0.893	$W(33)$	2.0	22.4	4.43	194.1	78	0.689
$W(9)$	0.5	3.8	3.84	168.5	115	0.885	$W(34)$	2.0	22.4	4.26	187.0	80	0.681
$W(10)$	0.5	3.8	3.55	155.9	123	0.877	$W(35)$	2.0	22.4	4.11	180.3	82	0.673
$W(11)$	0.5	3.8	3.30	144.8	132	0.868	$W(36)$	3.0	34.7	5.94	257.3	56	0.664
$W(12)$	0.5	3.8	3.08	134.8	140	0.860	$W(37)$	3.0	34.7	5.73	248.6	57	0.656
$W(13)$	1.0	10.0	5.76	250.0	74	0.852	$W(38)$	3.0	34.7	5.52	240.3	59	0.648
$W(14)$	1.0	10.0	5.41	235.4	78	0.844	$W(39)$	3.0	34.7	5.33	232.2	60	0.640
$W(15)$	1.0	10.0	5.09	222.1	82	0.836	$W(40)$	3.0	34.7	5.15	224.5	61	0.632
$W(16)$	1.0	10.0	4.80	209.9	86	0.828	$W(41)$	3.0	34.7	4.97	217.1	63	0.624
$W(17)$	1.0	10.0	4.54	198.8	90	0.819	$W(42)$	3.0	34.7	4.80	210.0	64	0.615
$W(18)$	1.0	10.0	4.30	188.5	94	0.811	$W(43)$	3.0	34.7	4.64	203.1	65	0.607
$W(19)$	1.0	10.0	4.08	179.1	98	0.803	$W(44)$	3.0	34.7	4.48	196.5	67	0.599
$W(20)$	1.0	10.0	3.88	170.3	103	0.795	$W(45)$	3.0	34.7	4.33	190.1	68	0.591
$W(21)$	1.0	10.0	3.69	162.1	107	0.787	$W(46)$	3.0	34.7	4.19	183.9	70	0.583
$W(22)$	1.0	10.0	3.52	154.5	111	0.779	$W(47)$	3.0	34.7	4.05	177.9	71	0.575
$W(23)$	1.0	10.0	3.36	147.3	115	0.770	$W(48)$	3.0	34.7	3.92	172.1	72	0.566
$W(24)$	1.0	10.0	3.21	140.6	119	0.762	$W(49)$	3.0	34.7	3.79	166.6	74	0.558
$W(25)$	2.0	22.4	6.14	265.3	61	0.754	$W(50)$	3.0	34.7	3.67	161.1	75	0.550

注：沉积速率 V 和 U 单位为 10^{-10} m/s；钨溅射功率 W_V 和 W_U 单位为 W；沉积时间 t 单位为 s。

采用双靶溅射在蓝宝石衬底上制造径向梯度薄膜，制造流程示意图如图 6－3 所示。简要地，首先进行蓝宝石衬底（图 6－3(a)）清洗，并置于磁控溅射镀膜机中；再在室温及工作气体纯氩气（压强 0.45 Pa）氛围下，钨和铝靶材同时溅射沉积，使 50 种沉积材料依次沉积在 PSS 基底上（图 6－3(b)）；其中，各沉积层所对应的靶材溅射功率及溅射时间严格按照表 6－1 进行操作，保证沉积材料中一定的成分配比。为了获得厚度均匀的沉积层，基底固定盘匀速旋转（图 6－3(b)）。最终得到与基底微结构形貌相似的沉积体（图 6－3(c)）。通过机械加工方式去除顶层一定厚度的材料得到沉积体某一截面，并呈现出多元材料径向梯度分布阵列（图 6－3(d)）。图 6－3 中的灰度变化表示铝的含量，即铝含量越高，灰度越暗。

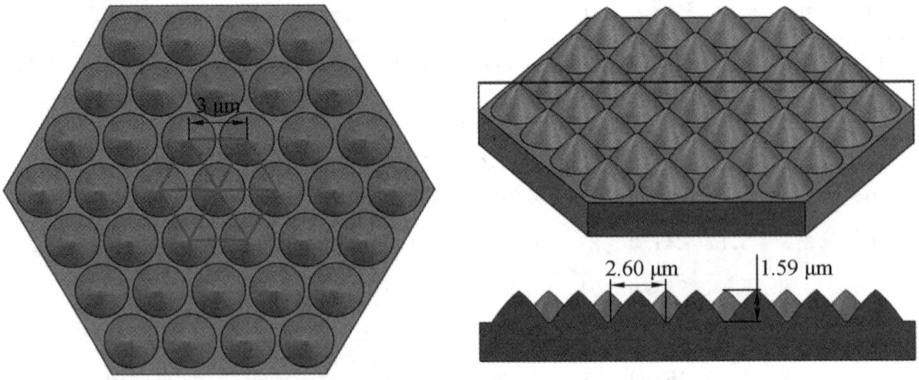

图 6－1　PSS 锥状结构六边形排列示意图

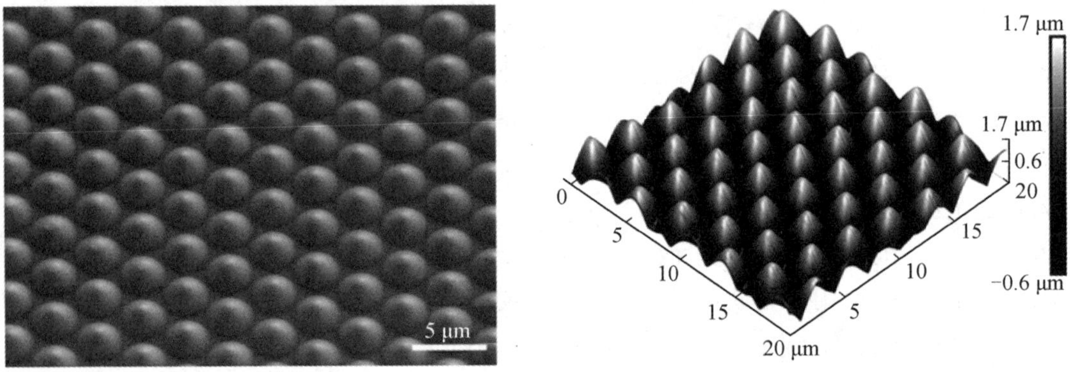

(a) SEM图像　　(b) AFM图像

图 6－2　图案化蓝宝石衬底示意图

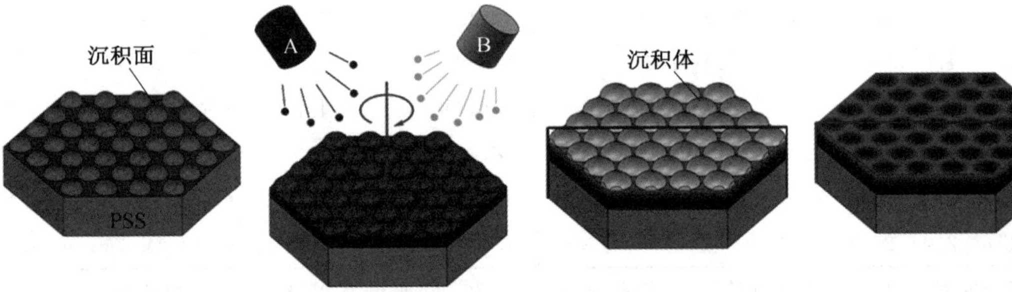

(a) 沉积面　(b) 实施沉积　(c) 沉积体　(d) 理想薄膜

图 6－3　径向梯度薄膜的制造流程示意图

为了更加清晰地描述所制造薄膜的形貌和材料分布，展示了加工前后沉积体及其结构单元的纵向截面示意图，截面位置如图 6－3(c)、(d) 所示。可以看出，加工之前的沉积体复制了基底的形貌特征，使得其上下表面形貌分别为凸起阵列和凹腔阵列，且铝的含量从下向上逐渐减少；而加工后薄膜的上下表面形貌分别为平面和凹腔阵列。

为了观察沉积体横截面上的材料分布，图 6－4 展示了沉积体的不同横截面分布示意图，其截面位置分别与(a) 中的虚线一一对应。从图 6－5 中可以看出，单个圆的铝含量在径向方向上向外递减，且随着横截面位置向下移动梯度圆的铝含量增加。由于对沉积体的不充分加工（图 6－4 截面 1）和过度加工（图 6－4 截面 6），截面上呈现不完整的材料分布。另外，给定截面上的某一点铝含量与相对应的形貌高度正相关，即形貌高度越高，与其对应的给定截面上铝含量越高，且截面上的材料分布顺序与材料层叠顺序完全一致。

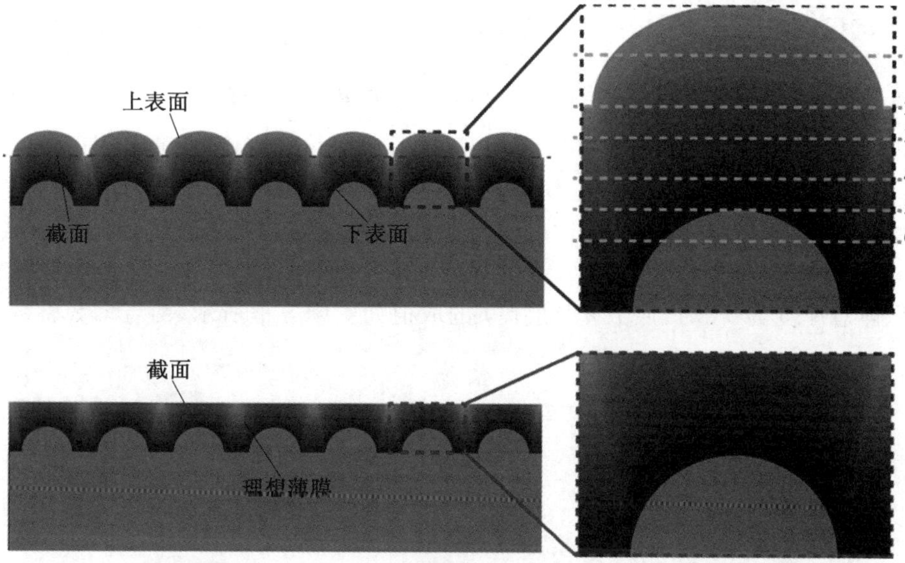

图 6－4　沉积体加工前后纵向截面上材料分布示意图

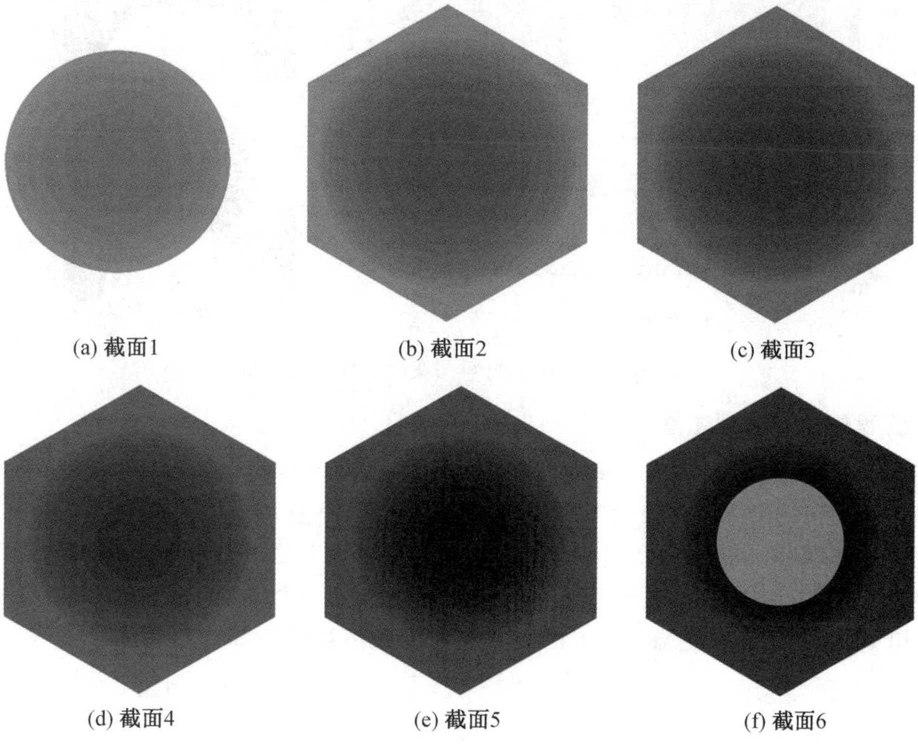

图 6－5　对应图 6－4 中青色虚线所示截面上的材料分布示意图

6.2.2 径向功能梯度薄膜分布宽度及面积分析

1. 梯度薄膜截面上多元材料图案化分析

为了研究分析沉积体截面上多元材料的分布，首先定义沉积体结构参数，即沉积体层数 n、各个沉积层厚度 $t_i(i=1,\cdots,n)$ 及基底微结构形貌的峰谷差值 $H_{\max}$。此时，沉积体总厚度 $T=\sum_{i=1}^{n}t_i(i=1,\cdots,n)$。显然，层厚及层数应满足 $n\geqslant 2$ 及 $t_i<H_{\max}$。为简化分析，设定沉积层厚度均为 t，则沉积体总厚度 $T=n\cdot t$，沉积体存在 3 种情况（图 6－6）：$T<H_{\max}$；$T=H_{\max}$；$T>H_{\max}$。当 $T<H_{\max}$ 时，沉积体截面上由于缺少部分材料得不到完整的材料图案（图 6－5(a) 和图 6－6）；当 $T=H_{\max}$ 时，完整的材料图案仅仅存在截面 $z=H_{\max}$ 上（图 6－6）；当 $T>H_{\max}$ 时，在 $H_{\max}$ 和 T 之间的截面上均存在完整的材料图案，且在沉积体总厚度为 T_1 时，层数 n 及层厚 t 的取值如图中方框所示，两者均为整数且呈负相关。

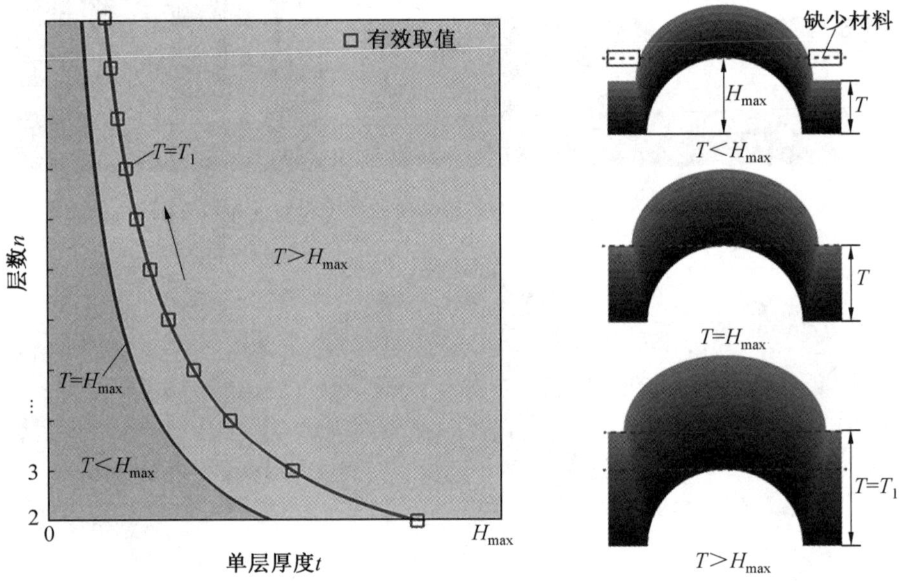

图 6－6 多元材料图案化边界条件分析

2. 沉积体数学模型建立

为了量化薄膜截面上的多元材料分布，建立沉积体结构数学模型并进行分析。图 6－7 和图 6－8 分别显示了沉积体单元和沉积体数学模型，其中，图 6－7(a) 展示了沉积体单元纵截面沉积体轮廓示意图，图 6－7(b) 展示了沉积层曲面轮廓（黑色曲线）与平面轮廓（红色直线）相交的边界圆；图 6－8(b)～(d) 分别为图 6－8(a) 中 $A-A$ 截面（红色虚线）和 $B-B$ 截面（蓝色虚线）上的沉积体轮廓及沉积层轮廓的边界圆。

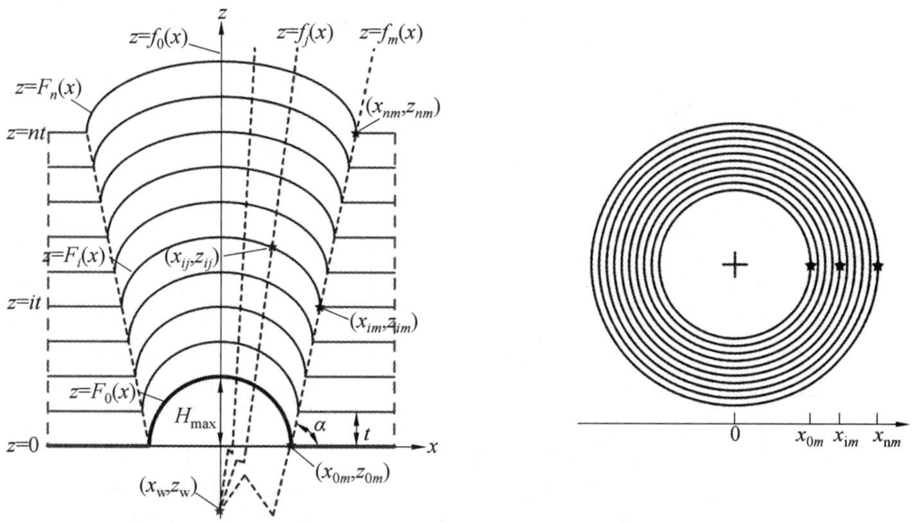

(a) 纵截面上沉积单元轮廓　　(b) 沉面层轮廓的边界圆

图 6－7　单个沉积体单元数学模型(彩图见附录)

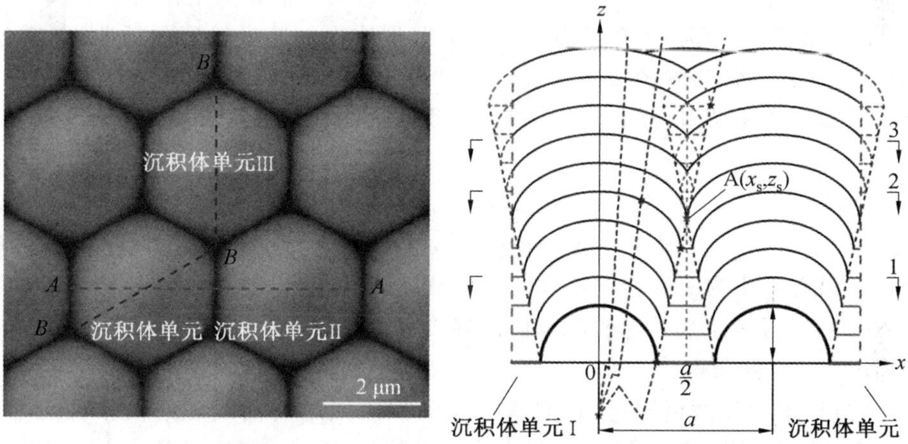

(a) 纵截面的位置　　(b) A—A纵截面上的沉积体轮廓

图 6－8　多个沉积体数学模型(彩图见附录)

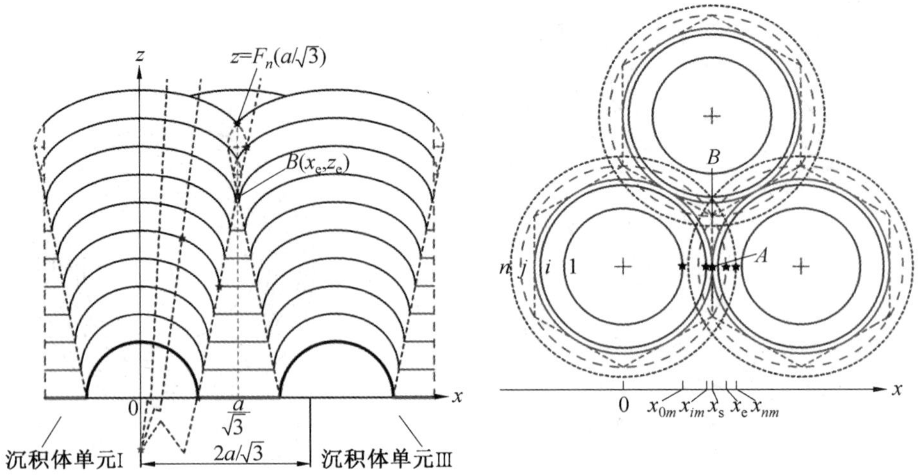

(c) B—B纵截面上的沉积体轮廓　　(d) 沉积层轮廓的边界圆

续图 6－8

首先将沉积体的各层材料从下到上标记为 1,2,…,n。为了分析简化,假设每层的厚度相等,记为 t。建立图 6－7(a) 所示的直角坐标系,其 z 轴和微结构的中心线重合,并使微结构形貌的最低点位于 $z=0$ 平面上。定义沉积体中的基底轮廓包括曲面(黑色粗线)和平面(红色粗线) 两部分(图 6－7(a)),并记为 $z=F_0(x)$ 和 $z=0$。由于沉积体结构的对称性,设定研究分析范围为 $x \geqslant 0$。建立沉积体内材料层曲线和直线轮廓 i 的演变数学模型:

$$z=F_i(x)(i=1,2,\cdots,n) \tag{6－2}$$

$$z=it(i=1,2,\cdots,n) \tag{6－3}$$

式中,轮廓 i 沿着斜率为 α 的斜线 $m(z=f_m(x))$(蓝色虚线) 有规律地变化,每层厚度 t 可由 $t=T/n$ 得到,而平面基底上的沉积体总厚度 T 可被实测。沉积层轮廓函数 $z=F_i(x)$ 可通过以下 4 个步骤获得。

(1) 通过原子力显微镜测量,获取基底及沉积体微结构曲线轮廓的采样点位置坐标并二次多项式拟合,从而得到微结构曲线轮廓函数 $z=F_0(x)$ 和 $z=F_n(x)(x \geqslant 0)$。点坐标(x_{0m},z_{0m}) 和(x_{nm},z_{nm})(图 6－7(b) 中五角星标记) 可分别通过 $z=0$ 和 $z=F_0(x)$ 及 $z=nt$ 和 $z=F_n(x)$ 求得。值得注意的是,由于沉积体 3 个相邻微结构曲线轮廓的相互干涉(图),点(x_{nm},z_{nm}) 消失而不能够直接测量,但是可以通过 $x=0$ 到 $a/\sqrt{3}$ 范围内的沉积体微结构曲线轮廓拟合函数 $z=F_n(x)$ 获得。进而,可以求得斜线函数 $z=f_m(x)$ 及其与 z 轴的交点(x_w,z_w)(图 6－8(d) 中五角星) 和斜率 $\alpha=\arctan\dfrac{z_{nm}-z_{0m}}{x_{nm}-x_{0m}}$,也可以得出斜线 m 与 z 轴(相当于 $z=f_0(x)$) 的夹角为 $90°-\alpha$。

(2) 将斜线 m 与 z 轴之间的夹角$(90°-\alpha)$ 均分为 m 等份,从而得到一系列斜线 $z=f_j(x)(j=0,1,2,\cdots,m)$(蓝色虚线),其中所有的斜线均通过点$(x_w,z_w)$,且其斜率为 $\tan\left(\alpha+\dfrac{90-\alpha}{m}\cdot j\right)$。很明显,所有的斜线 $z=f_j(x)(j=0,1,2,\cdots,m)$ 与曲线轮廓 $z=F_i(x)(i=0,1,2,\cdots,n)$ 相交并形成$(m+1)\times(n+1)$ 个交点,通过拟合这些交点坐标即

可求解轮廓函数 $z=F_i(x)$。

(3) 斜线 m 和 z 轴之间的曲线轮廓($z=F_n(x)$)被斜线族 $z=f_j(x)(j=0,1,2,\cdots,m)$ 划分为 m 份，交点记为$(x_{nj},z_{nj})(j=0,1,2,\cdots,m)$，其可以通过函数 $z=F_n(x)$ 和 $z=f_j(x)(j=0,1,2,\cdots,m)$ 求解得到。同样，基底微结构的曲线轮廓也被划分为 m 份，交点记为$(x_{0j},z_{0j})(j=0,1,2,\cdots,m)$，其可以通过函数 $z=F_0(x)$ 和 $z=f_j(x)(j=0,1,2,\cdots,m)$ 求解得到。

(4) 由于沉积体包含 n 层且沉积层厚度相等，因此，将沉积体曲线轮廓 $z=F_n(x)$ 和微结构曲线轮廓 $z=F_0(x)$ 之间的斜线 $z=f_j(x)(j=0,1,2,\cdots,m)$ 划分为 n 等份，交点记为$(x_{ij},z_{ij})(i=0,1,2,\cdots,n;\ j=0,1,2,\cdots,m)$(图 6－7(b) 五角星)，交点$(x_{ij},z_{ij})(j=0,1,2,\cdots,m)$可以被认为是沉积层轮廓 i 上的离散点。因此，求得所有交点的横坐标及纵坐标矩阵 $X(n+1,m+1)$ 和 $Z(n+1,m+1)$ 如下：

$$X(n+1,m+1)=\begin{bmatrix} x_{00} & \cdots & x_{0j} & \cdots & x_{0m} \\ \vdots & \ddots & \vdots & \iddots & \vdots \\ x_{i0} & \cdots & x_{ij} & \cdots & x_{im} \\ \vdots & \iddots & \vdots & \ddots & \vdots \\ x_{n0} & \cdots & x_{nj} & \cdots & x_{nm} \end{bmatrix}$$

$$Z(n+1,m+1)=\begin{bmatrix} z_{00} & \cdots & z_{0j} & \cdots & z_{0m} \\ \vdots & \ddots & \vdots & \iddots & \vdots \\ z_{i0} & \cdots & z_{ij} & \cdots & z_{im} \\ \vdots & \iddots & \vdots & \ddots & \vdots \\ z_{n0} & \cdots & z_{nj} & \cdots & z_{nm} \end{bmatrix}$$

其中，$x_{ij}=x_{0j}+\dfrac{x_{nj}-x_{0j}}{n}i$ 及 $z_{ij}=z_{0j}+\dfrac{z_{nj}-z_{0j}}{n}i$。最后，通过拟合离散点$(x_{ij},z_{ij})(j=0,1,2,\cdots,m)$得出沉积层轮廓 i 的函数 $z=F_i(x)$。值得一提的是，该模型具有普遍性，同样适合于不同厚度沉积层的沉积体。首先，定义层厚比 c_k 为第 k 沉积层厚度与沉积体厚度的比值，在数学模型中根据各层的层厚比将斜线 $z=f_j(x)(j=0,1,2,\cdots,m)$ 划分为 n 份，则有 $x_{ij}=x_{0j}+(x_{nj}-x_{0j})\times\sum_{k=1}^{i}c_k$ 及 $z_{ij}=z_{0j}+(z_{nj}-z_{0j})\times\sum_{k=1}^{i}c_k$。

基于以上模型，计算得到沉积体单元轮廓如图 6－9 所示，其斜线 m 的斜率为 72.8°，最大轮廓边界圆尺寸为 2.119 μm，大于沉积体单元中心到 3 个相邻沉积体单元中心 B 点的距离(1.731 μm)，因此沉积体单元在沉积过程中轮廓出现相交，如图 6－10 所示，其中，(a) 展示了 $A-A$ 纵截面上的沉积体轮廓，可以看出沉积体单元轮廓的第 10 层在 1.5 μm 处开始相交，且在该处形成楔形结构，其高度为 0.43 μm；(b) 展示了 $B-B$ 纵截面上的沉积体轮廓，沉积体单元轮廓的第 26 层在 1.732 μm 处开始相交，且在该处形成类三棱锥结构，高度为 1.18 μm；(c) 展示了沉积层轮廓边界圆，沉积体单元轮廓俯视图呈现正六边形，三体交界处为类三棱锥体。

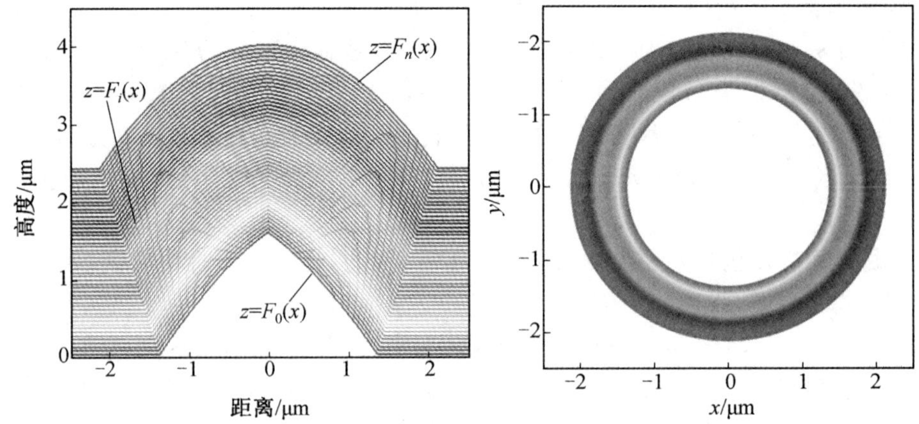

(a) (b)

图 6-9 沉积体单元轮廓(彩图见附录)

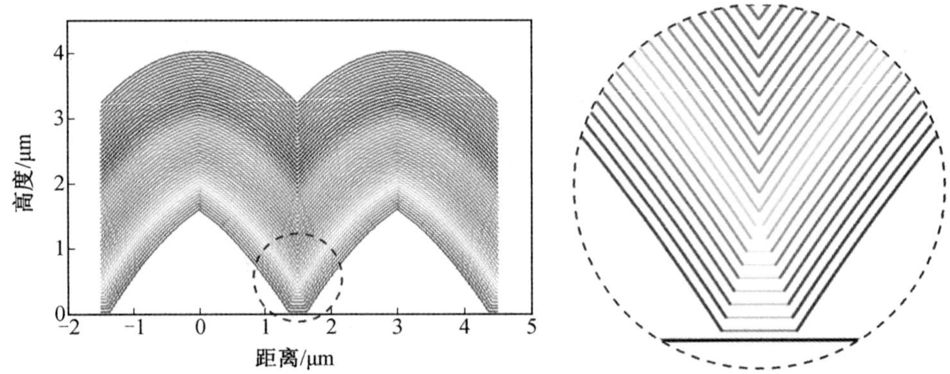

(a) A—A纵截面上的沉积体轮廓

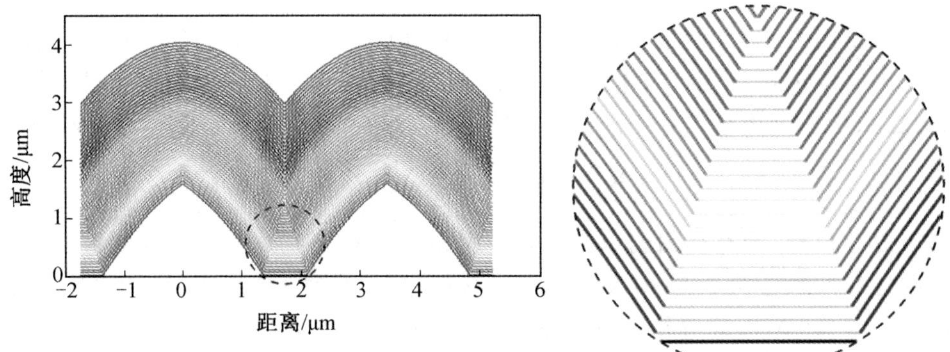

(b) B—B纵截面上的沉积体轮廓

图 6-10 计算得到的沉积体结构(彩图见附录)

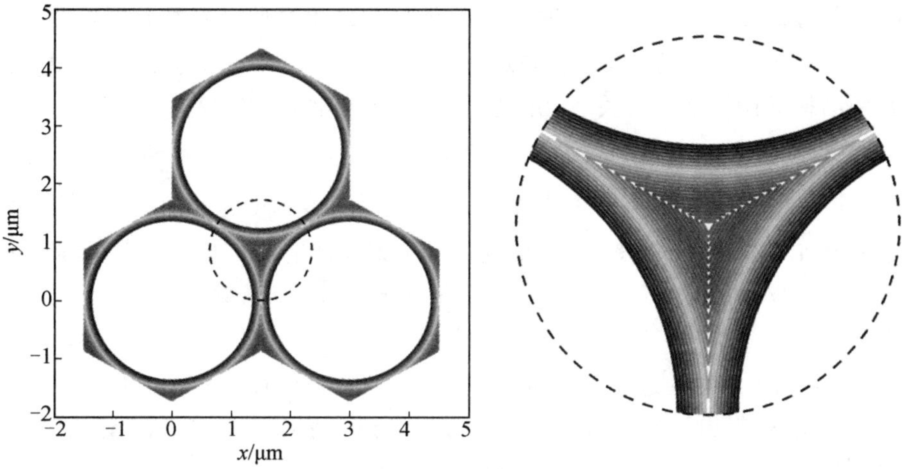

(c) 沉积体轮廓边界圆

续图 6－10

为了验证模型的可靠性，将计算结果与实际沉积体结构进行对比。由于沉积体中曲面轮廓与平面轮廓的交界处是最脆弱的部分，因此可以判断图中紫色虚线框内的断口为交界面，相当于模型中的斜线 $z=f_m(x)$，测得断口角度为73°，与计算值基本一致，误差仅为 2.7%；图 6－11 中 3 个相邻沉积体单元中心位置出现明显的类三棱锥体（白色虚线框），该椎体为 3 个相邻沉积结构单元的连接体，该连接体相当于模型中的平面轮廓层叠区域，高度为 1.12 μm，与图 6－10(b) 中计算值 1.18 μm 基本一致，误差仅为 5.4%。这些特征的一致性，验证了沉积体数学模型的可靠性及结果数据的有效性。此外，由图 6－11 也可以发现位置高度 1.12 μm 以上的沉积结构单元间具有明显的边界，这可能是间隙过小导致沉积材料无法充分填充。

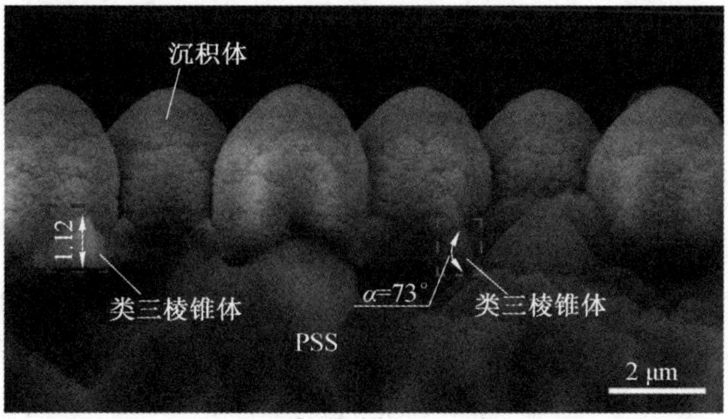

图 6－11　沉积体中类三棱锥体

3. 梯度薄膜截面上多元材料分布的量化

基于以上沉积体数学模型及计算结果，进一步分析讨论薄膜截面上的多元材料分布。图 6－8 中沉积层曲线轮廓边界圆 i 的半径 x_{im} $(i=0,1,2,\cdots,n)$ 随着沉积层的增加而变大，当 $x_{im}>x_s$ 及 $x_{i-1m}<x_s$ 时，两个相邻沉积体单元曲线轮廓 i（紫色圆）在点 (x_s,z_s) 开始相交，点坐标 (x_s,z_s) 可通过函数 $z=f_m(x)$ 和 $x=a/2$ 求解，其中参数 a 为相邻微结

构的间距；当 $x_{jm} > x_e$ 及 $x_{j-1m} < x_e$ 时，3个相邻沉积体单元曲线轮廓 j（绿色圆）在点（x_e，z_e）开始相交，点坐标（x_e，z_e）可通过函数 $z = f_m(x)$ 和 $x = a/\sqrt{3}$ 求解。因此，根据沉积厚度 T 和微结构间距 a 之间的关系，沉积体可分为3种情况：当 $H_{max} < T < f_m(a/2)$ 时，相邻的沉积体单元轮廓 n 不相交；当 $f_m(a/2) < T < f_m(a/\sqrt{3})$，相邻的两个沉积体单元轮廓 n 相交；当 $f_m(a/\sqrt{3}) < T$ 时，相邻的3个沉积体单元轮廓 n 同时相交，其中，$f_m(a/\sqrt{3})$ 是沉积体 B 点（图6－10(d)）的高度。由于第3种情况具有普遍性，因此，将讨论分析第3种沉积体截面上的材料分布情况。在量化截面 $z = g$ 上材料分布的过程中，沉积体中截面 $z = g$ 存在3种情况（图6－12）：$H_{max} \leqslant g < z_s$；$z_s \leqslant g < z_e$；$z_e \leqslant g \leqslant f_m(a/\sqrt{3})$。定义每个沉积层的曲线轮廓 i 与截面 $z = g$ 的交点为（x_i，z_j），且其可通过函数 $z = F_i(x)$ 及 $z = g$ 求解得出。同时，截面上参与层或材料 i 的宽度和面积被记为 W_i 和 S_i，设定 x 轴范围为 $x \geqslant 0$。

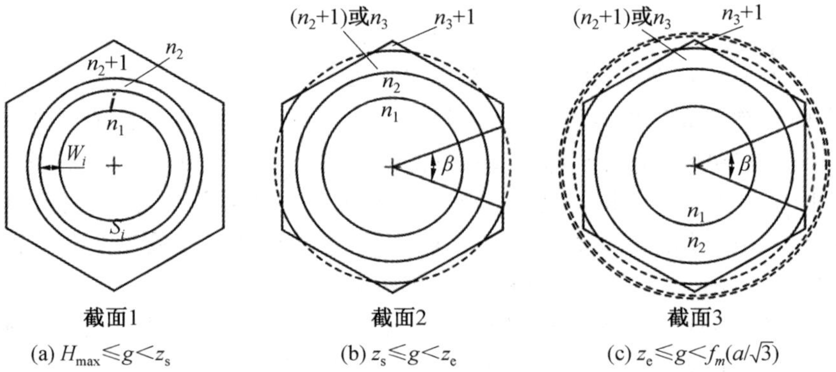

图6－12　截面 $z = g$ 上的多元材料分布分析

（1）截面1。

$H_{max} \leqslant g < z_s$，假设参数 n_1 和 n_2 满足条件：$x_{n1-1} = 0$ 或无解，$x_{n1} > 0$ 及 $n_2 t < g \leqslant (n_2 + 1)t$，则可知截面上的参与层或材料为 $n_1, \cdots, n_2 + 1$。对于参与层 n_1，其宽度和面积分别由等式 $W_{n1} = x_{n1}$ 和 $S_{n1} = \pi x_{n1}^2$ 得出；对于参与层 $n_1 + 1, \cdots, n_2$，其宽度和面积分别由等式 $W_i = x_i - x_{i-1}$ 和 $S_i = \pi(x_i^2 - x_{i-1}^2)$ 得出；对于参与层 $n_2 + 1$，其面积由等式 $S_{n2+1} = S_h - \sum_{i=n_1}^{n_2} S_i$ 得出，其中 S_h 为正六边形的面积，并由等式 $S_h = \sqrt{3}a^2/2$ 得出。

（2）截面2。

$z_s \leqslant g < z_e$，假设参数 n_1、n_2 及 n_3 满足条件：$x_{n1-1} = 0$ 或无解，$x_{n1} > 0$，$x_{n2} < x_s$，$x_{n2+1} > x_s$ 及 $n_3 t < g \leqslant (n_3 + 1)t$，则可知截面上的参与层或材料为 $n_1, \cdots, n_3 + 1$。对于参与层 $n_1, \cdots, n_2$，其宽度和面积计算过程同上；对于参与层 $n_2 + 1$，其宽度和面积由等式 $W_{n2+1} = x_{n2+1} - x_{n2}$ 和 $S_{n2+1} = \pi(x_{n2+1}^2 - x_{n2}^2) - (S_{n2+1} - T_{n2+1}) \times 6$ 得出，其中 S_{n2+1}、T_{n2+1} 分别代表扇形区域（红色虚线和蓝线）和三角形区域（蓝线）的面积，并由等式 $S_{n2+1} = \beta_{n2+1} x_{n2+1}^2 / 2$，$T_{n2+1} = [a^2 \tan(\beta_{n2+1}/2)]/4$ 及 $\beta_{n2+1} = 2\arccos[a/(2x_{n2+1})]$ 求解得出。对于参与层 $n_2 + 2, \cdots, n_3$，其宽度和面积由等式 $W_i = x_i - x_{i-1}$（$i = n_2 + 2, \cdots, n_3$）及 $S_i = \pi(x_i^2 -$

x_{i-1}^2）－［（$S_i - T_i$）－（$S_{i-1} - T_{i-1}$）］×6 得出，其中 S_i、T_i 分别代表扇形区域（红色虚线和蓝线）和三角形区域（蓝线）的面积，并由等式 $S_i = \beta_i x_i^2/2$，$T_i = [a^2 \tan(\beta_i/2)]/4$ 及 $\beta_i = 2\arccos[a/(2x_i)]$ 求解得出。对于参与层 n_3+1，其面积由等式 $S_{n3+1} = S_h - \sum_{i=n_1}^{n_3} S_i$ 得出。

（3）截面 3。

$z_e \leqslant g \leqslant f_m(a/\sqrt{3})$，若参数 n_1、n_2 及 n_3 满足条件：$x_{n1-1}=0$ 或无解，$x_{n1}>0$，$x_{n2}<x_s$，$x_{n2+1}>x_s$，$x_{n3}<x_e$ 及 $x_{n3+1}>x_e$，则可知截面上的参与层或材料为 $n_1,\cdots,n_3+1$，其宽度及面积计算过程同上。

基于上述分析，截面 z 为 2.09 μm、1.85 μm 和 1.69 μm 上的材料分布计算结果见表 6－2。

表 6－2　材料分布量化过程中的主要参数及分布计算结果

主要参数数值										
a /μm	H_{max} /μm	n	T /μm	α/(°)	m	x_s /μm	z_s /μm	x_e /μm	z_e /μm	$F_n(a/\sqrt{3})$ /μm
3	1.59	50	2.43	72.799 54	20	1.5	0.431 41	1.732 1	1.181 03	2.958 24

沉积体截面 $z=g$ 上的材料分布宽度及面积											
$z=2.09$ μm				$z=1.85$ μm				$z=1.69$ μm			
材料层	x_n /μm	W_n /μm	S_n /μm²	材料层	x_n /μm	W_n /μm	S_n /μm²	材料层	x_n /μm	W_n /μm	S_n /μm²
$n_1=10$	0.004 5	0.004 5	0.000 1	$n_1=5$	0.003 3	0.003 3	0.000 03	$n_1=2$	0.025 5	0.025 5	0.002 0
11	0.092 5	0.088 0	0.026 8	6	0.078 7	0.075 4	0.019 4	3	0.093 7	0.068 2	0.025 5
12	0.177 2	0.084 7	0.071 7	7	0.153 0	0.074 4	0.054 1	4	0.161 8	0.068 1	0.054 6
13	0.258 9	0.081 7	0.111 9	8	0.226 3	0.073 3	0.087 3	5	0.229 6	0.067 8	0.083 3
14	0.337 8	0.079 0	0.148 0	9	0.298 3	0.072 0	0.118 7	6	0.296 8	0.067 3	0.111 3
15	0.414 3	0.076 5	0.180 8	10	0.369 1	0.070 8	0.148 4	7	0.363 5	0.066 6	0.138 3
16	0.488 6	0.074 2	0.210 6	11	0.438 6	0.069 5	0.176 4	8	0.429 4	0.065 9	0.164 2
17	0.560 7	0.072 1	0.237 8	12	0.506 8	0.068 2	0.202 6	9	0.494 5	0.065 1	0.189 0
18	0.630 9	0.070 2	0.262 9	13	0.573 8	0.066 9	0.227 3	10	0.558 8	0.064 3	0.212 6
19	0.699 4	0.068 4	0.286 1	14	0.639 5	0.065 7	0.250 4	11	0.622 1	0.063 4	0.235 1
20	0.766 1	0.066 8	0.307 4	15	0.704 0	0.064 5	0.272 2	12	0.684 6	0.062 5	0.256 4
21	0.831 4	0.065 2	0.327 5	16	0.767 3	0.063 3	0.292 7	13	0.746 1	0.061 5	0.276 6
22	0.895 2	0.063 8	0.346 1	17	0.829 5	0.062 2	0.311 9	14	0.806 8	0.060 6	0.295 8
23	0.957 7	0.062 5	0.363 5	18	0.890 6	0.061 1	0.330 1	15	0.866 5	0.059 7	0.314 0
24	1.018 9	0.061 2	0.380 0	19	0.950 6	0.060 1	0.347 4	16	0.925 4	0.058 9	0.331 3
25	1.078 9	0.060 0	0.395 5	20	1.009 6	0.059 0	0.363 5	17	0.983 3	0.058 0	0.347 6

续表6—2

主要参数数值											
26	1.137 8	0.058 9	0.410 2	21	1.067 7	0.058 1	0.379 0	18	1.040 5	0.057 1	0.363 3
27	1.195 6	0.057 9	0.424 1	22	1.124 9	0.057 2	0.393 7	19	1.096 8	0.056 3	0.378 3
28	1.252 5	0.056 9	0.437 5	23	1.181 1	0.056 3	0.407 6	20	1.152 3	0.055 5	0.392 3
29	1.308 4	0.055 9	0.450 0	24	1.236 6	0.055 4	0.421 0	21	1.207 1	0.054 8	0.406 0
30	1.363 5	0.055 1	0.462 1	25	1.291 2	0.054 6	0.433 7	22	1.261 1	0.054 0	0.419 0
31	1.417 7	0.054 2	0.473 8	26	1.345 0	0.053 9	0.446 0	23	1.314 5	0.053 3	0.431 4
$n_2=32$	1.471 2	0.053 4	0.485 0	27	1.398 1	0.053 1	0.457 7	24	1.367 1	0.052 6	0.443 4
33	1.523 8	0.052 7	0.444 5	$n_2=28$	1.450 6	0.052 4	0.469 2	25	1.419 1	0.052 0	0.454 8
34	1.575 8	0.052 0	0.263 0	29	1.502 3	0.051 7	0.478 3	$n_2=26$	1.470 4	0.051 3	0.466 0
35	1.627 1	0.051 3	0.164 2	30	1.553 4	0.051 1	0.318 9	27	1.521 1	0.050 7	0.434 0
36	1.677 8	0.050 7	0.091 5	31	1.603 8	0.050 5	0.198 8	28	1.571 3	0.050 2	0.262 0
$n_3=37$	1.727 8	0.050 1	0.031 5	32	1.653 7	0.049 9	0.120 7	29	1.620 8	0.049 6	0.166 8
38	1.777 3	—	0.000 2	$n_3=33$	1.703 1	0.049 3	0.058 2	30	1.669 9	0.049 0	0.097 3
				34	1.751 8	—	0.008 9	$n_3=31$	1.718 4	0.048 5	0.039 9
								32	1.766 4	—	0.002 0

结果表明：随着截面位置下移，截面上的参与层数逐渐增加；在沉积体指定截面 $z=g$ 上，参与层的宽度沿径向方向逐渐变小，这意味着材料分布梯度的连续性沿径向方向逐渐变好；参与层分布面积从 n_1 到 n_2 逐渐增大，从 n_2+1 到 n_3+1 逐渐减小。重要的是，截面 $z=1.85\ \mu m$ 上参与层 n_1 的宽度为 3.3 nm，说明薄膜具有很高的材料分布精度。而上述参与层宽度逐渐变小的原因如下：由 2.2 节可知，材料层在截面 $z=g$ 上的分布宽度与基底结构轮廓斜率成反比，且由此可知，锥状结构轮廓为类抛物线状，斜率在径向方向上向外逐渐增加，因此，参与层的宽度在径向方向上逐渐变小。

6.2.3 径向功能梯度薄膜表征

1. 薄膜形貌及光学性质

为了详细地研究分析沉积体实际的结构特点，对其进行 SEM 表征。图 6－13(a) 为沉积体 SEM 俯视图像，单个微结构俯视图呈现出内接圆直径为 3 μm 的正六边形（图中线框）蜂窝形貌。从图 6－13(a) 可得，磁控溅射沉积方式制造的沉积体结构形貌均匀一致，为后续处理奠定了基础。通过精确测量，得出沉积体微结构和 PSS 微结构的高度分别为 4.02 μm 和 1.59 μm，从而可以得出微结构顶点处的沉积厚度为 2.43 μm（图 6－13(b)）。图 6－13(c) 为沉积体 AFM 三维图像，沉积体结构特征均匀一致。取沉积体上 3 处截面，截面上的轮廓曲线如图 6－13(d) 所示，可见轮廓曲线基本重合，通过轮廓的量化分析进一步说明了沉积体微结构的高度一致性。

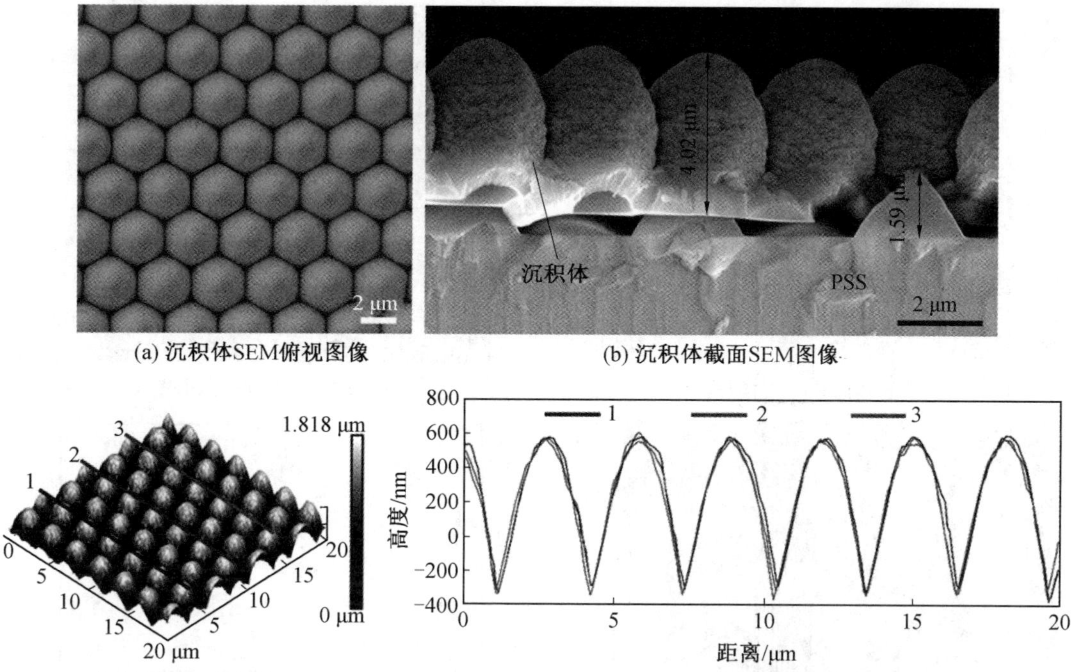

(a) 沉积体SEM俯视图像　(b) 沉积体截面SEM图像

(c) 沉积体AFM三维图像　(d) 对应(c)图中3条高度轮廓曲线

图 6－13　沉积体形貌 SEM 图像和 AFM 图像

图 6－13 综合显示了在微观尺度上所制造的沉积体形貌具有良好的一致性。在宏观尺度上，采用掠入射小角散射（GISAXS）定量表征沉积体结构一致性和周期性（图 6－14）。在该表征模式中，X 线入射角度为 0.12°，排除了内部材料或基底信号的干扰，因此，所得信号完全来自样品表面。图 6－14(a)、(b) 分别为扫描时间 $t=10$ s 时加工前后沉积体的 2D 散射图像。加工前沉积体 2D 散射图像展示了明显的结构一致性，但是周期性信号较弱；而加工后沉积体的 2D 散射图像具有明显的周期性散射圆信号。图 6－14(c) 为扫描时间为 $t=60$ s 时加工后沉积体的 2D 散射图像；与图 6－14(b) 对比，可知其周期性信号大幅度增强，可以看出样品结构的 GISAXS 信号随着扫描时间的增加而增强。图6－14(d) 展示了扫描时间 $t=10$ s 时散射强度与散射向量(q，$q=4\pi\sin\theta/\lambda$) 之间的关系曲线，曲线上两个明显的峰（红色的方块和圆）进一步证明了径向梯度圆阵列薄膜的周期属性。通过公式 $q=4\pi\sin\theta/\lambda$ 计算，得到周期性结构参数 d 约为 9.34 nm 和 3.77 nm，这些参数表明样品的大范围周期特性。更强的周期性信号在该测试中没有被发现，这主要受制于当前设备（上海同步辐射装置）探测器，其只能得到 10 nm 以下的周期性信号。总之，样品的 GISAXS 表征证实了其大范围的周期性结构。

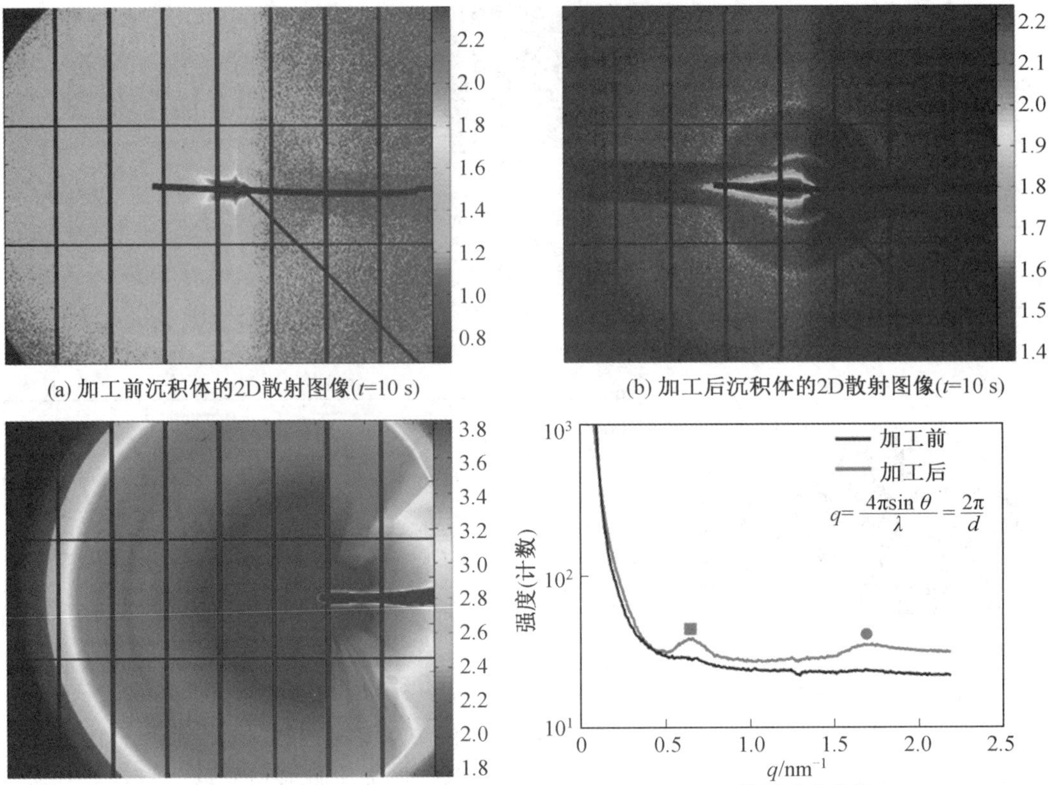

(a) 加工前沉积体的2D散射图像(t=10 s)　(b) 加工后沉积体的2D散射图像(t=10 s)

(c) 加工后沉积体的2D散射图像(t=60 s)　(d) 散射强度曲线(t=10 s)

图 6－14　径向梯度薄膜的掠入射小角散射表征(彩图见附录)

进一步,为了表征径向梯度薄膜的在宏观尺度上的一致,图 6－15(a) 展示了在光照射下图案化蓝宝石衬底(PSS) 上规则的光学折射。由于 PSS 衬底上锥状微结构阵列对光线定向折射,衬底上出现了径向辐射彩带光斑。当沉积完 50 种材料后,在相同的光照下,沉积体表面也出现了相同的径向辐射彩带光斑(图 6－15(b)),且亮度增强。当去除表层一定厚度的沉积体后,径向辐射彩带光斑消失(图 6－15(c))。从上述光学性质的演变可以看出,通过多元材料分布技术制造的功能梯度材料在宏微尺度上均具有非常好的一致性,验证了该方法在跨尺度结构制造中的优势。

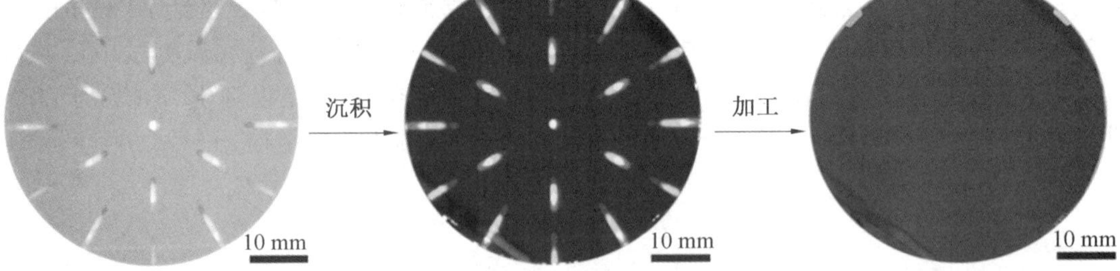

(a) PSS光学图像　(b) 加工前沉积体的光学图像　(c) 加工后沉积体的光学图像

图 6－15　PSS 基底及沉积体加工前后的光折射现象

2. 薄膜元素分布特征

当沉积完毕后，通过机械加工方式，获得沉积体上 4 个不同截面（图 6—16），距离 PSS 衬底上表面分别为 2.09 μm、1.85 μm、1.69 μm 和 1.13 μm。图 6—16 中的截面轮廓非常平直，为后续平面上的材料分布表征做好铺垫。从图 6—16(a)～(c) 也可以清晰地看出结构单体间的明显界面（虚线框），而在低位则没有界面（图 6—16(d)）。图 6—16(d) 中截面高度低于基底微结构高度，致使基底材料裸露在该截面上，且裸露基底直径约为 1 μm。

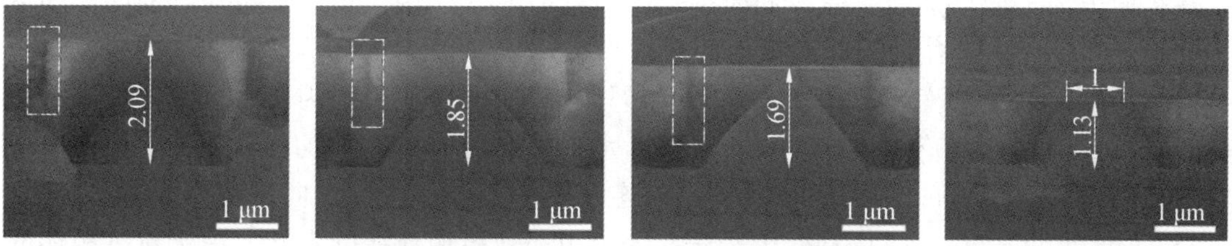

(a) z=2.09 μm　(b) z=1.85 μm　(c) z=1.69 μm　(d) z=1.13 μm

图 6—16　薄膜不同截面的 SEM 图像

进一步，AFM 测量得到 4 个横截面的表面粗糙度 Ra 值分别为 13.9 nm、5.01 nm、1.90 nm 和 2.93 nm。图 6—17(a) 显示出沉积体六边形轮廓（白色线）阵列，说明沉积体去除较少的材料；随着材料的进一步去除，呈现出六边形排布（白色线）的锥形凹坑（图 6—17(b)），该锥形凹坑为相邻的 3 个沉积单体中心位置处的间隙；图 6—17(c) 显示了理想的平滑表面；图 6—17(d) 显示了暴露的基底微结构阵列，由于过多的材料去除，加之基底材质较硬，基底微结构处形貌较突出。

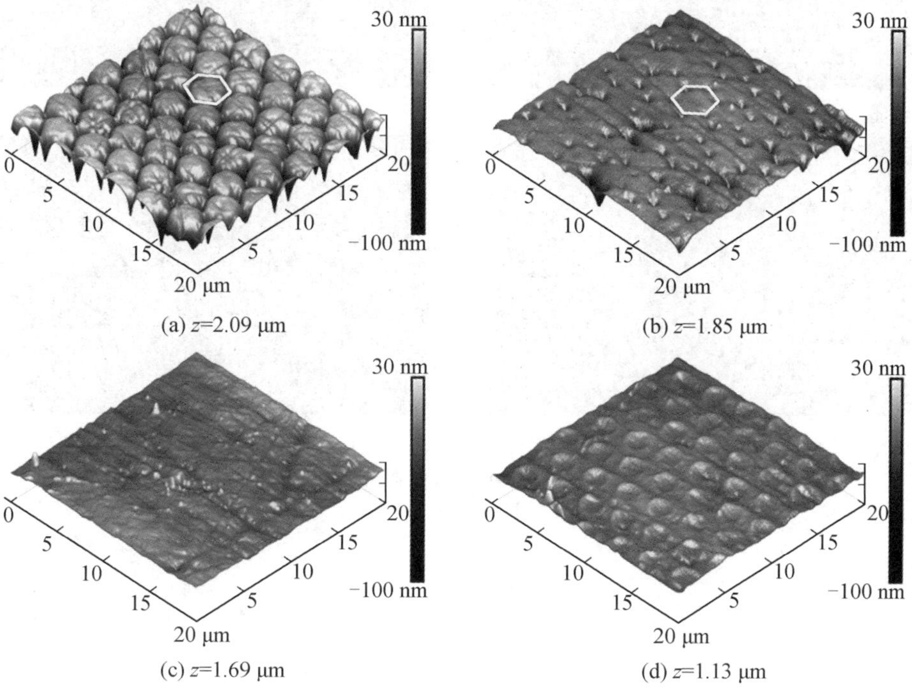

(a) z=2.09 μm　(b) z=1.85 μm　(c) z=1.69 μm　(d) z=1.13 μm

图 6—17　沉积体中 4 个不同位置的截面的三维 AFM 图像

截面 $z=2.09\ \mu m$、$z=1.85\ \mu m$、$z=1.69\ \mu m$ 和 $z=1.13\ \mu m$ 上的材料分布如图 6－18(a) ～ (d) 所示，可见截面上均呈现出径向梯度圆阵列，且不同截面的梯度圆逐渐地变化。 值得注意的是，随着横截面的向上移动，单个梯度圆的尺寸变小，与图 6－4(b) ～ (e) 示意的分布规律相违背，这主要是由沉积体形貌及截面位置不同引起的。图 6－18(a)、(b) 中边界处的白色区域及中间的黑色区域(红色及蓝色圆内) 为形貌间隙区域。图 6－18(e) 为水平方向上铝 / 钨的凸状 / 凹状含量曲线；图 6－18(f) 为垂直方向上铝 / 钨的凸状 / 凹状含量曲线，这些曲线说明在指定的横截面上单个圆的铝 / 钨含量在径向方向上向外递增 / 减。同时，图 6－18(e) ～ (f) 中上边 / 下边曲线的向上 / 下移动趋势说明铝 / 钨含量随着横截面的向下平移，单个圆的铝 / 钨含量增加 / 减少。图中显示铝的原子数分数变化范围为 60% ～ 99%，其相应的体积分数为 52.4% ～ 98.6%，基本符合设计的理论值范围(表 6－1)。另外，水平方向的分布曲线均在约 1.5 μm 处出现转折，该位置处于基底上两个相邻微结构连线的中点；而垂直方向的分布曲线均在约 1.732 μm 处出现转折，该位置处于基底上 3 个相邻微结构连线的中心。由于对沉积体的过度加工(图 6－18(d))，基底材料暴露在横截面上，该区域的元素分布含量基本不变(图 6－18(e) 和(f) 中红色方框中的绿色曲线)，通过图 6－18(f) 测得暴露基底区域直径约为1 μm。

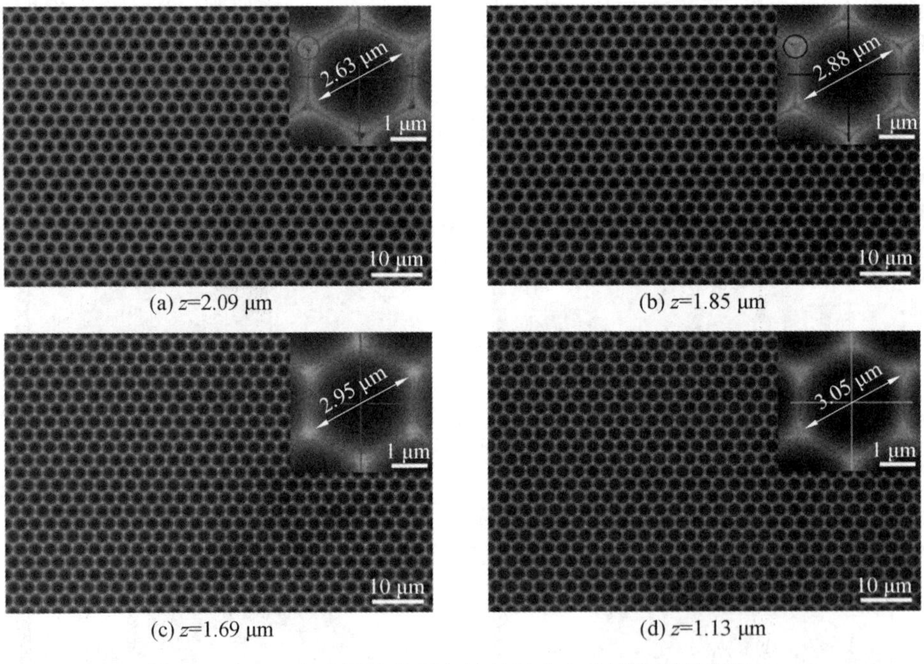

(a) z=2.09 μm　　(b) z=1.85 μm

(c) z=1.69 μm　　(d) z=1.13 μm

图 6－18　4 个不同横截面上的材料分布分析(彩图见附录)

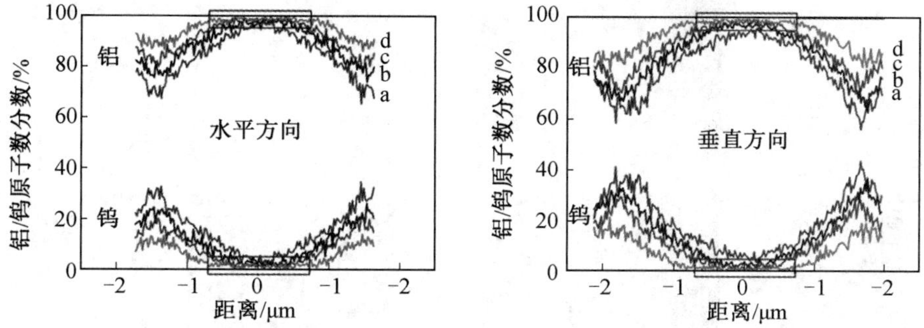

(e) 水平方向上的钨/铝含量曲线　　(f) 垂直方向上的钨/铝含量曲线

续图 6－18

为了进一步验证梯度圆在径向方向上的梯度一致性，对同一个梯度圆的水平方向和垂直方向上的元素分布曲线进行比较（图 6－19），可以发现，两个方向的元素分布曲线具有很好的重合性。此外，与图 6－19(a)～(d) 对应的单个径向梯度薄膜的 EDS Mapping 谱图（图 6－20），分别展示了铝、钨及叠加的铝／钨元素分布，进一步说明了上述的材料分布规律。

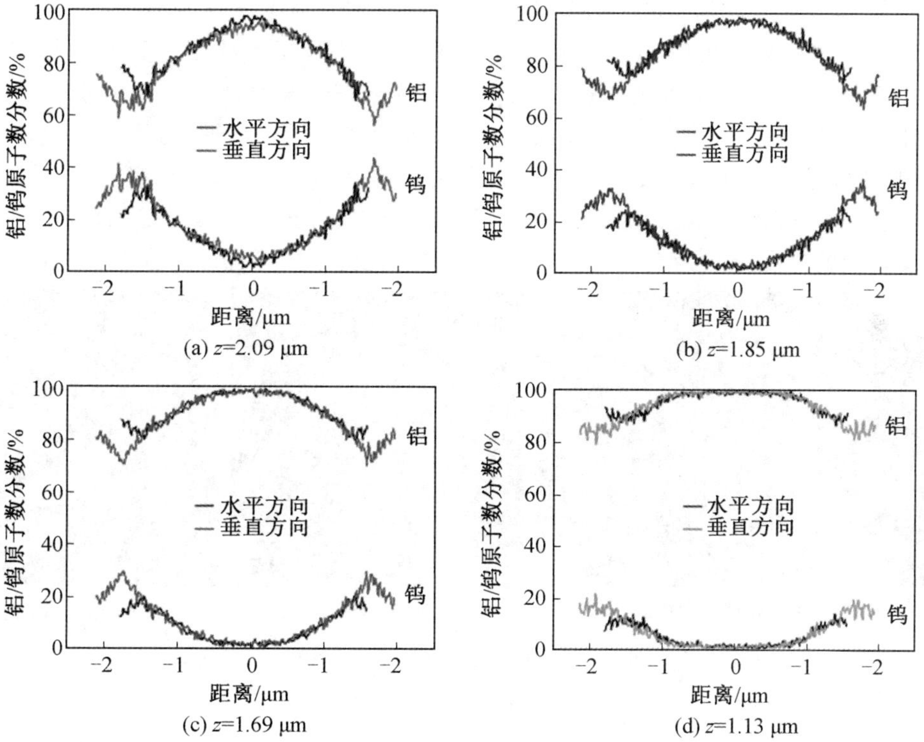

(a) z=2.09 μm　　(b) z=1.85 μm

(c) z=1.69 μm　　(d) z=1.13 μm

图 6－19　图 6－18(e) 和(f) 中水平和垂直方向上的含量曲线重合性分析（彩图见附录）

为了深入分析薄膜材料分布及物相，进一步采用透射电子显微镜进行表征。采用离子／电子双束系统（Helios NanoLab 600i，FEI，美国）的 FIB 功能制造 TEM 样品，样品大小为 8 μm×8 μm，其包含了一个完整的梯度圆，结果如图 6－21(a) 所示。图 6－21(b) 对应于图 6－21(a) 图中方框位置样品的 HAADF－STEM 图像。图 6－21(c)、(e)、(f)

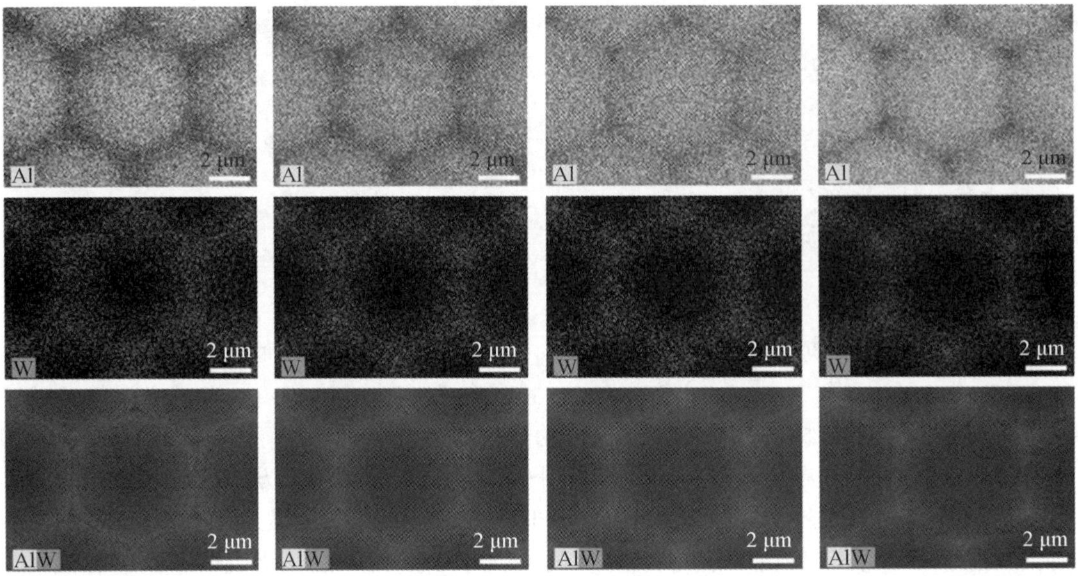

(a) z=2.09 μm (b) z=1.85 μm (c) z=1.69 μm (d) z=1.13 μm

图 6－20 薄膜不同截面上的 EDS Mapping 图像(彩图见附录)

分别为 W/Al、W 及 Al 的 EDX Mapping 图像，直观地展现了截面上元素的梯度分布规律。为 W 和 Al 元素原子含量在径向方向上(对应于图 6－21(b) 所示的直线) 的变化曲线。从图中可以看出，元素含量呈现线性变化，例如，铝 / 钨原子数分数由梯度圆中心沿径向方向线性递减或递增，(e)、(f) 中元素含量变化为非线性，这主要是由设备测量差异引起的。TEM 表征结果更为精确，在该样品截面上铝原子数分数的变化范围为 65% ～ 95%，其相应的体积分数为 57.6% ～ 93.3%，符合设计的理论值范围(表 6－1)。

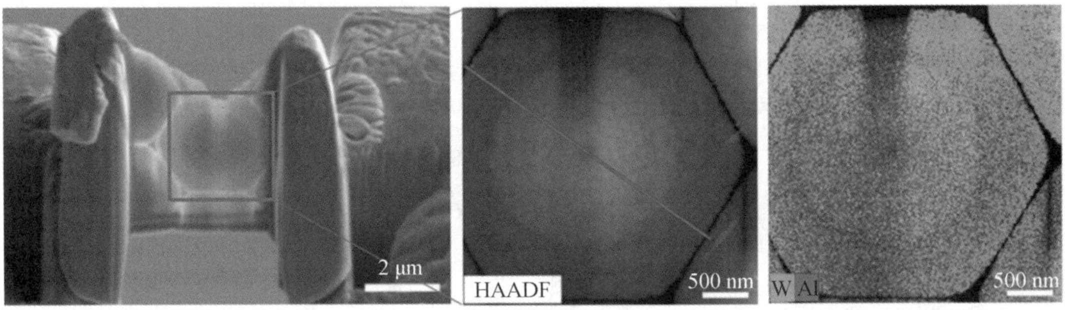

(a) 梯度薄膜TEM样品 (b) HAADF-TEM图像 (c) 钨和铝EDX Mapping图像

图 6－21 单个梯度圆的元素分布 TEM 分析(彩图见附录)

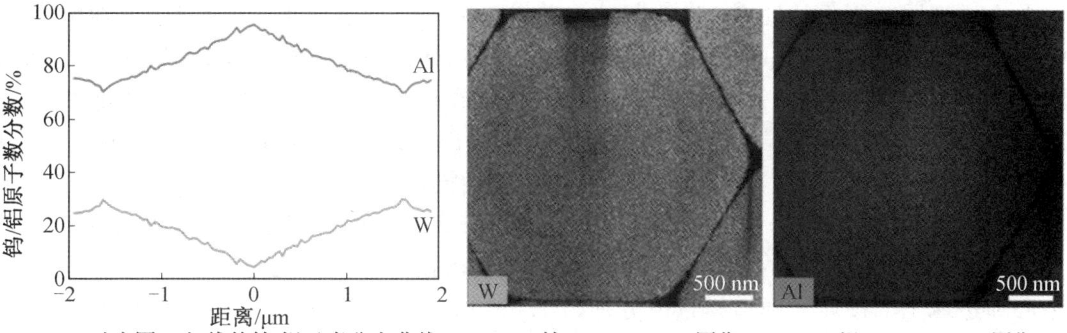

(d) 对应图(b)红线的钨/铝元素分布曲线　(e) 钨EDX Mapping图像　(f) 铝EDX Mapping图像

续图 6－21

3. 薄膜晶体结构

图 6－22 展示了薄膜晶体结构分析，从中可以获得样品的晶体结构。图 6－22(b)～(f) 分别为样品 TEM 图像（图(a)）中标记区域的 HRTEM 图像，插图展示了其相应的 SAED 图像，在梯度圆径向方向上选取的 5 个区域的晶体信息基本上覆盖了梯度圆的所有晶体信息。通过观察可以发现，5 处区域的 SAED 图像均呈现明显的纳米环，意味着径向梯度圆上的材料结构为钨 / 铝纳米晶体结构，这主要是由钨和铝相互均匀掺杂，各自的晶体结构细化造成的。

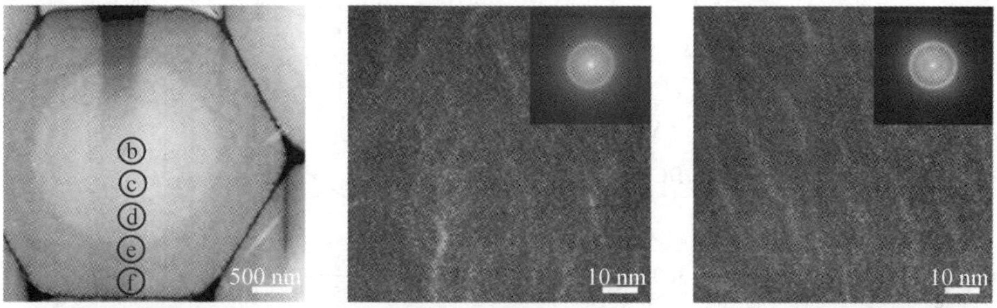

(a) 单个梯度圆　(b) 区域b　(c) 区域c

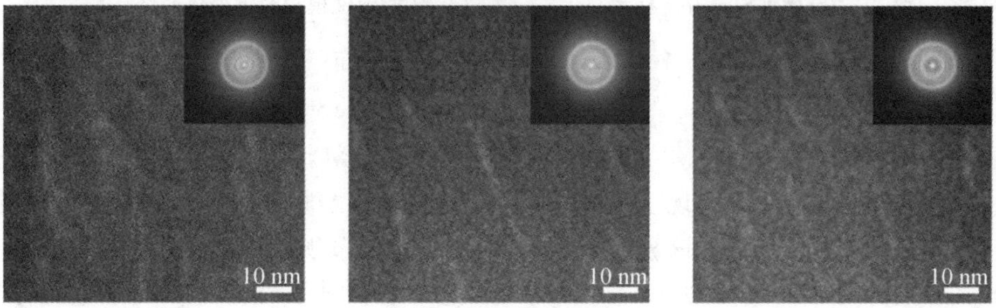

(d) 区域d　(e) 区域e　(f) 区域f

图 6－22　薄膜晶体结构分析

4. 薄膜机械性能

为了对梯度圆径向方向上的硬度及弹性模量分布进行统计分析，通过纳米压痕仪 G200 在薄膜横截面上获得 8×8 的纳米压痕阵列（图 6－23(a)）；其中，金刚石压头半径为 20 nm，纳米压痕在 x、y 方向上的间隔均为 500 nm，压痕深度为 100 nm。纳米压痕阵列在单个梯度圆范围内的硬度/弹性模量分布如图 6－23(b)、(c) 所示，其显示了在半径 $r=0\ \mu m$、$r=0.5\ \mu m$、$r=1\ \mu m$ 及 $r=1.5\ \mu m$ 处硬度和弹性模量测试值及其拟合曲线。可以看出，硬度/弹性模量在径向方向上向外递增，且在同一半径处存在较小的差异，其误差范围(最大值与最小值之差)分别为 0.18/2.94 GPa、0.15/3.38 GPa、0.19/2.98 GPa 和 0.34/4.50 GPa。通过对同一半径处的硬度/弹性模量求均值，得到单个圆上的纳米压痕硬度/弹性模量在径向方向上的分布曲线(图 6－23(d))；其中，插图显示了单个梯度圆的径向方向。结果显示了纳米压痕硬度/弹性模量在径向方向上的近似线性变化，且在圆中心和边缘上的硬度/弹性模量值分别为 7.59/148.67 GPa、10.70/201.23 GPa。

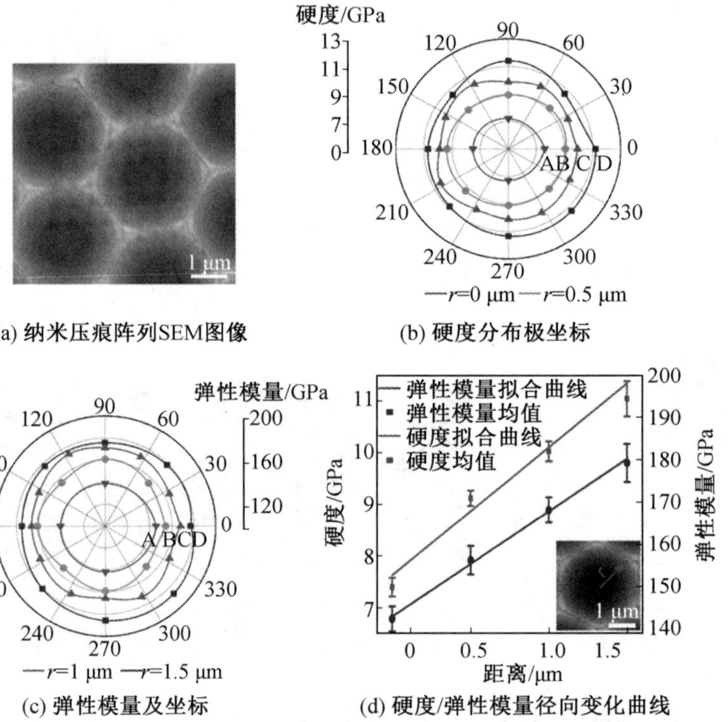

图 6－23　梯度圆上硬度/弹性模量分布(彩图见附录)

5. 薄膜电学性能

如图 6－24 所示，通过开尔文探针力显微镜(SKPFM) 对图(a)～(d) 中的多元材料分布进行电势表征与分析，展现了径向电势梯度圆阵列二维及三维图像，其中单个圆上的电势在径向方向上向外递减，该分布规律与材料成分分布规律一致。图 6－24(a)～(d) 中直线上的电势分布曲线如图 6－24(i) 所示，进一步验证了在指定截面上电势分布的周期性和一致性。4 个截面上的径向方向电势变化范围分别为 59.64～－15.38 mV、158.19～29.91 mV、257.77～77.67 mV 及 359.14～187.48 mV。由于图 6－24(d) 中横截面包含基底材料成分 Al_2O_3，因此，相应区域的电势变化非常小。另外，随着横截面向下平移，电势逐渐增加，与截面上的材料成分分布规律一致。

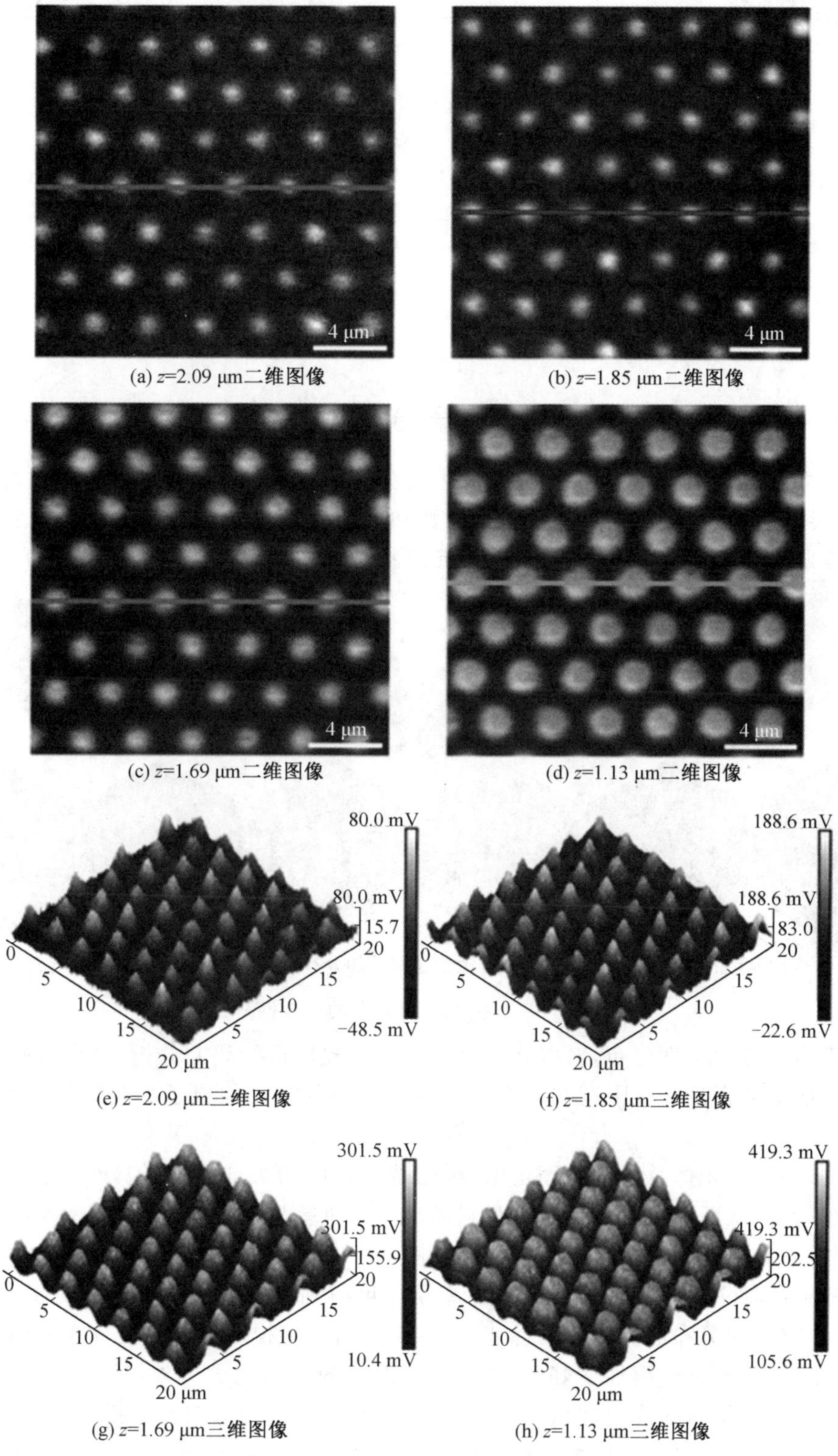

(a) z=2.09 μm二维图像　(b) z=1.85 μm二维图像

(c) z=1.69 μm二维图像　(d) z=1.13 μm二维图像

(e) z=2.09 μm三维图像　(f) z=1.85 μm三维图像

(g) z=1.69 μm三维图像　(h) z=1.13 μm三维图像

图 6－24　SKPFM 电势分布分析(彩图见附录)

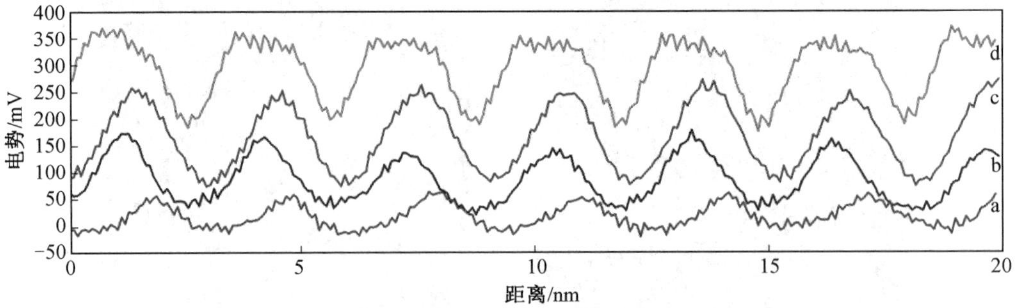

(i) (a)～(d)中所示直线上的电势分布

续图 6－24

6.2.4　梯度薄膜截面上多元材料分布的可控性分析

对于给定的微结构形貌，沉积体截面上的分布由以下几个变量来确定：材料层数、单层厚度、层叠顺序及材料种类，其中材料层数和单层厚度确定了分布的图案；层叠顺序及材料种类最终确定材料分布。鉴于此，多元材料的分布是可调控的(图 6－25)。

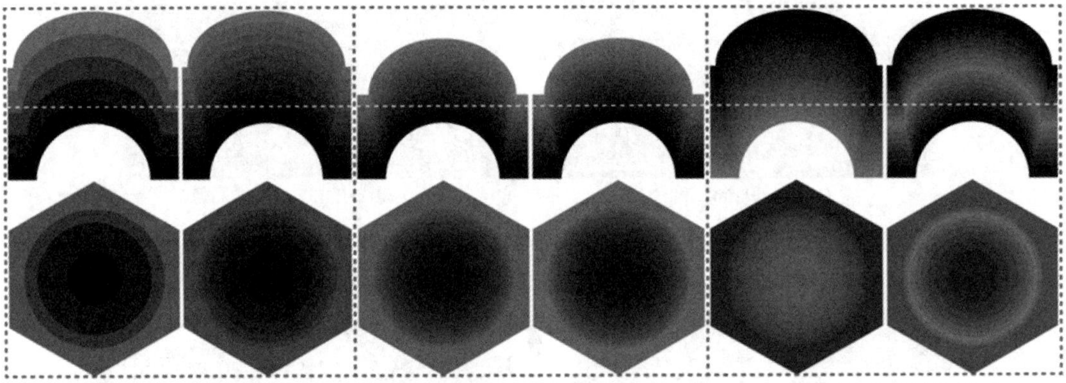

(a) 改变层厚后的分布　(b) 改变总厚后的分布　(c) 改变顺序/材料后的分布

图 6－25　多元材料分布的可控性分析

基于截面径向梯度分布，对多元材料分布的可控性进行研究分析，且定义所有分布材料中每种成分的含量变化限制在一个固定的范围，例如：铝的原子数分数范围为 55％～95％。

首先，设定沉积体总厚度为固定值，则随着层数的增加或层厚的减少，材料分布的图案越来越精细，从而缩小了相邻梯度材料的成分含量差异。因此，分布的梯度连续性得到提高(图 6－25(a))。其次，设定单层厚度(图 6－25(b) 左）或者材料层数(图 6－25(b) 右）为固定值，通过减少材料层数或减少单层厚度得到相应的材料分布。对于前者，图案没有发生变化，而分布的梯度连续性变差，主要是由相邻梯度材料的成分含量差异扩大造成的；对于后者，梯度连续性变好，主要受益于图案的精细化。另外，层叠顺序的调整(图 6－25(c) 左）及材料的改变(图 6－25(c) 右）也增加了材料分布的多样性。总之，基于同一基底(如 PSS)，通过材料层数、单层厚度、层叠顺序及材料种类的调控可以得到多样化的材料分布。

6.3　同心环阵列薄膜的制造及表征

6.3.1　同心环功能梯度薄膜设计

第 6.2 节中利用铝和钨共溅射方法模拟制造了 50 种材料径向梯度分布，本节为了更加直观地验证多元材料分布的可编程性及高分辨率，在 PSS 衬底上制造图 6－25(c) 所示的同心环。所用设备及靶材与第 6.2 节所述一致，不同的是钨靶材与铝靶材交替沉积，除了第一层厚度为 240 nm 外，其他各层厚度均为 120 nm，总的沉积层数为 23 层，沉积体厚度为 2.88 μm，具体工艺参数见表 6－3。沉积后得到的沉积体实际厚度为 2.73 μm(图 6－26(a))，厚度误差约为 5%。通过加工处理得到截面 z=1.83 μm 上的同心环阵列(图 6－26(b))。

表 6－3　沉积过程中的工艺参数

序号	材料	钨沉积速率 / ($\times 10^{-10}$ m · s^{-1})	钨溅射功率 /W	铝沉积速率 / ($\times 10^{-10}$ m · s^{-1})	铝溅射功率 /W	每层沉积时间 /s	层厚 /nm
1	W	5	59			480	240
2	Al			5	218	240	120
3	W	5	59			240	120
4	Al			5	218	240	120
5	W	5	59			240	120
6	Al			5	218	240	120
7	W	5	59			240	120
8	Al			5	218	240	120
9	W	5	59			240	120
10	Al			5	218	240	120
11	W	5	59			240	120
12	Al			5	218	240	120
13	W	5	59			240	120
14	Al			5	218	240	120
15	W	5	59			240	120
16	Al			5	218	240	120
17	W	5	59			240	120
18	Al			5	218	240	120
19	W	5	59			240	120
20	Al			5	218	240	120
21	W	5	59			240	120
22	Al			5	218	240	120
23	W	5	59			240	120

(a) 加工前

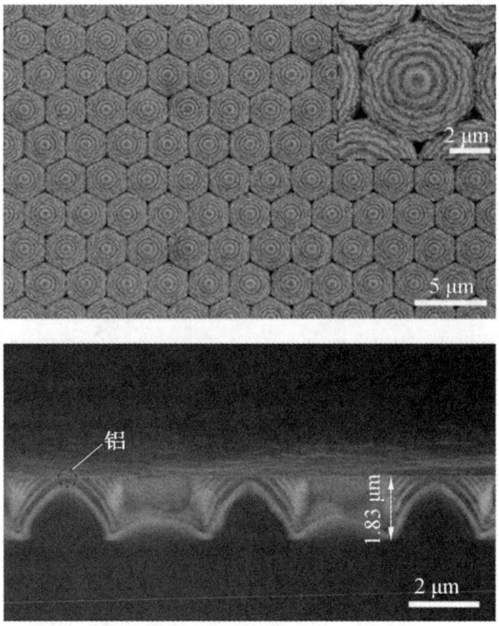

(b) 加工后

图 6－26 加工前后钨和铝层叠体

6.3.2 同心环功能梯度薄膜表征

图 6－27(a) 俯视图展现了沉积体的蜂窝状轮廓及其良好的一致性，截面图展现了钨(白色区域) 及铝(黑色区域) 的交替层叠及各个沉积层厚度的一致性(红色框内)。图 6－27(b) 俯视图展现了截面 $z=1.83$ μm 上具有良好一致性的钨和铝同心环阵列，从插图中的单个同心环单元可以看出曲折的圆环边界，这主要是由鼓包引起的。截面图展示了截面 $z=1.83$ μm 的位置，且同心环单元中心处的材料为铝(红色圆内)。

为了进一步研究分析同心环的铝钨分布情况，采用 FIB 在 $z=1.83$ μm 截面附件制取厚度小于 100 nm 透射样品(图 6－27(a))，并通过 TEM 对其表征分析(图 6－27(b) 和 (c))。图 6－27(b) 中单一同心环单元的 HAADF－STEM 图像及 EDX Mapping 图像展示了清晰的相互交替的钨环和铝环。图 6－27(c) 展示了在径向方向上(HAADF－STEM 图像中的紫色线) 的钨和铝元素分布曲线，其中，零点位置代表同心环的中心。可以看出，在径向方向上元素分布曲线从类矩形波逐渐向三角波转变，同时伴随着波周期的减小，意味着同心环的宽度随着半径的增大而减小，这主要是由锥结构轮廓斜率在径向方向上的逐渐增大造成的。同时，钨环区域的钨原子数分数小于 100%，说明该区域存在掺杂。需要说明的是，该掺杂可能是由沉积过程中的原子扩散或氛围污染造成的。为进一步量化材料分布尺寸，通过软件计算处理得到边界更加清晰的 10 个钨和铝同心环(图 6－27(d))，同心环分别记为 1 ～ 10。计算得到的同心环半径及宽度见表 6－4，其直观地验证了同心环宽度沿着径向方向向外逐渐变小的趋势，其中圆半径为各个环的平均外径；同心环宽度为外径与内径之差。同心环的最小特征尺寸为 41.8 nm，验证了多元材料分布技术的纳米级分布精度。

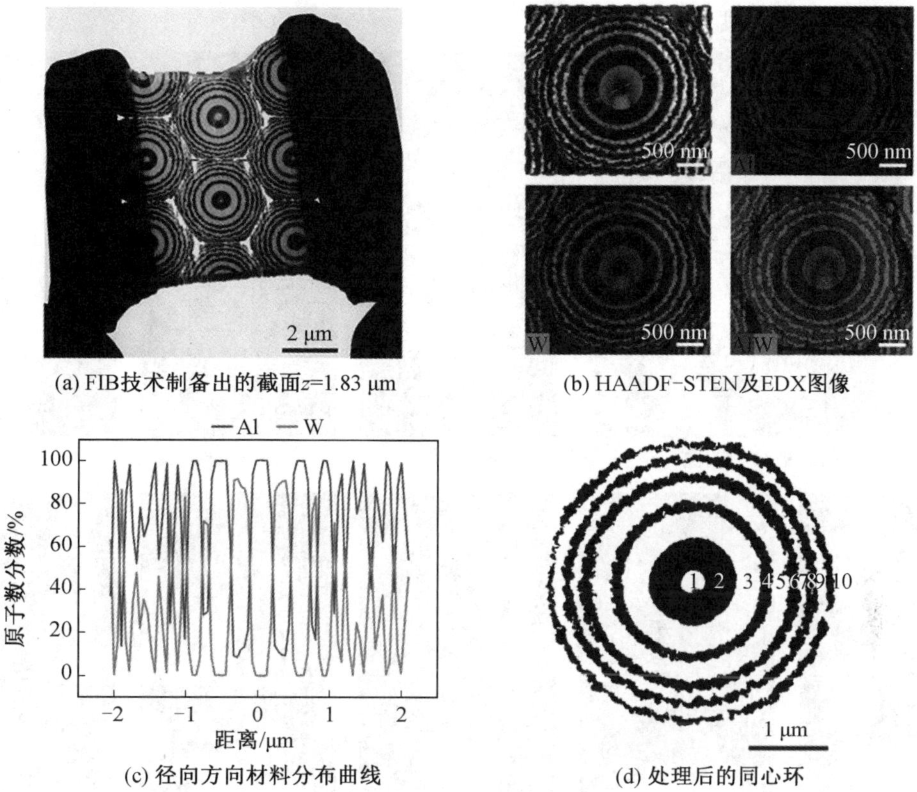

(a) FIB技术制备出的截面z=1.83 μm　(b) HAADF-STEN及EDX图像

(c) 径向方向材料分布曲线　(d) 处理后的同心环

图 6－27　同心环单元的元素分析(彩图见附录)

表 6－4　图 6－27(d) 中材料分布的半径及宽度　nm

同心环	1	2	3	4	5	6	7	8	9	10
圆半径	65.7 ±9.5	228.3 ±8.6	372.3 ±12.4	424.9 ±11.4	524.4 ±16.5	578.2 ±14.7	623.9 ±16.0	668.4 ±12.7	710.6 ±14.4	752.4 ±13.7
环宽度	65.7	162.6	144	52.6	99.5	53.8	45.7	44.5	42.2	41.8

图 6－28 展示了截面 z＝1.83 μm 上的晶体结构状态。图 6－28(a) 为样品的低倍 TEM 图像，其中白色和黑色区域分别代表了铝和钨材料分布区，图 6－28(a) 中红色框选区域的 HRTEM 图像及相应的 SAED 图案分别如图 6－28(b) ～ (i) 中的上方和下方所示。图 6－28(b) ～ (e) 呈现了晶体状态演变过程，即纯铝区域的单晶状态(b)、过渡区域出现的掺杂钨晶体((c) 和(d)) 及纯钨区域的非晶状态(e)。另外，图 6－28(c)、(d) 区域中的红色曲线标示了纯铝区域、过渡区域及纯钨区域的边界。值得注意的是，过渡区域的晶体状态表明少量的掺杂钨并没有破坏铝的单晶状态。然而，在过渡区域(图 6－28(f))、纯铝区域(图 6－28(g)) 和纯钨区域(图 6－28(i)) 出现了多晶状态，这主要是由其他元素掺杂造成的，也进一步导致了晶体的细化、低结晶度及晶向的多样化。总之，晶体分析进一步验证了分布中的少量掺杂，且小尺寸的特征区域更易受到掺杂或污染，但是，通过沉积环境的改善可以避免这些掺杂或污染，例如，使用纯度较高的靶材、靶材间良好的隔离措施以避免相互污染，提高冷却系统性能抑制原子扩散，通过清洁及提高真空系统性能保

持溅射室足够的清洁度等。

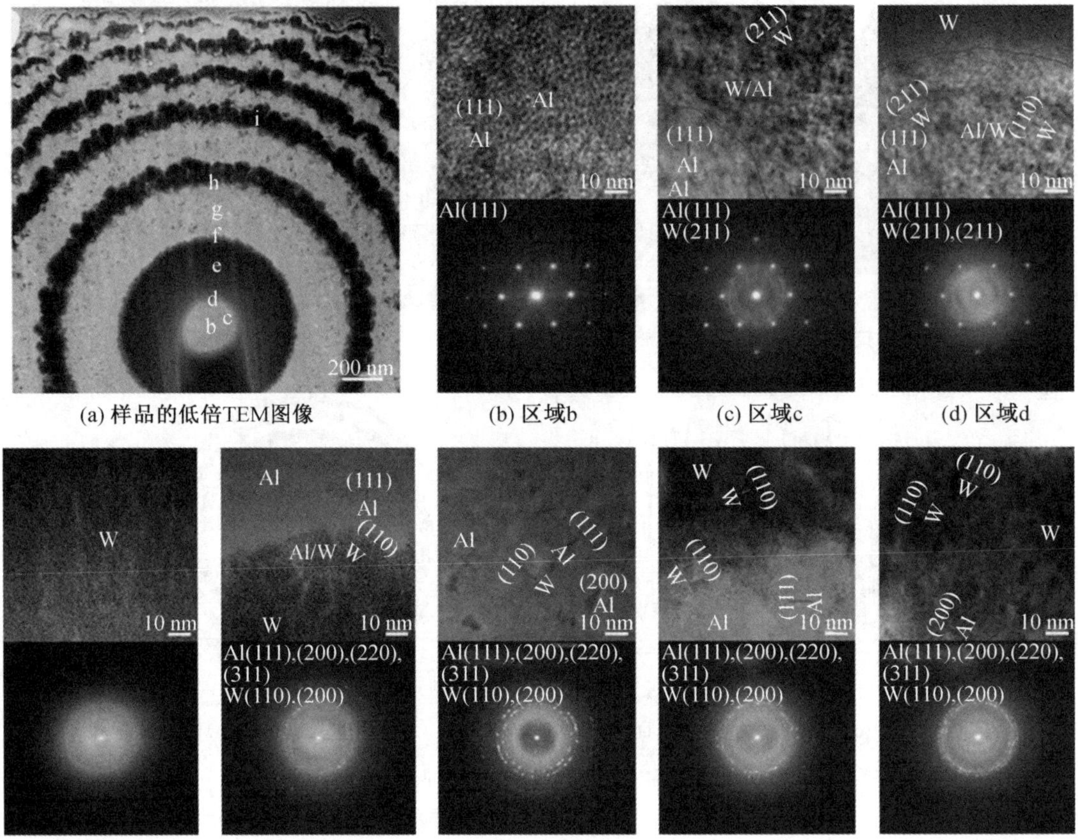

(a) 样品的低倍TEM图像 (b) 区域b (c) 区域c (d) 区域d

(e) 区域e (f) 区域f (g) 区域g (h) 区域h (i) 区域i

图 6－28 样品晶体结构分析

总之，通过多元材料分布技术可实现多元材料薄膜的制造，且其横向截面上可呈现纳米级多元材料复杂微结构（如梯度圆及同心环）阵列分布。该方法只需在沉积曲面上进行多元材料依次沉积及后续的精密加工处理即可获得大面积的多元材料复杂分布，操作简单、高效，成本低廉。而现有的多元材料薄膜制造方法进行多元材料横向图案化分布时，需借助于掩膜或蚀刻技术，当图案比较复杂及材料种类较多时，制造工艺过程中需要多次反复的结构化处理及材料沉积，操作烦琐，成本高昂，周期长，难以实现多元材料的复杂分布。

第 7 章　多元材料分布技术在 SiC/Al 复合材料制造中的应用

7.1　概　述

前述几章对多元材料分布技术在二维、准三维、三维超材料、微纳器件等制造中的应用进行研究，操纵的对象为原子、分子、团簇等微观粒子，采用的大规模操纵方法主要是热蒸发、磁控溅射和升华等技术。所制造的超材料或器件具有典型的跨尺度结构，包含了宏一微一纳 3 个尺度。这些微纳器件的成功制造，显示了多元材料分布技术在微纳器件制造中的巨大优势。本书中提出的多元材料分布技术不依赖于材料的宏观操纵方法，因此，本章以宏观 SiC/Al 复合材料的制造为例，探索基于多元材料分布技术在宏观体材料制造方面的应用。

7.2　SiC/Al 复合材料制造

7.2.1　SiC/Al 复合材料设计

常见的 SiC/Al 复合材料通常是以一定比例的 SiC 颗粒与铝粉混合，再热压烧结制成。这种方法制造的 SiC/Al 复合材料通常是 SiC 颗粒在铝基体中随机分散，属于各向同性材料。若要实现各向异性复合材料，使 SiC 颗粒在铝基体中处在特定位置，传统的 SiC/Al 复合材料制造方法将失效。本书提出的多元材料分布技术可以解决多种材料、高精度、快速分布的难题，因此，本节将验证多元材料分布技术在 SiC/Al 复合材料制造中的应用。

1. 复合材料热模压物理模型的建立

对复合材料热模压成形过程进行物理建模，如图 7－1 所示。图 7－1(a) 显示了所设计的层叠体及目标分布，层叠体由材料 1 ～ 6 层叠而成，总厚度为 H。目标分布图上各个位置分布着不同材料，指定目标分布图上 a 和 b 点处材料分别为 4 和 2，而材料层 4 和 2 所对应的位置高度分别为 h_1 和 h_2。为实现材料 4 和 2 在截面 $z=g$ 上的精确分布，制作模具并对层叠体进行热模压变形(图 7－1(b) 和(c))，其中，模具工作面相当于前述的沉积面 $z=k+g-f(x,y)$，与点 a 和 b 对应的点 a' 和 b' 的高度分别为 $H-h_1$ 和 $H-h_2$(图 7－1(b))。变形的层叠体经加工处理得到相应的复合材料(图 7－1(d))，截面 $z=g$ 上的多元材料分布与目标分布一致，且下方截面 $z=q$ 上的材料分布按照层叠顺序逐渐变化。

由上述分析可知，通过简单的层叠技术与复杂模具形貌导向的结合，最终实现了复杂的多元材料横向分布。在此过程中，层叠技术实现了多元材料的预分布；形貌对层叠体进行线位移，实现了多元材料的最终分布，该过程与第 3 章介绍的制造工艺有所不同，后者的层叠与变形是同时进行的；但实现简单的多元材料纵向层叠向复杂的多元材料横向分布转变的关键特征都是衬底形貌。总之，该物理模型通过模具工作面形貌特征使得多元材料层叠体热模压变形，进而将目标材料位移至指定平面上的相应位置，从而实现复合材料横向截面上的多元材料分布。

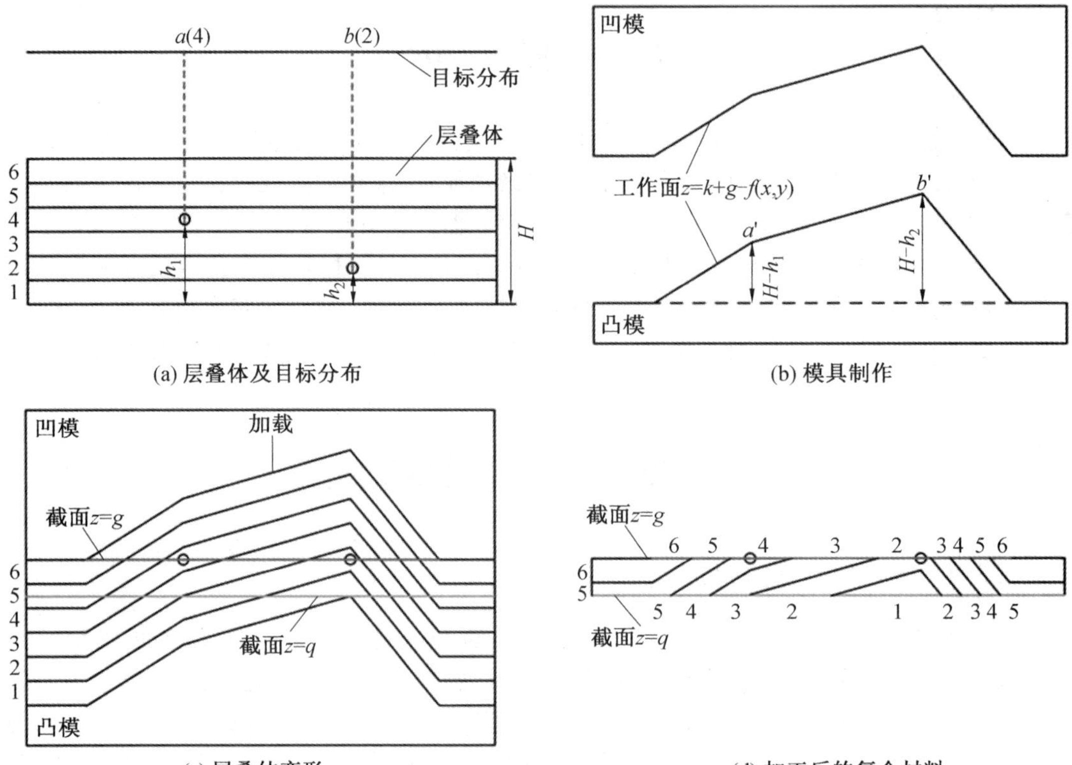

(a) 层叠体及目标分布　　(b) 模具制作

(c) 层叠体变形　　(d) 加工后的复合材料

图 7－1　复合材料模压成形物理模型

基于上述层叠体材料模压物理模型，针对蜂窝状 SiC/Al 复合材料设计进行分析。蜂窝结构是一种比较普遍的轻质量、高强度的结构形式，在航空航天领域具有很大应用前景。该复合材料是 SiC 和铝合金材料经交替层叠及模压变形，形成蜂窝结构复合材料。

根据 SiC 六棱柱在蜂窝结构复合材料中的位置关系，即六棱柱的纵向位移量，SiC 六棱柱在铝合金层中的嵌入方式可分为完全嵌入、部分嵌入、贯通嵌入 3 种类型，如图 7－2 所示。设铝合金层厚为 h_1，SiC 层厚为 h_2，模具工作面六棱柱高度为 b，即层叠体变形时的位移量，经过分析可知：当 $h_1 \geqslant b \geqslant h_2$ 时，为完全嵌入式；当 $b < h_1$ 且 $b < h_2$ 时，为部分嵌入式；当 $h_2 \geqslant b \geqslant h_1$ 时，为贯穿嵌入式。因此，在模具工作面六棱柱高度 b 一定的情况下，通过铝合金和 SiC 层厚的调节可以实现 SiC 增强体嵌入方式的切换。

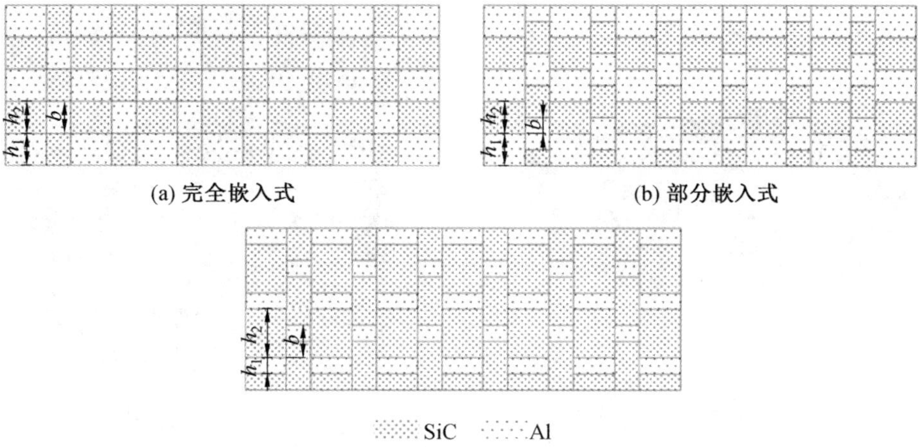

(a) 完全嵌入式　(b) 部分嵌入式　(c) 贯穿嵌入式

图 7－2　蜂窝结构复合材料的三种结构形式

复合材料中 SiC 体积分数直接影响材料性能，如图 7－2(a) 所示，成形后新型复合材料 SiC 体积分数为

$$\varphi=\frac{n_2h_2}{n_1h_1+n_2h_2} \tag{7－1}$$

式中　h_1、h_2—— 铝合金和 SiC 层的厚度(mm)；

n_1、n_2—— 铝合金和 SiC 的层数。

增强单元在铝合金中的体积分数主要取决于模具形貌特征，设增强单元结构完全一致且分布均匀，则增强单元在复合材料中的体积分数为

$$\varphi_1=\frac{n_2ks}{(n_1h_1+n_2h_2)S} \tag{7－2}$$

式中　S—— 模具工作面纵向投影面积(mm^2)；

s—— 六棱柱增强单元纵向投影面积(mm^2)；

k—— 横截面上增强单元数量。

若利用热模压方法，通过模具控制层叠体的变形，SiC 颗粒在模具中的位置及变形如图 7－3 所示。六棱柱阵列形貌为凸模工作面，六边形凹腔阵列为凹模工作面。模压后得到蜂窝结构复合材料，在截面 $z=g$ 和 $z=q$ 上分别呈现六边形 SiC 和铝阵列分布。蜂窝结构复合材料结构组成如图 7－3(e) ～ (h) 所示，主要包括铝合金蜂窝结构、SiC 蜂窝结构、铝合金六棱列、SiC 六棱柱，其中 SiC 六棱柱为增强单元。

7.2.2　SiC/Al 复合材料制造

(1) 热压模具的设计及制造。

根据 7.2.1 节对 SiC/Al 复合材料结构设计，对于沉积面(也可称为模具) 的设计与制造显得格外重要，因此，首先对模具进行制造。根据图 7－3 蜂窝结构复合材料热模压物理模型，采用模具钢 H13 作为凸凹模的材料，设计模具工作面大小为 ϕ60 mm；正六棱柱(凸模)/ 正六边形凹腔(凹模) 内接圆为 ϕ1 mm，高(深) 度为 0.4 mm。考虑到模具工作

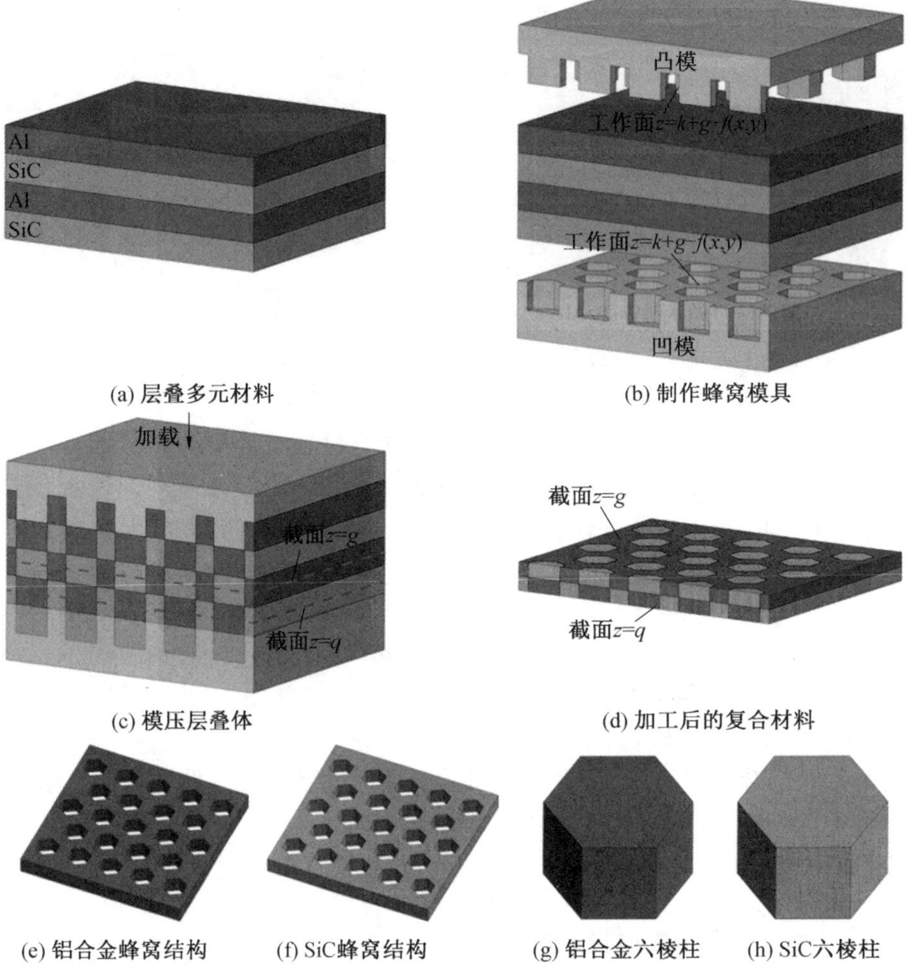

图 7－3 蜂窝结构 SiC 增强铝基复合材料组成及制造过程中的变形(彩图见附录)

面的后续加工，对六棱柱的结构特点进行分析，由于六边形具有 3 对平行边，因此，刀具分别沿着平行边的 3 个方向运动即可加工出完整的六棱柱。对于凹模的制造，首先采用类似凸模加工方法，在铜块上加工出阵列结构，再通过电火花加工在模具钢上加工出阵列的孔，作为凹模。图 7－4 显示了分别通过机械加工和电火花加工出的凸凹模工作面。

由于采用粉末叠层，因此，应设计具有厚度控制功能的铺粉平台，如图 7－5(a) 所示，在铺粉的过程中，通过旋转升降螺母调节铺粉平台的高度，从而控制粉末层厚度。热压模具如图 7－5(b) 所示，其中，为了避免在模压过程中材料与模具的直接接触而导致黏合，设计石墨套使得阴模与材料隔离。设计导向槽及导向杆，使得模压过程中上下模工作面完全对齐。

(a) 凸模工作面　(b) 凹模工作面

图 7－4　模具工作面形貌

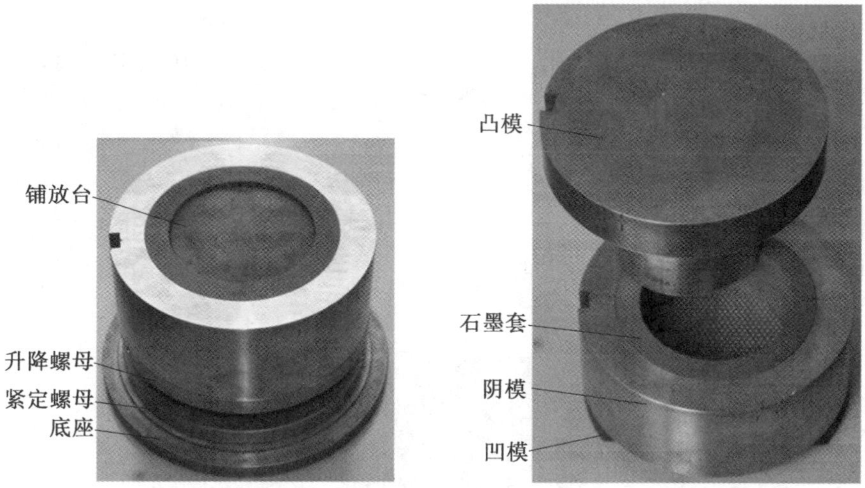

(a) 铺粉平台　(b) 热压模具

图 7－5　蜂窝结构复合材料制造模具

(2) 制造工艺。

① 铺粉冷压。选择 Al 粉及 50SiC/50Al 混合粉。由于 SiC 粉末在热模压过程中没有黏结性，无法结合，在其中混入 50% 的铝粉可以起到黏结和增加流动性的作用。由于模具具有一定的图案，无法直接在图案上铺粉，故需要先在平面铺粉，经冷压后，再对冷压坯热模压成形。模具工作面凸台理论高度为 0.4 mm，因此，设计每层粉末厚度均为 0.5 mm，铺粉顺序从下向上为 Al－50SiC/50Al－Al－50SiC/50Al－Al，定厚铺粉流程如图 7－6(a) 和(b) 所示。铺粉过程中，通过升降螺母及锁定螺母的位置调整使得铺放台与石墨套上平面平齐，对标线与零刻线对齐。对粉末加压得到层叠体，如图 7－6(c) 所示，容易得出 SiC 增强铝基复合材料中的 SiC 体积分数为 10%。

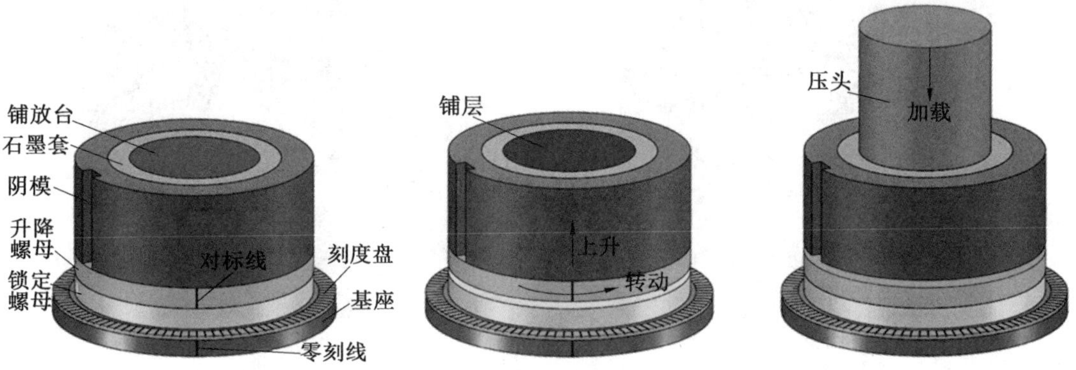

图 7－6　粉末冷压成形示意图(彩图见附录)

② 热模压。冷压之后，去除复合材料、石墨套及阴模以外的其他零部件，并安装热压模具，如图 7－7(a) 所示。为了热压后脱模及保护模具，对凸模、凹模和石墨套等模具用氮化硼(BN) 喷涂处理，同时，在复合材料上下面各铺放一张厚度为 0.5 mm 的碳纸，进一步避免模具与复合材料的直接接触。将热压模具放入真空热压烧结炉中的热压室内，抽真空使热压室内的真空度不大于 10^{-3} Pa，通过控制系统设置热压温度及压力，热模压过程中压力温度曲线如图 7－7(b) 所示，其中，最高热压温度为 400 ℃，最大压力为 22 MPa。

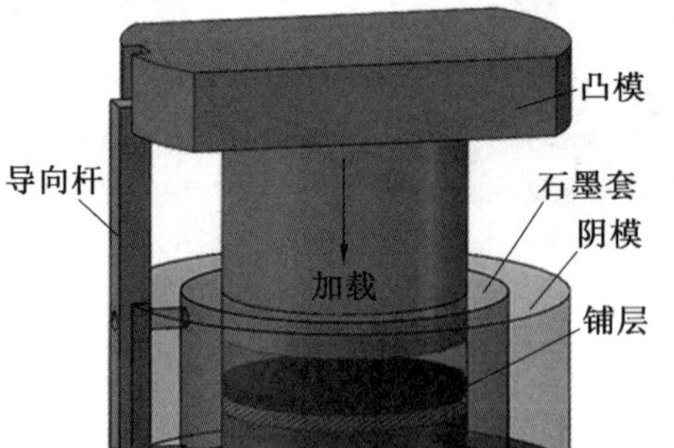

(a) 层叠体热模压示意图

图 7－7　热模压工艺

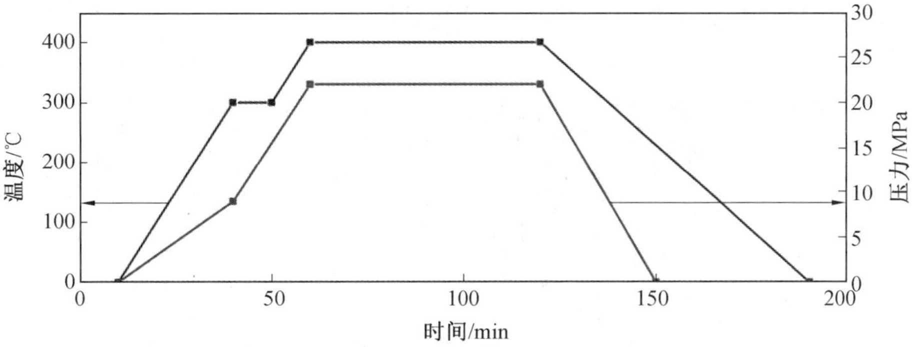

(b) 热模压过程中温度及压力曲线

续图 7－7

7.2.3　SiC/Al 复合材料表征

通过铺粉冷压及热模压工艺得到蜂窝结构复合材料，如图 7－8 所示，可见上下表面形貌与模具工作面一致：试样上表面单个凹腔呈现六边形，底部为平面；下表面单个凸台六边形不是太明显，且顶部为半球形。通过机械加工方式，去除 0.6 mm 厚度的材料，如图 7－9 所示，从而得到截面 $z=g$ 上具有蜂窝结构阵列的复合材料。在 Al(亮色部分) 层中，分布着 SiC/Al(暗色部分) 材料阵列，但单个分布呈现近圆形(而非六边形) 轮廓，直径约为 1 mm，与设计的工作面六边形内接圆直径一致，这主要是由模具工作面的形貌误差及热模压过程中材料变形不充分等多方面的原因造成的；由于 SiC/Al 材料层结合性较差，机加工过程中材料脱落，从而暴露出截面 $z=q$，该截面位于 SiC/Al 材料层，其上分布着 Al 材料圆形阵列。总之，在热模压多元材料层叠体的过程中，通过模具工作面形貌的

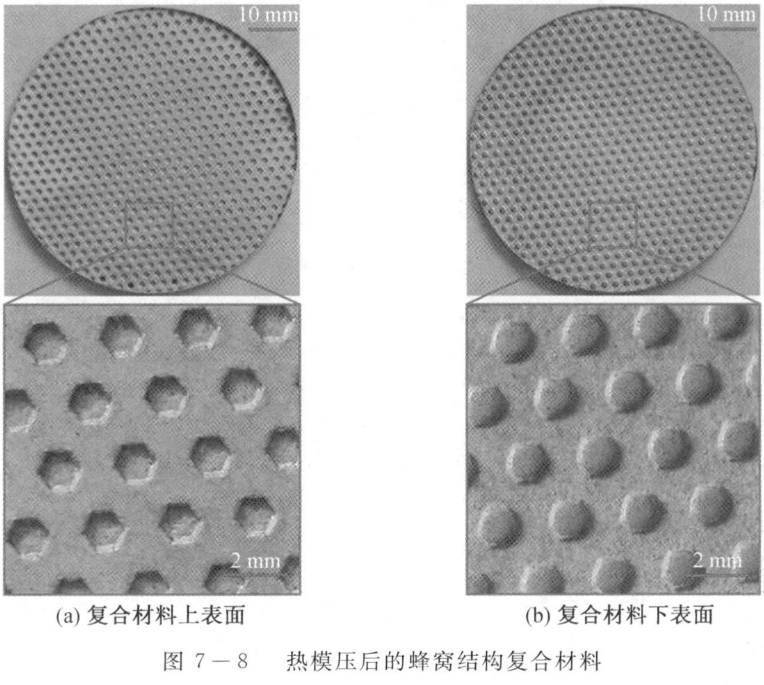

(a) 复合材料上表面　　(b) 复合材料下表面

图 7－8　热模压后的蜂窝结构复合材料

导向作用，可以制造蜂窝结构复合材料，从而验证了多元材料任意分布技术在宏观复合材料制造中应用的可行性。

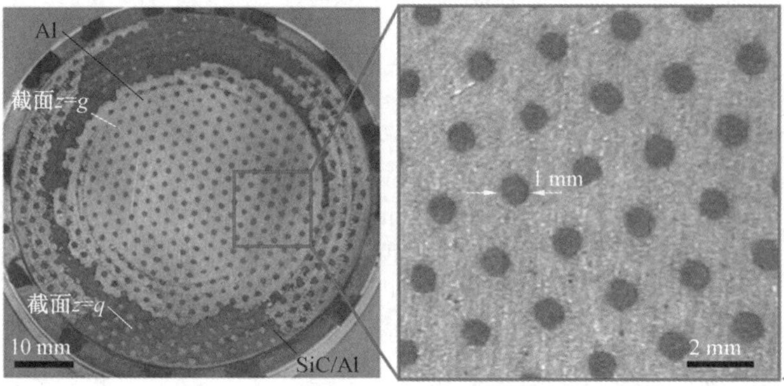

图 7－9　加工后的蜂窝结构复合材料

另外，通过材料种类、层厚、顺序及模具工作面的设计，可制造多样化的新型复合材料，其截面上可呈现各种各样的多元材料复杂图案，以满足各个领域对复合材料功能的需求。文中的应用基础研究侧重于复合材料的制造方法，而非工艺，具有多元材料复杂分布的复合材料是基于现有的复合材料制造工艺(如热模压) 进行制造的，不同的是多元材料微观器件制造中的模具工作面是特殊曲面，而传统的工作面是平面，因此该方法与现有制造工艺在加工时间、效率及成本方面差别不大。

参考文献

[1] MINAMIMOTO H, IRIE H, UEMATSU T, et al. Polymerization of room-temperature ionic liquid monomers by electron beam irradiation with the aim of fabricating three-dimensional micropolymer/nanopolymer structures[J]. Langmuir, 2015, 31(14):4281-4289.

[2] CAO Q, TERSOFF J, FARMER D B, et al. Carbon nanotube transistors scaled to a 40-nanometer footprint[J]. Science, 2017, 356(6345):1369-1372.

[3] GANSEL J K, THIEL M, RILL M S, et al. Gold helix photonic metamaterial as broadband circular polarizer[J]. Science, 2009, 325(5947):1513-1515.

[4] ELIAS J, LÉVY-CLÉMENT C, BECHELANY M, et al. Hollow urchin-like ZnO thin films by electrochemical deposition[J]. Adv Mater, 2010, 22(14):1607-1612.

[5] SCHWARTZ J J, BOYDSTON A J. Multimaterial actinic spatial control 3D and 4D printing[J]. Nat Commun, 2019, 10:791.

[6] BJÖRK M T, OHLSSON B J, SASS T, et al. One-dimensional heterostructures in semiconductor nanowhiskers[J]. Appl Phys Lett, 2002, 80(6):1058-1060.

[7] ZHANG G Q, TATENO K, GOTOH H, et al. Structural, compositional, and optical characterizations of vertically aligned AlAs/GaAs/GaP heterostructure nanowires epitaxially grown on Si substrate[J]. Jpn J Appl Phys, 2010, 49(1):015001.

[8] YANG Z Y, ALBROW-OWEN T, CUI H X, et al. Single-nanowire spectrometers [J]. Science, 2019, 365(6457):1017-1020.

[9] LIU L, PARK J, SIEGEL D A, et al. Heteroepitaxial growth of two-dimensional hexagonal boron nitride templated by graphene edges[J]. Science, 2014, 343(6167):163-167.

[10] LIU Z, AMANI M, NAJMAEI S, et al. Strain and structure heterogeneity in MoS_2 atomic layers grown by chemical vapour deposition[J]. Nat Commun, 2014, 5:5246.

[11] LIU Z, MA L L, SHI G, et al. In-plane heterostructures of graphene and hexagonal boron nitride with controlled domain sizes[J]. Nat Nanotechnol, 2013, 8(2):119-124.

[12] LING X, LIN Y X, MA Q, et al. Parallel stitching of 2D materials[J]. Adv Mater, 2016, 28(12):2322-2329.

[13] GENG Y L, PEARSON A C, GATES E P, et al. Electrically conductive gold- and copper-metallized DNA origami nanostructures[J]. Langmuir, 2013, 29(10):3482-3490.

[14] KOWSARI K, AKBARI S, WANG D, et al. High-efficiency high-resolution multi-

material fabrication for digital light processing-based three-dimensional printing [J]. 3D Print Addit Manuf,2018,5(3):185-193.

[15] CHOI C H,LIN L Y,CHENG C C,et al. Printed oxide thin film transistors:a mini review[J]. ECS J Solid State Sci Technol,2015,4(4):P3044-P3051.

[16] MEACHAM J M,O'ROURKE A,YANG Y,et al. Micromachined ultrasonic printhead for deposition of high-viscosity materials[J]. J Manuf Sci Eng,2010,132(3):1.

[17] PARK J U,HARDY M,KANG S J,et al. High-resolution electrohydrodynamic jet-printing[J]. Nat Mater,2007,6:782-789.

[18] SHIGETA K,HE Y,SUTANTO E,et al. Functional protein microarrays by electrohydrodynamic jet printing[J]. Anal Chem,2012,84(22):10012-10018.

[19] ONSES M S,SONG C,WILLIAMSON L,et al. Hierarchical patterns of three-dimensional block-copolymer films formed by electrohydrodynamic jet printing and self-assembly[J]. Nat Nanotechnol,2013,8(9):667-675.

[20] HARDIN J O,OBER T J,VALENTINE A D,et al. Microfluidic printheads for multimaterial 3D printing of viscoelastic inks[J]. Adv Mater,2015,27(21):3279-3284.

[21] LI C H,ZHANG F Q,ZHANG J,et al. A universal solution of controlling the distribution of multimaterials during macroscopic manipulation via a microtopography-guided substrate[J]. Nanomaterials,2018,8(12):1036.

[22] ZHANG F Q,LI C H,ZHANG J,et al. Microtopography-guided radial gradient circle array film with nanoscale resolution[J]. Small,2019,15(50):e1902612.

[23] ZHANG F Q,LI C H,WANG Z L,et al. Multimaterial 3D printing for arbitrary distribution with nanoscale resolution[J]. Nanomaterials,2019,9(8):1108.

[24] 张凤强.一种多元材料任意分布技术及其应用基础研究[D].哈尔滨:哈尔滨工业大学,2019.

[25] 陈航，张凤强，张甲，等. 多元材料复杂分布技术在 SiC/Al 复合材料精确制造中的应用研究[R]. 杭州:中国机械工程学会特种加工分会，2021.

[26] LI T,CHEN H,ZHANG F Q,et al. An ultra-broadband terahertz absorber at high terahertz frequency[J]. Opt Quantum Electron,2022,54(12):859.

[27] LI T,CHEN H,SUN H A,et al. Microtopography-guided chessboard-like structure for a broadband terahertz absorber[J]. ACS Appl Electron Mater,2022,4(6):2822-2830.

[28] 陈航.基于二氧化钒超材料的可调谐太赫兹吸波器件研究[D].哈尔滨:哈尔滨工业大学,2022.

[29] LI T,CHEN H,ZHANG J,et al. Microtopography-guided double-layer cross structure for a terahertz multiband amplitude modulator[J]. Adv Materials Inter,2023,10(10):2202210.

[30] LI T, WANG Z L, LI S L, et al. High Q terahertz band stop filter via cuboid frame structure[J]. Jornal of Micromechanics and Microengineering, 2023, 33:085008.

[31] 陈航，张凤强，李通，等. 多元材料微纳米精度复杂分布技术的新进展[J]. 材料导报，2023，37(8)：125-136.
[32] 李通. 基于多元材料降维分布的太赫兹调制器件制造方法研究[D]. 哈尔滨：哈尔滨工业大学，2024.

附录　部分彩图

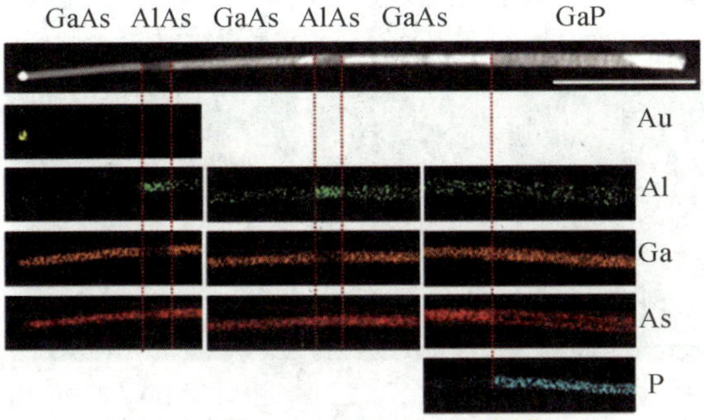

(b) GaAs/AlAs/GaP纳米线TEM图像

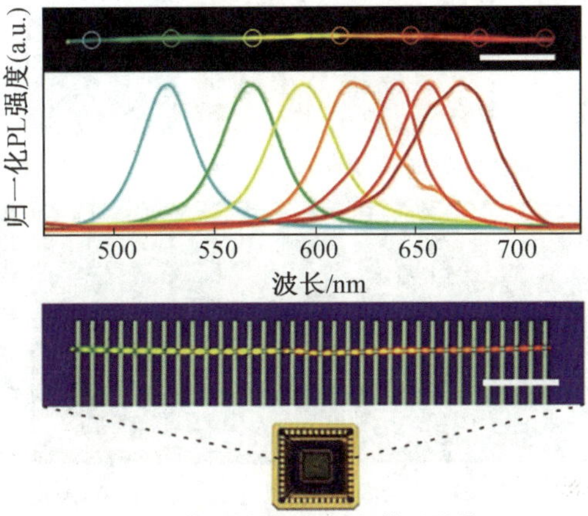

(c) 单根纳米线PL光谱及器件

图 1—3

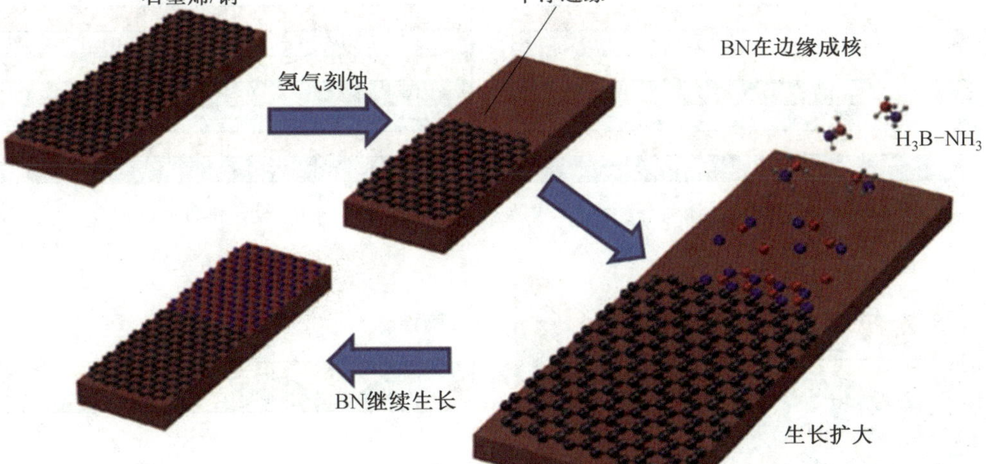

(a) 铜箔表面Graphene/h-BN异质结制备工艺示意图

图 1—4

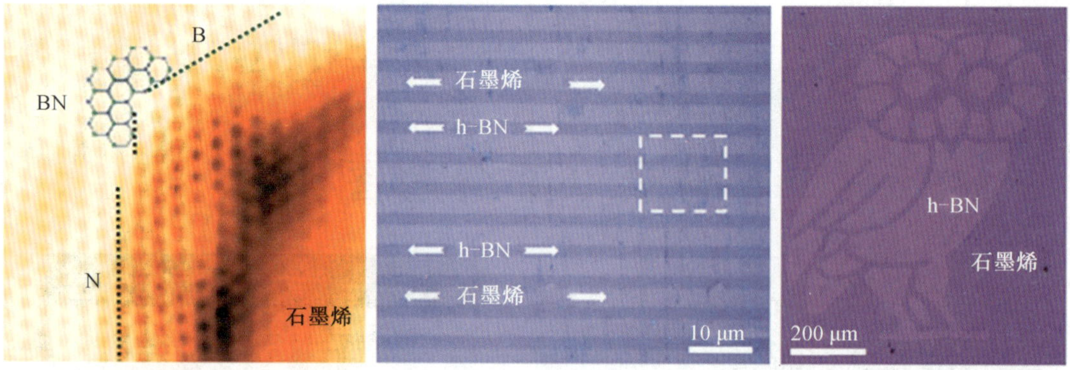

(b) 异质结界面高分辨STM图像　(c) Graphene/h-BN异质结薄膜光学显微镜图像

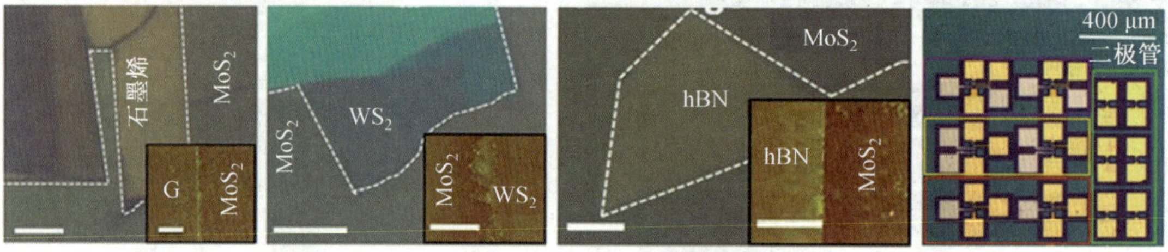

(d) 石墨烯与MoS_2、WS_2、MoS_2和h-BN/MoS_2异质结薄膜图像　(e) 由WS_2/MoS_2异质结构成的基本逻辑运算器件图像

续图 1－4

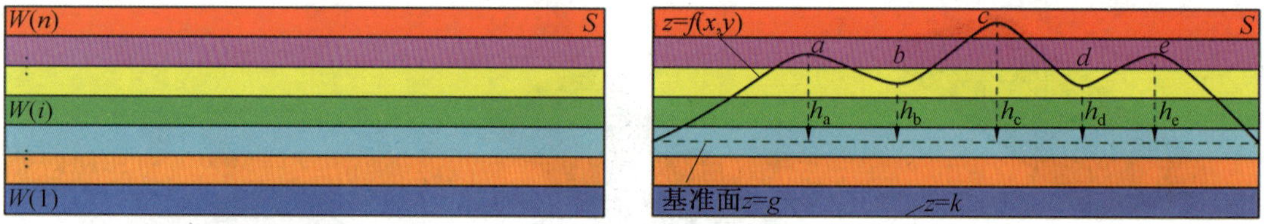

(a) 多元材料层叠体S　(b) 设计曲面$z=f(x,y)$

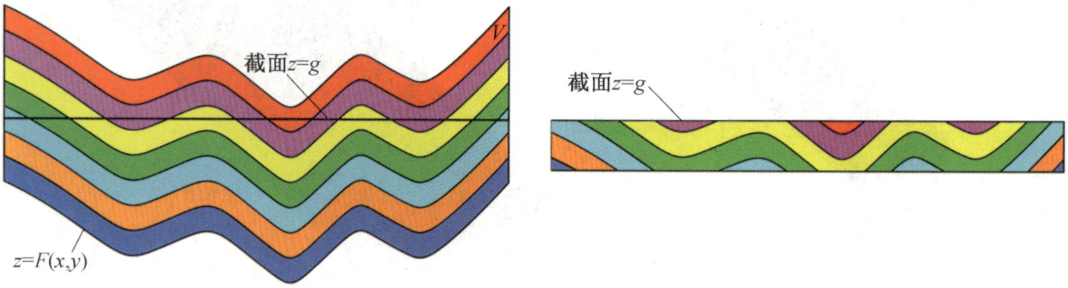

(c) 变形后的层叠体V　(d) 在截面$z=g$上的多元材料分布

图 2－1

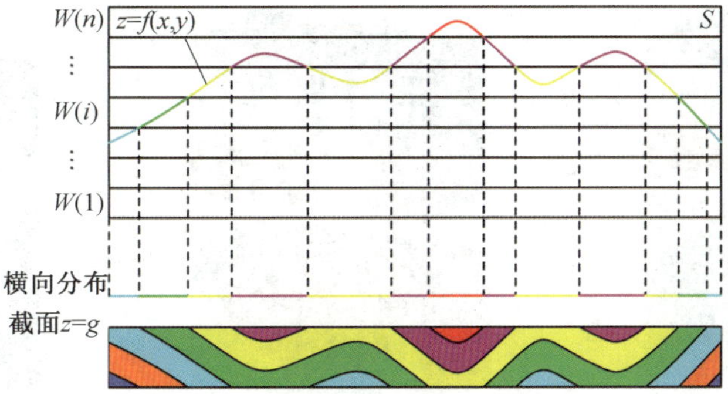
W(n)
z=f(x,y)
S
W(i)
W(1)
横向分布
截面z=g

图 2—2

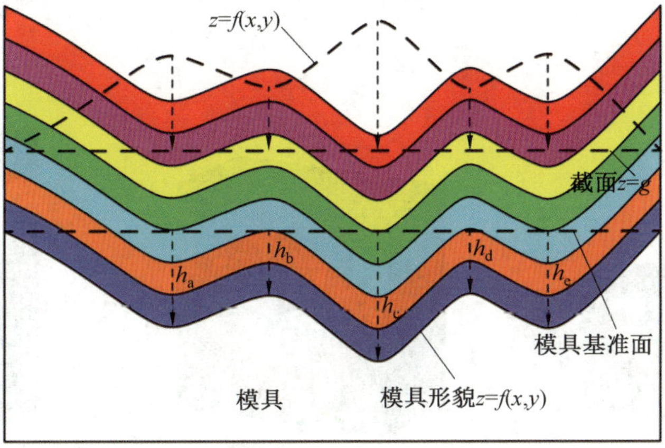
z=f(x,y)
截面z=g
模具基准面
模具
模具形貌z=f(x,y)

图 2—3

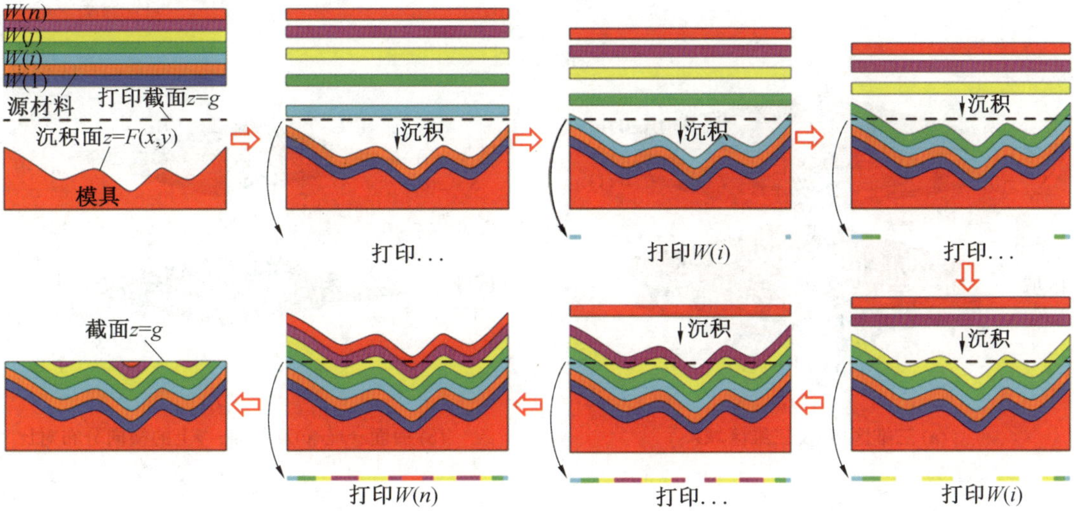
W(n)
W(j)
W(i)
W(1)
源材料
打印截面z=g
沉积面z=F(x,y)
模具
沉积
打印...
打印W(i)
截面z=g
打印W(n)

图 2—4

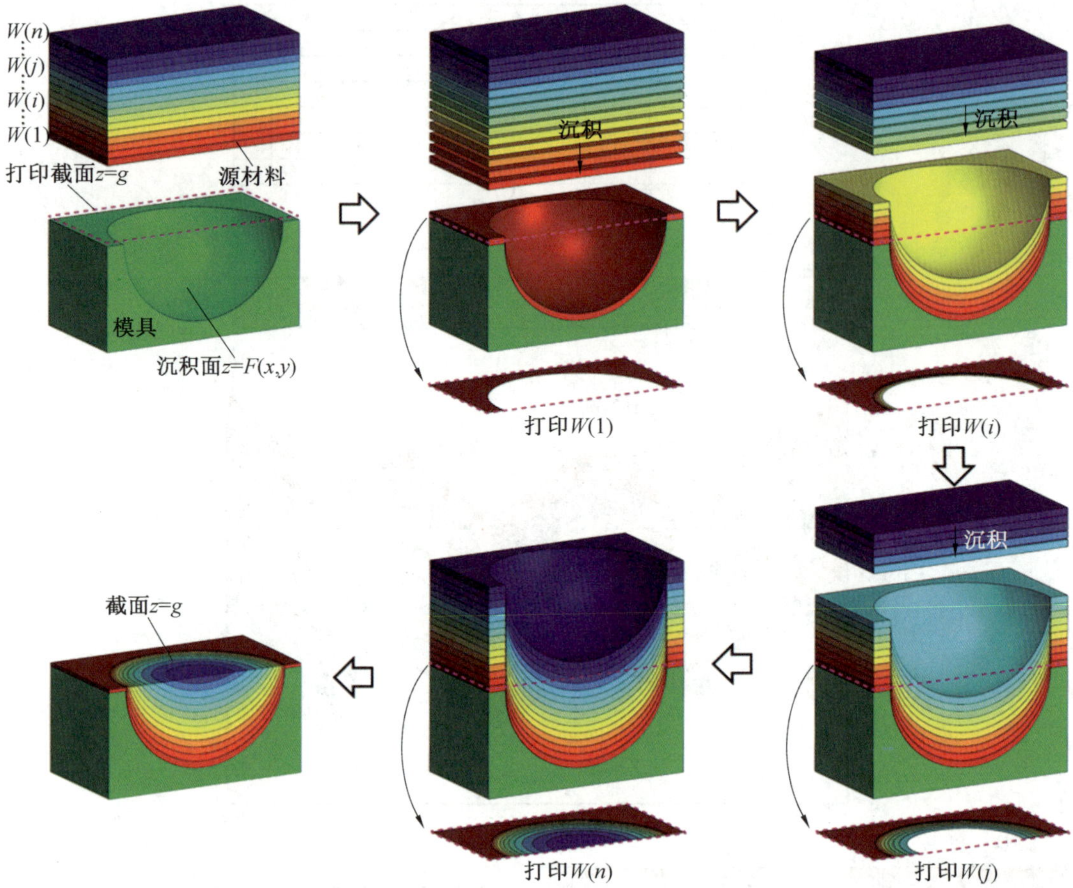
W(n)
W(j)
W(i)
W(1)
打印截面z=g
源材料
模具
沉积面z=F(x,y)
沉积
打印W(1)
沉积
打印W(i)
沉积
打印W(j)
打印W(n)
截面z=g

图 2—5

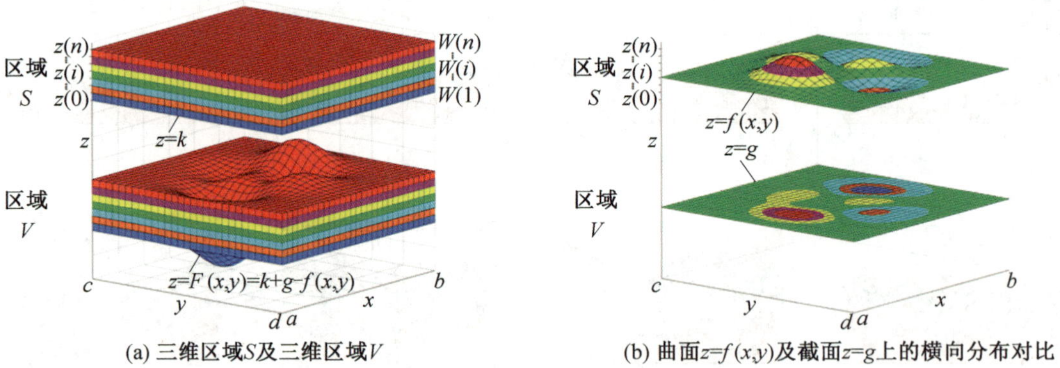
区域
S
z(n)
z(i)
z(0)
W(n)
W(i)
W(1)
z=k
z
区域
V
z=F (x,y)=k+g-f (x,y)
c
y
d
a
x
b
(a) 三维区域S及三维区域V
区域
S
z(n)
z(i)
z(0)
z=f (x,y)
z
z=g
区域
V
c
y
d
a
x
b
(b) 曲面z=f (x,y)及截面z=g上的横向分布对比

图 2—7

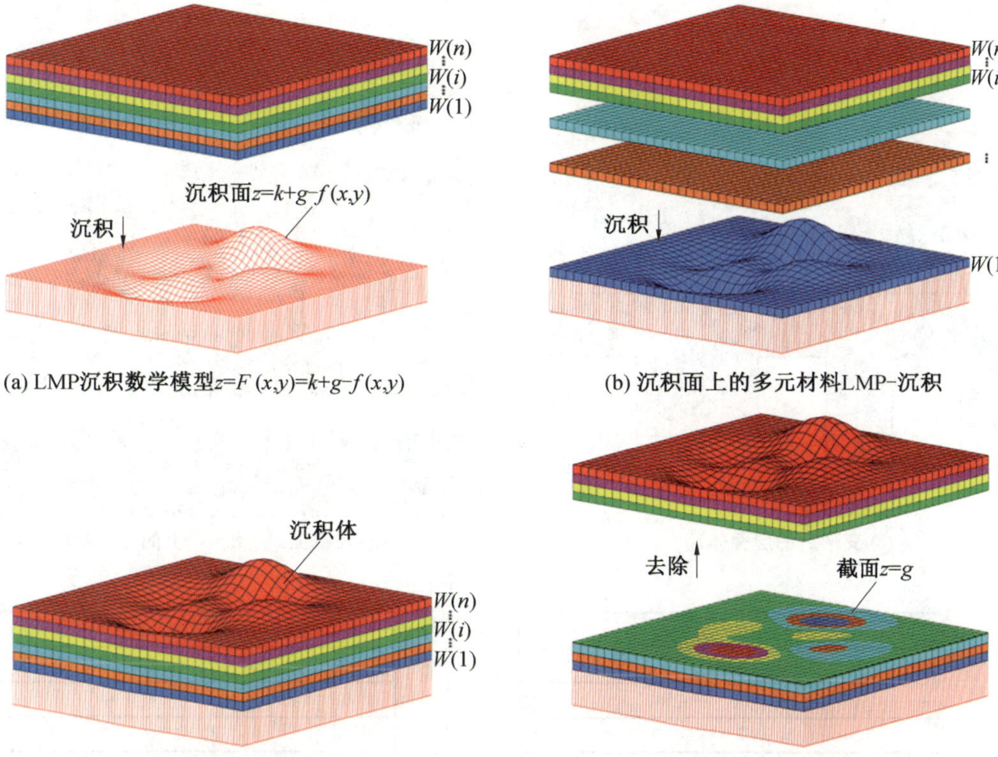

(a) LMP沉积数学模型$z=F(x,y)=k+g-f(x,y)$　(b) 沉积面上的多元材料LMP-沉积

(c) 多元材料LMP沉积体　(d) 截面$z=g$上的实际分布

图 2—8

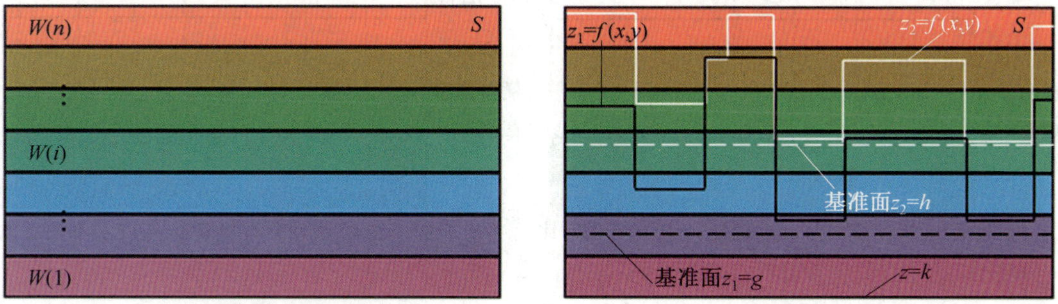

(a) 多元材料层叠体S　(b) 设计预期平面$z=f(x,y)$

图 2—9

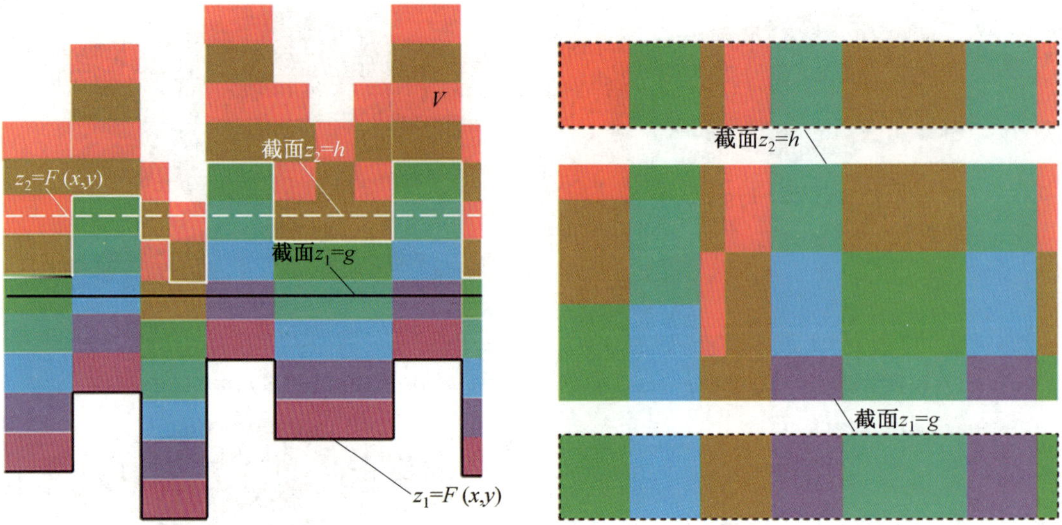

(c) 变形后的层叠体V　　(d) 在截面$z_1=g$和$z_1=h$上的多元材料分布

续图 2—9

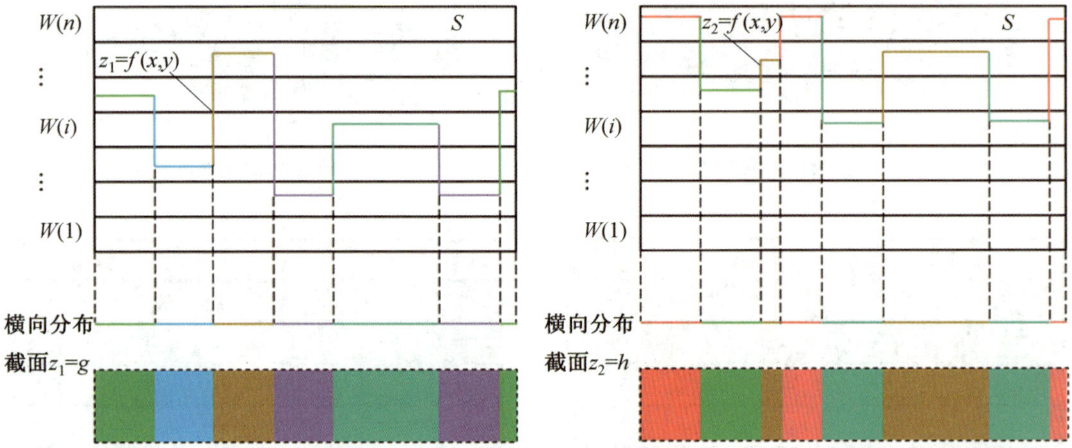

(a) 表面$z_1=f(x,y)$横向分布与截面$z_1=g$上分布的对比　　(b) 表面$z_2=f(x,y)$横向分布与截面$z_2=h$上分布的对比

图 2—10

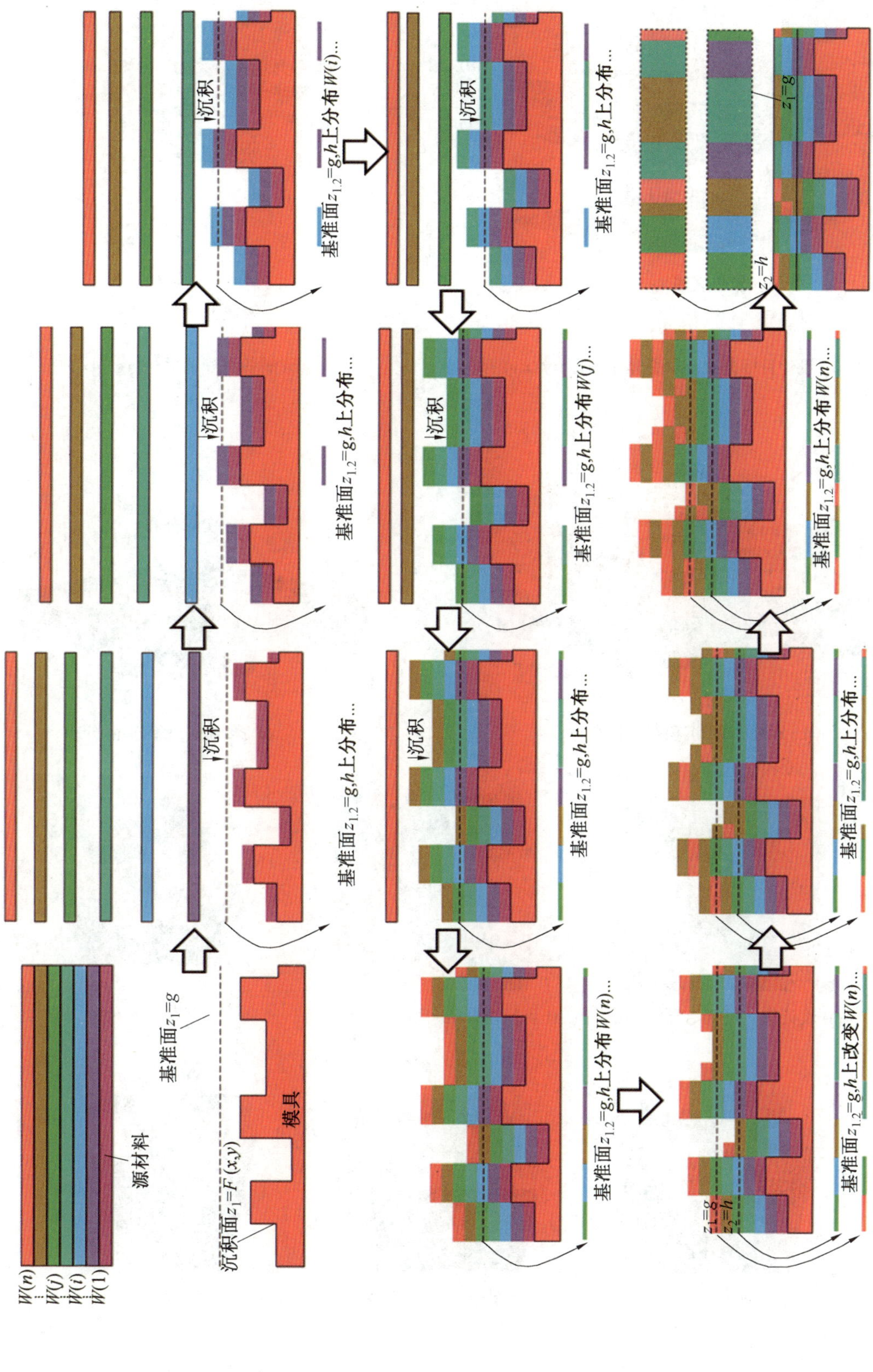

图2-12　在截图$z_1=g$和$z_2=h$上多元材料分布流程（彩图见附录）

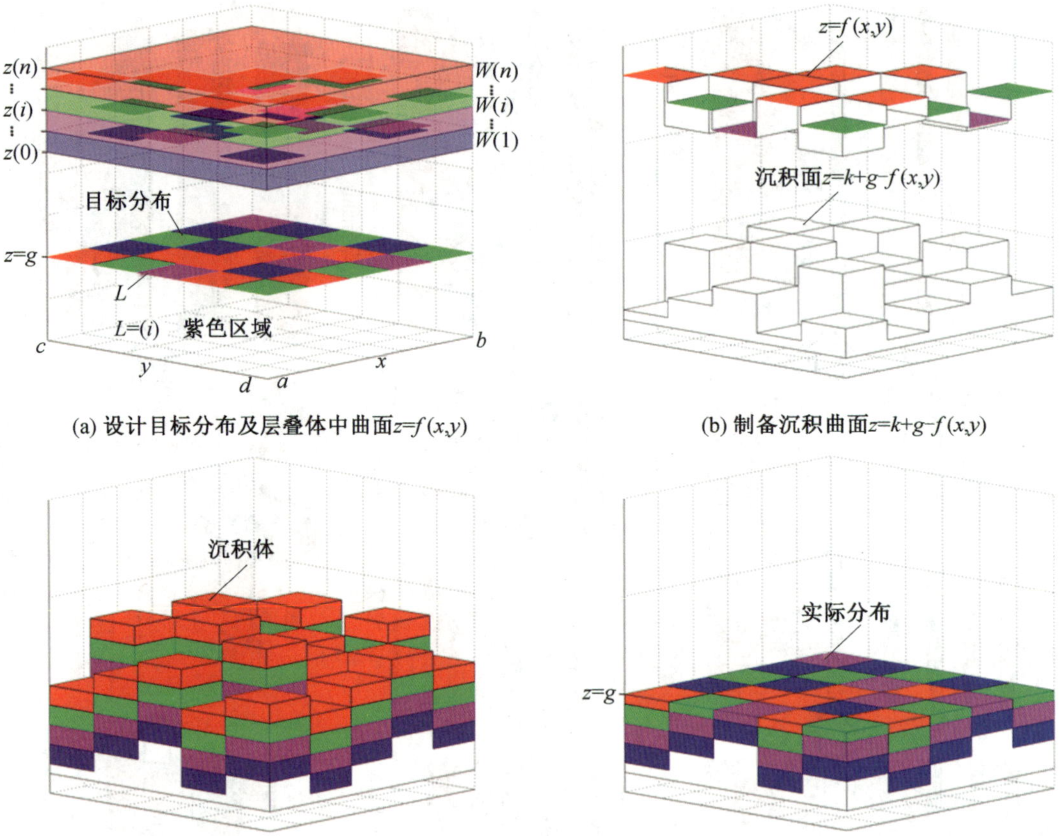

(a) 设计目标分布及层叠体中曲面$z=f(x,y)$　(b) 制备沉积曲面$z=k+g-f(x,y)$

(c) 通过LMP-沉积获得沉积体　(d) 截面$z=g$上的实际分布

图 3－2

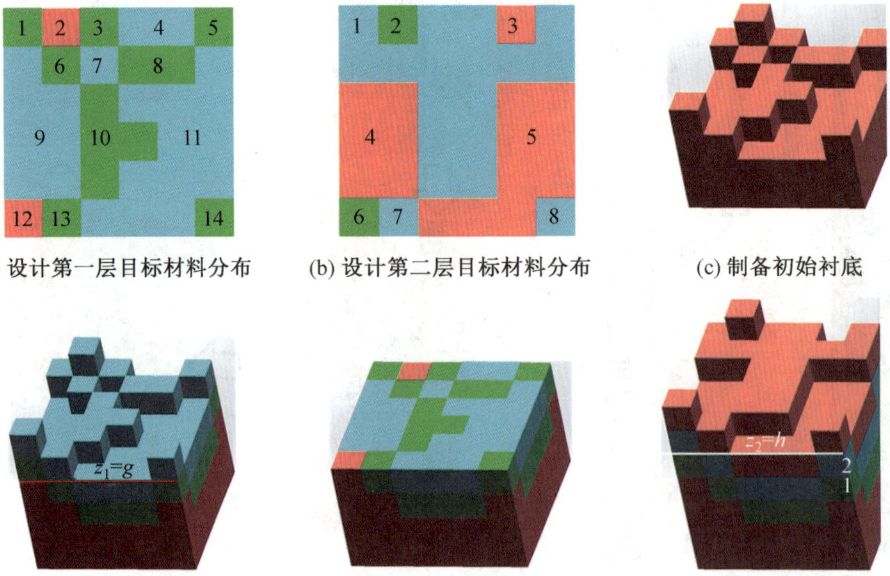

(a) 设计第一层目标材料分布　(b) 设计第二层目标材料分布　(c) 制备初始衬底

(d) 获得沉积体　(e) 截面$z_1=g$上的实际分布　(f) 改变沉积体结构得到新衬底

图 3－4

(g) 截面$z_2=h$上的实际分布

续图 3－4

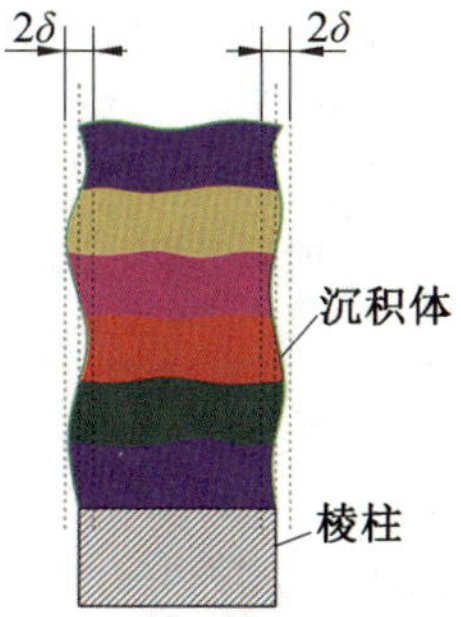

图 3－5

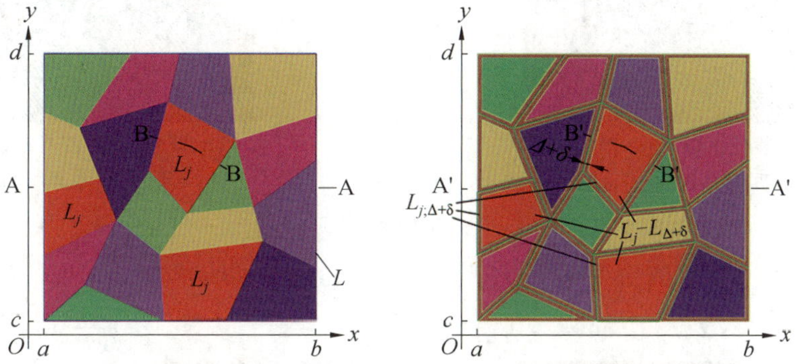

(a) 目标分布

(b) 实际分布

图 3－6

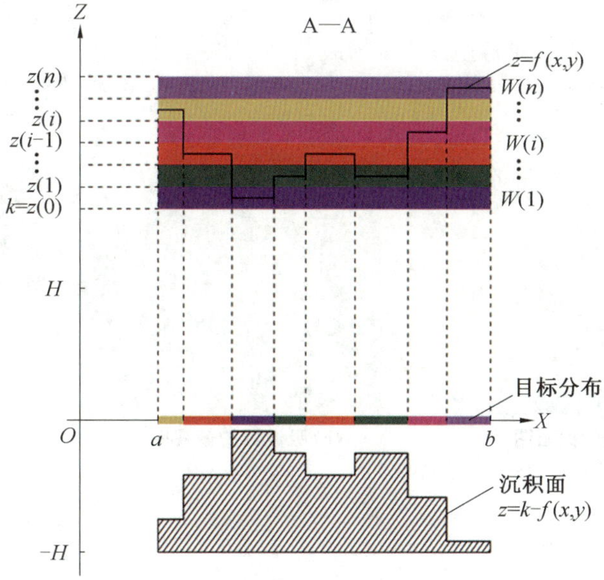

图 3－7

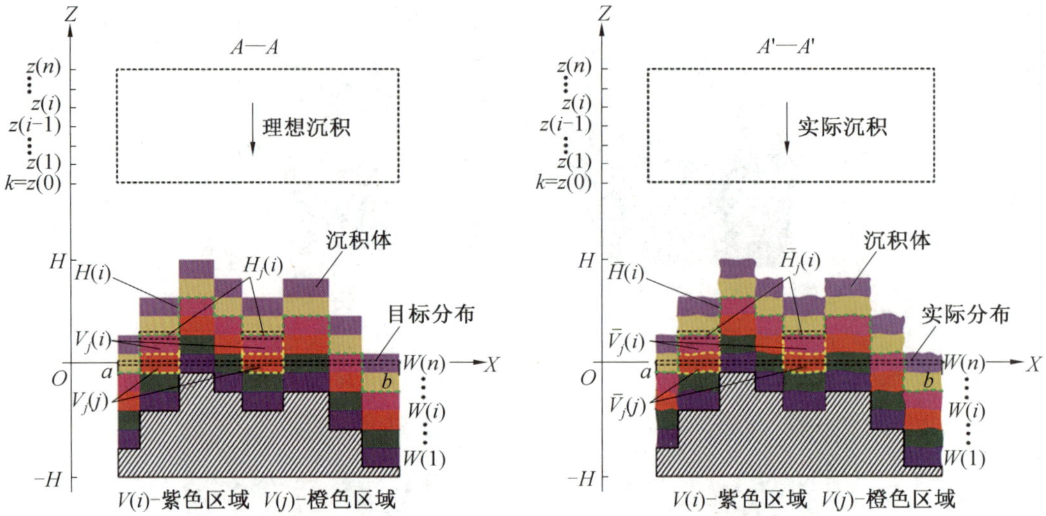

(a) 理想沉积体A—A截面　　(b) 实际沉积体A'—A'截面

图 3—8

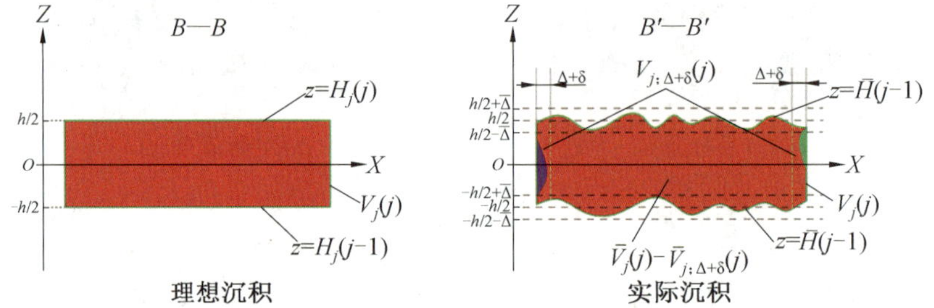

(a) $V_j(j)$的B—B截面　　(b) $\bar{V}_j(j)$的B'—B'截面

图 3—9

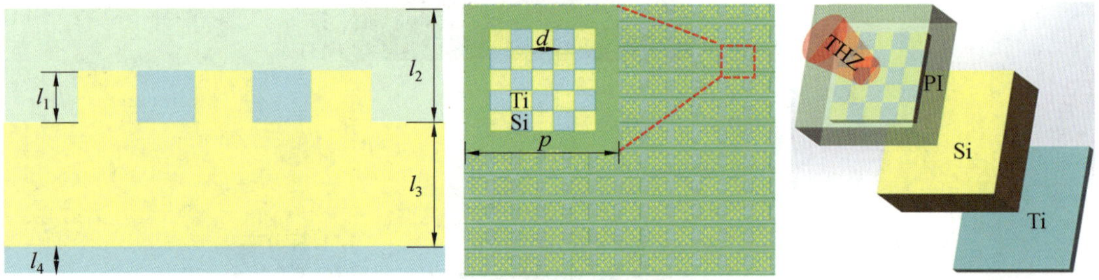

(a) 吸波器的截面图　　(b) 吸波器的俯视图　　(c) 吸波器的剖视图

图 5—1

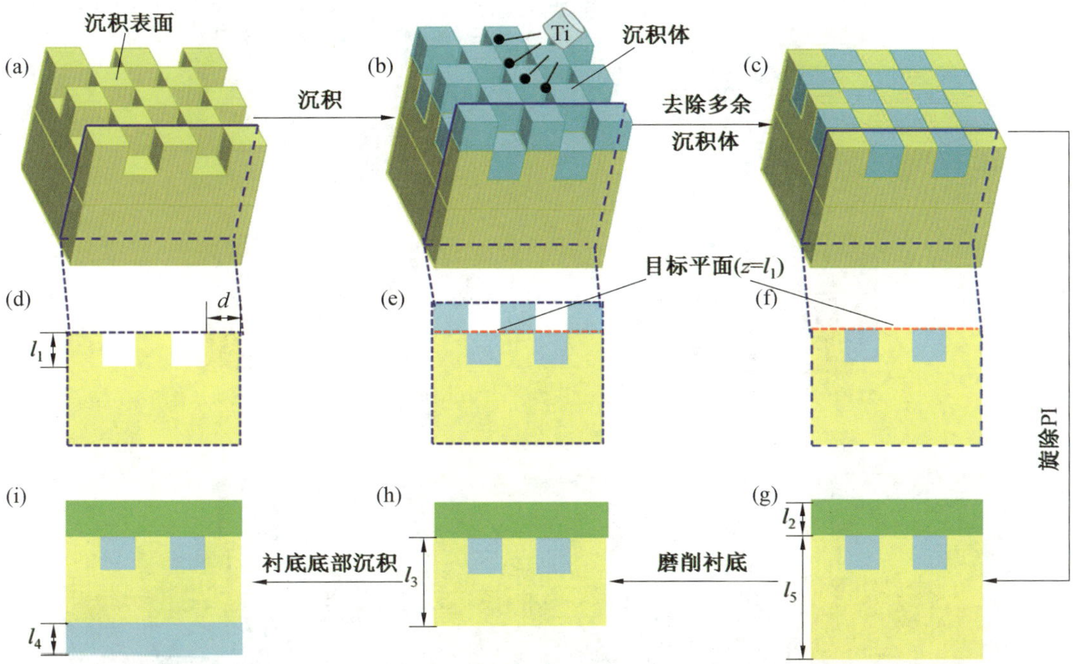

图 5－2

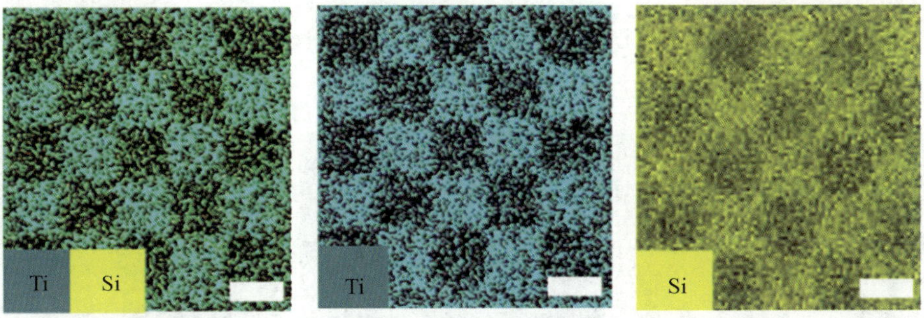

(c) 单元棋盘结构　(e) 单一钛元素Mapping图像　(f) 单一硅元素Mapping图像

图 5－5

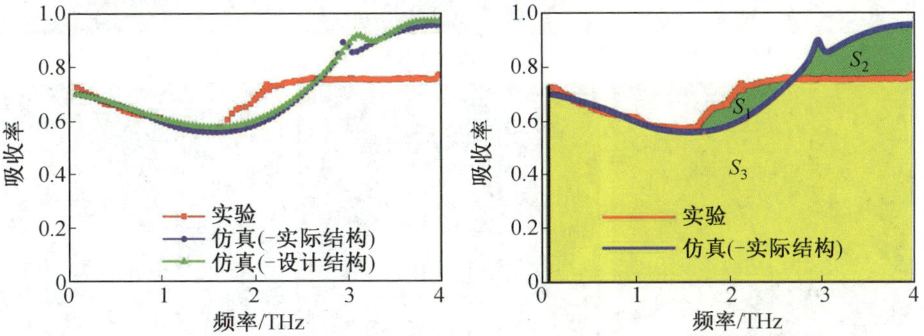

(a) 实验和仿真吸收曲线对比　(b) 实验和仿真曲线的相似性分析

图 5－6

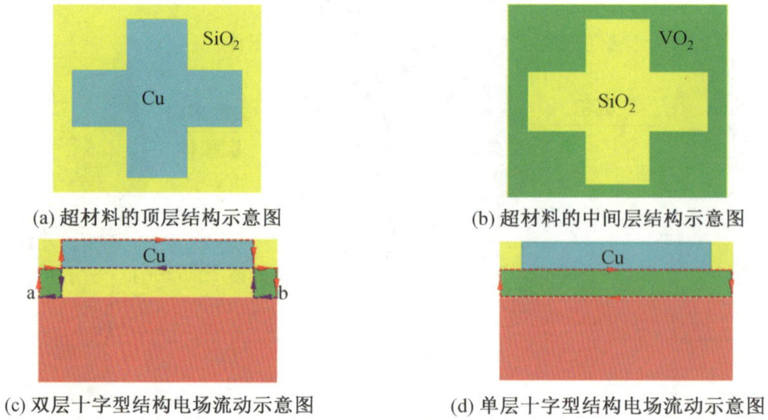

(a) 超材料的顶层结构示意图　(b) 超材料的中间层结构示意图

(c) 双层十字型结构电场流动示意图　(d) 单层十字型结构电场流动示意图

图 5—9

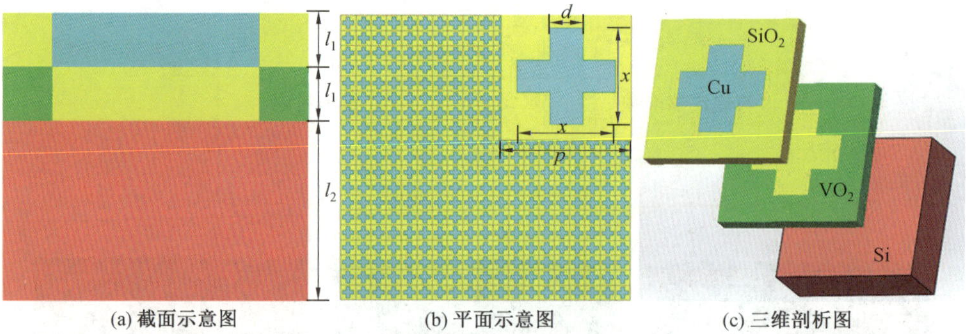

(a) 截面示意图　(b) 平面示意图　(c) 三维剖析图

图 5—10

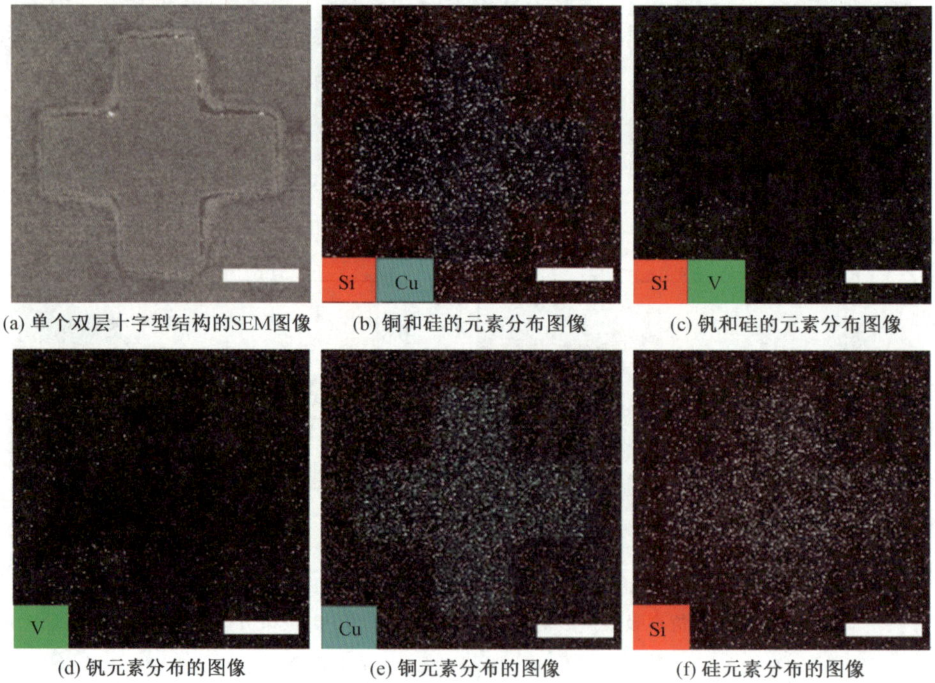

(a) 单个双层十字型结构的SEM图像　(b) 铜和硅的元素分布图像　(c) 钒和硅的元素分布图像

(d) 钒元素分布的图像　(e) 铜元素分布的图像　(f) 硅元素分布的图像

图 5—13

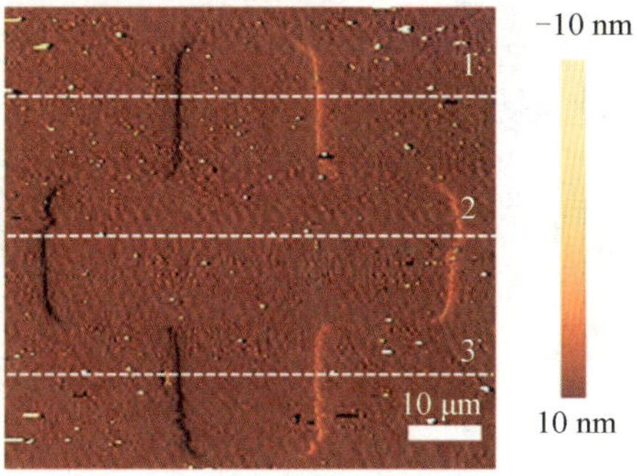

(a) 双层十字形结构的AFM图像

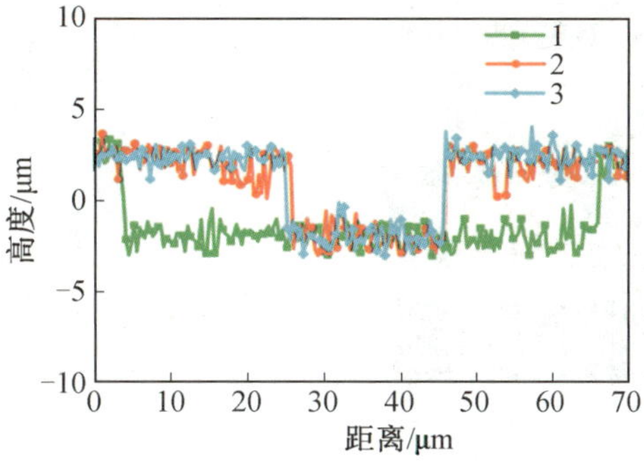

(b) 图(a)中3条虚线上的截面高度曲线

图 5—14

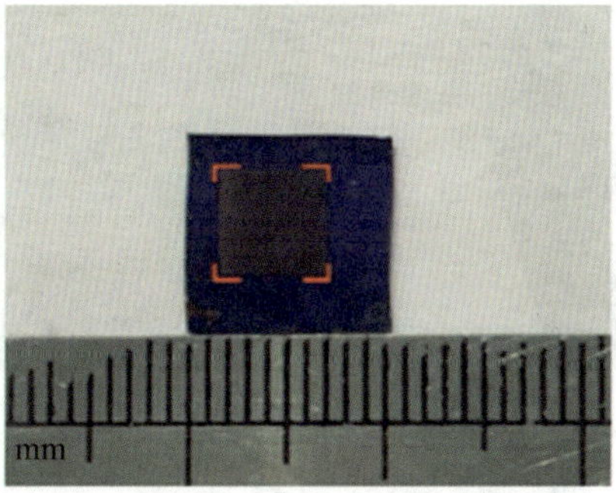

(a) 单个调制器的数字图像

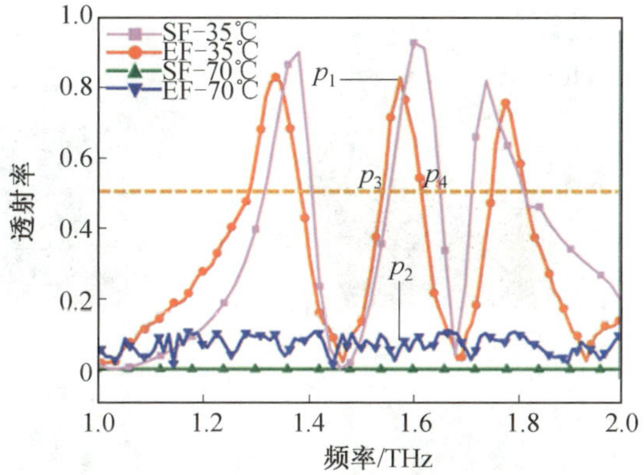

(b) 实验和仿真的调制器透射曲线

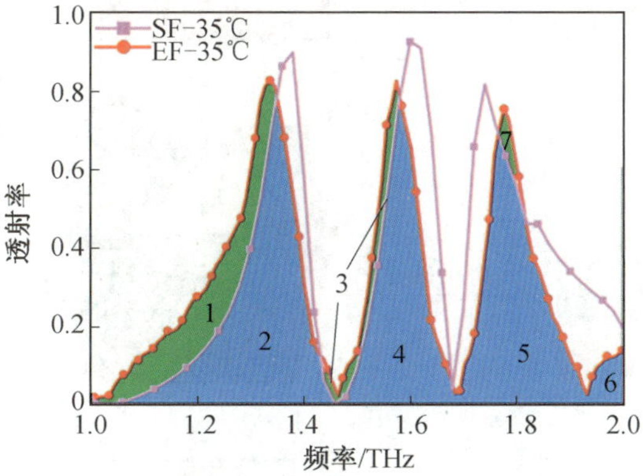

(c) 实验与模拟的透射曲线的相似性分析

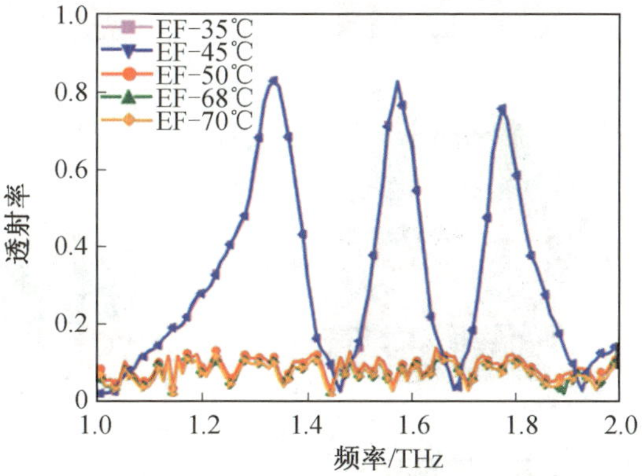

(d) 调制器在不同温度下的透射曲线

图 5—15

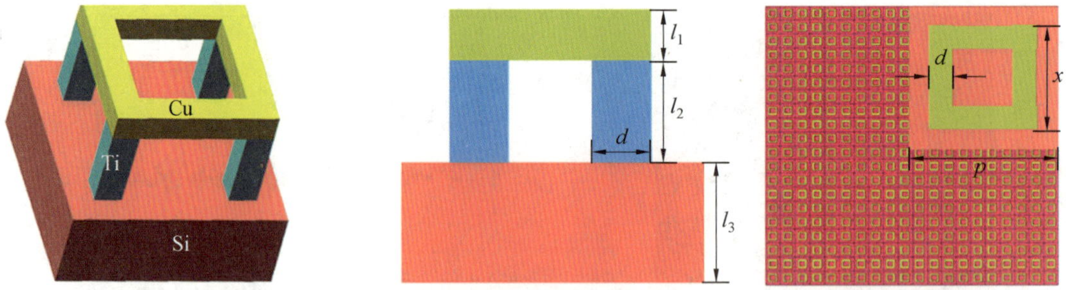

(a) 滤波器的3D示意图 (b) 滤波器的截面示意图 (c) 滤波器的俯视图

图 5—16

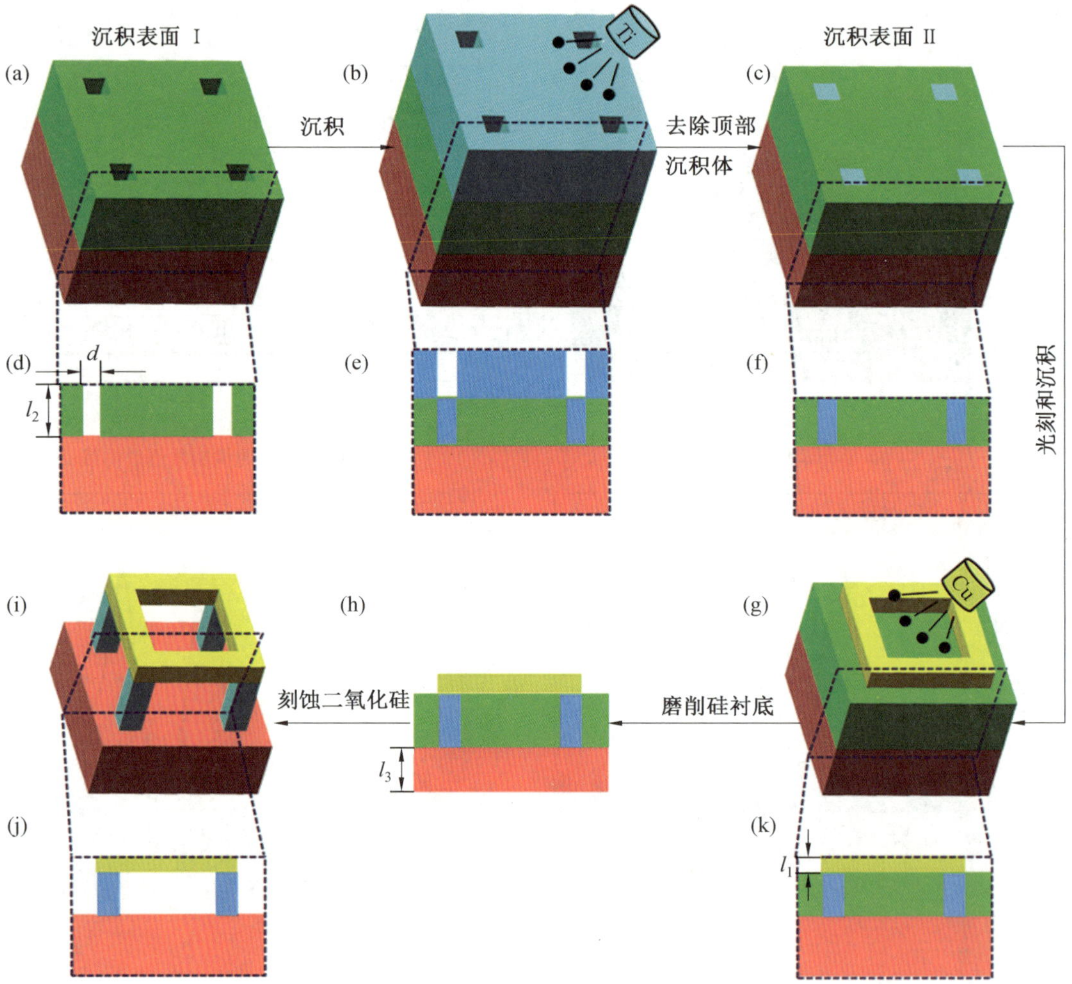

图 5—17

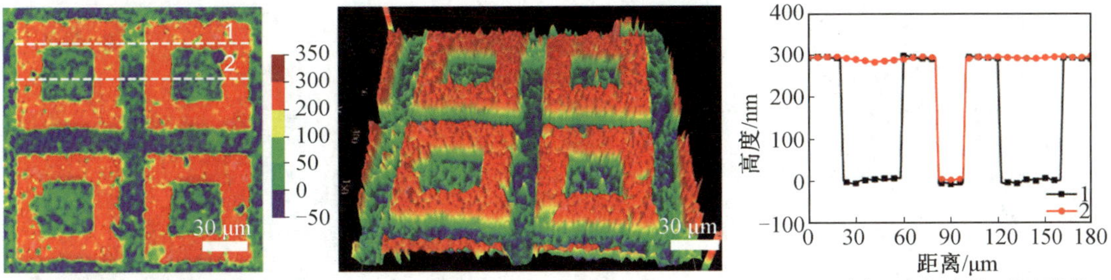

(a) 白光干涉仪测试的镂空框架结构的高度信息　(b) 白光干涉仪测试的镂空框架结构的3D图片　(c) 图(a)中标注的2条白线的高度信息剖面图

图 5—20

(a) 单个调制器的数码图片

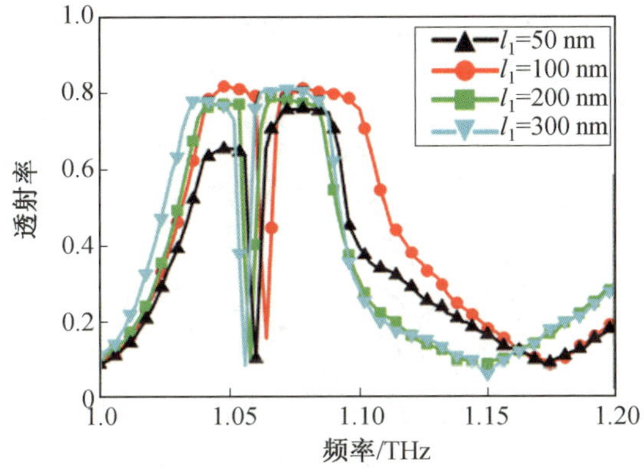

(b) 方形环状结构的厚度l_1

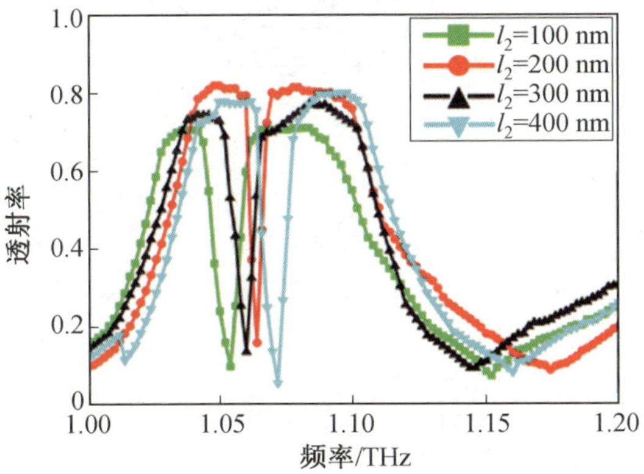

(c) 柱体的厚度l_2

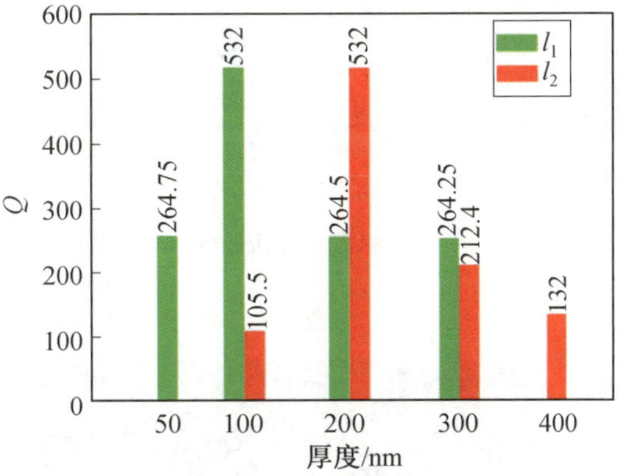

(d) l_1和l_2不同厚度下的Q值

图 5—22

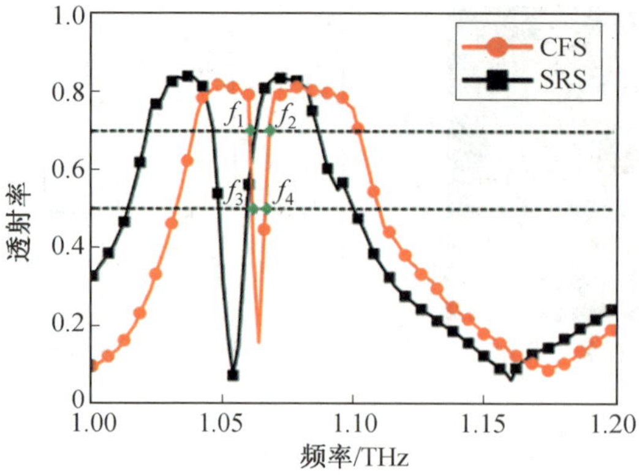

(e) CFS和SRS结构

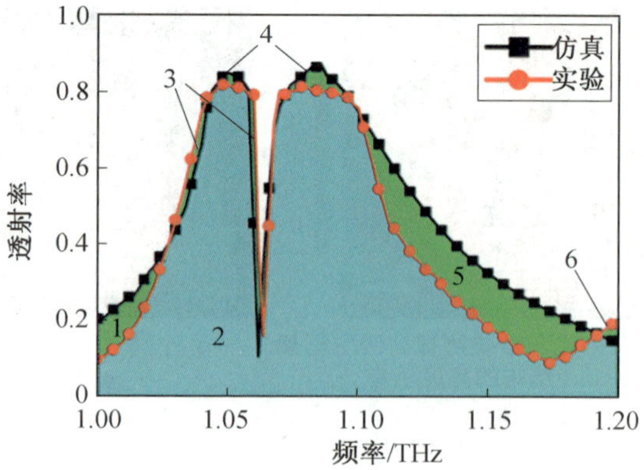

(f) 实验和仿真透射曲线的相似度分析

续图 5—22

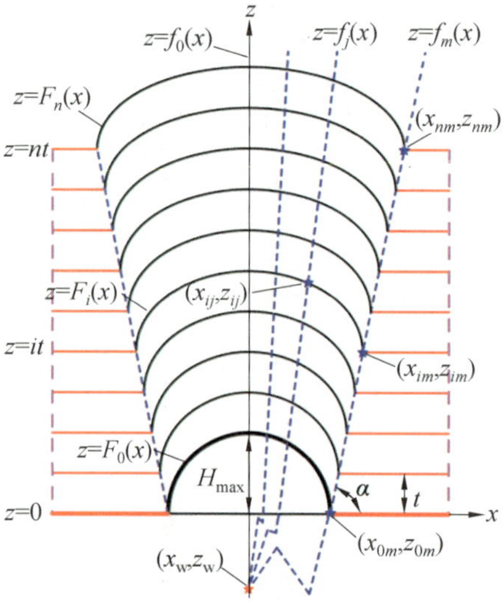

(a) 纵截面上沉积单元轮廓

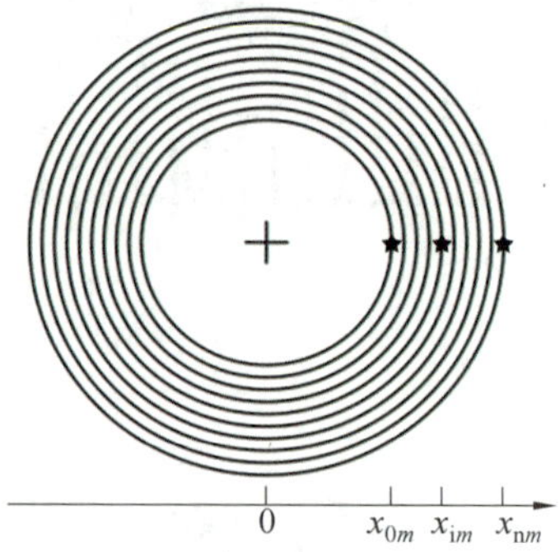

(b) 沉面层轮廓的边界圆

图 6—7

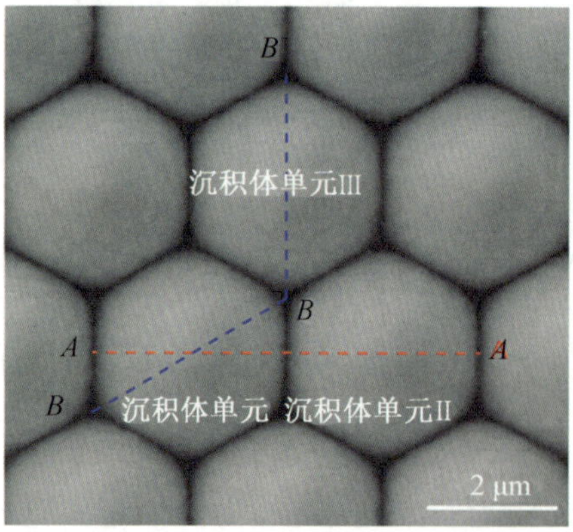

(a) 纵截面的位置

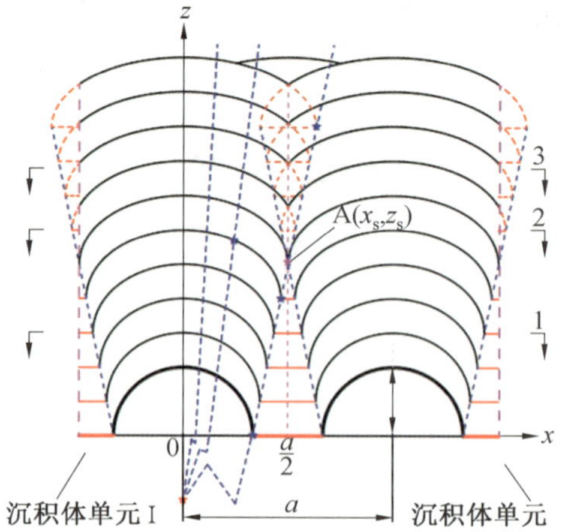

(b) A—A纵截面上的沉积体轮廓

图 6—8

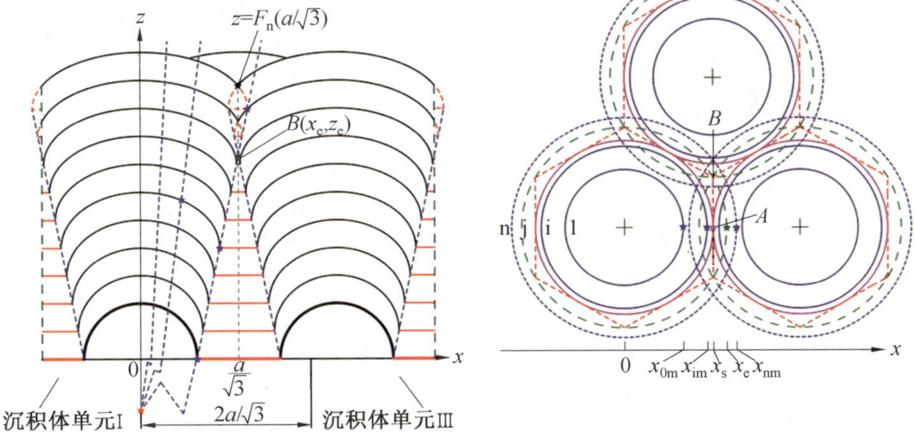

(c) B—B纵截面上的沉积体轮廓　　(d) 沉积层轮廓的边界圆

续图 6－8

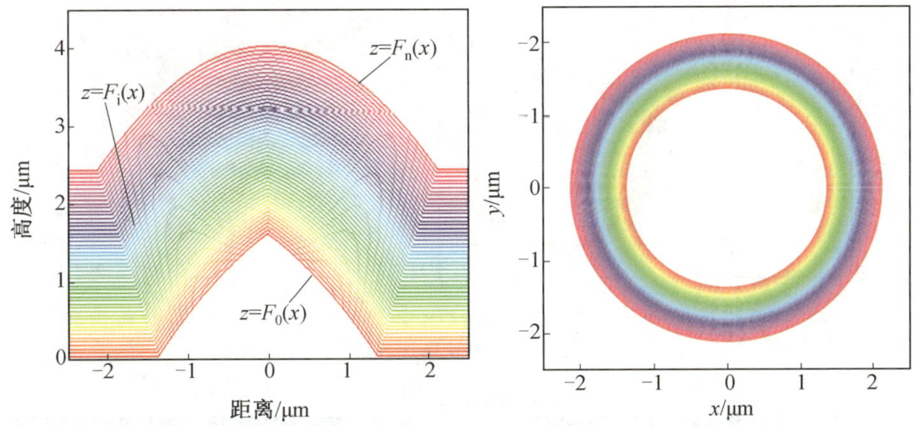

图 6－9

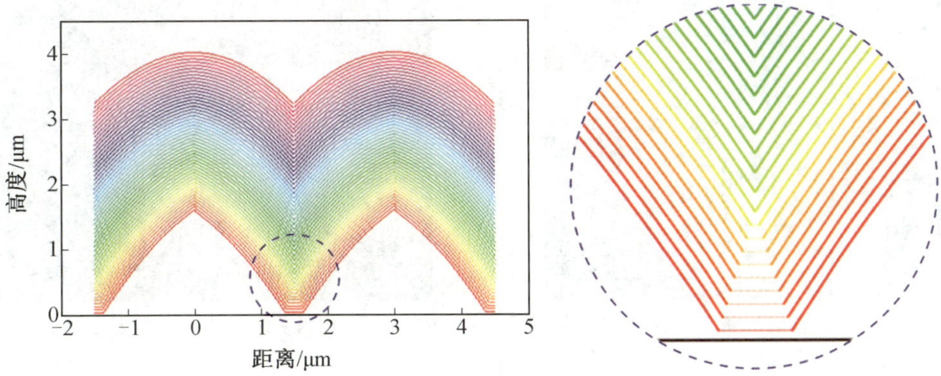

(a) A—A纵截面上的沉积体轮廓

图 6－10

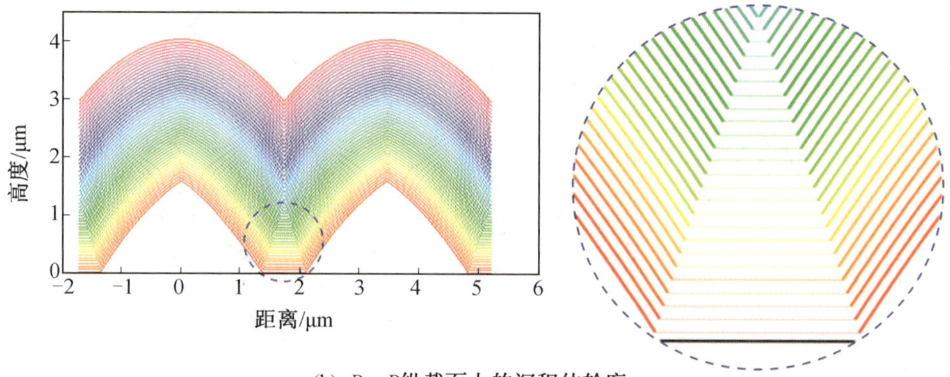

(b) *B*—*B*纵截面上的沉积体轮廓

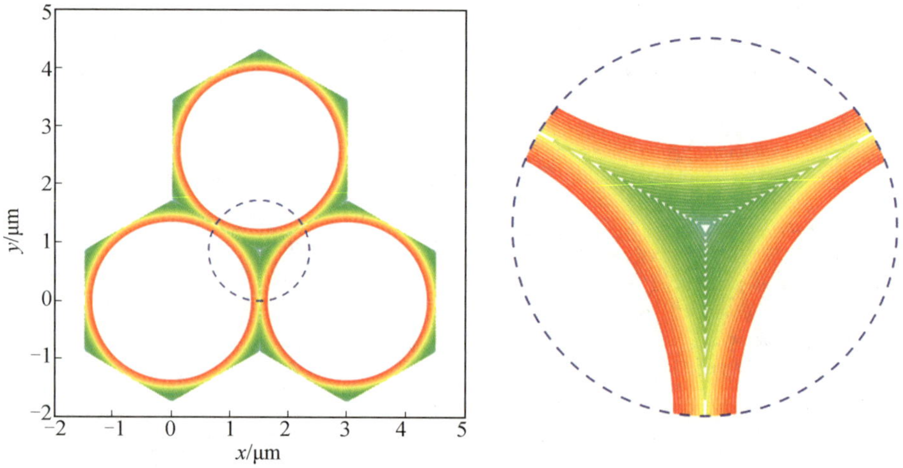

(c) 沉积体轮廓边界圆

续图 6—10

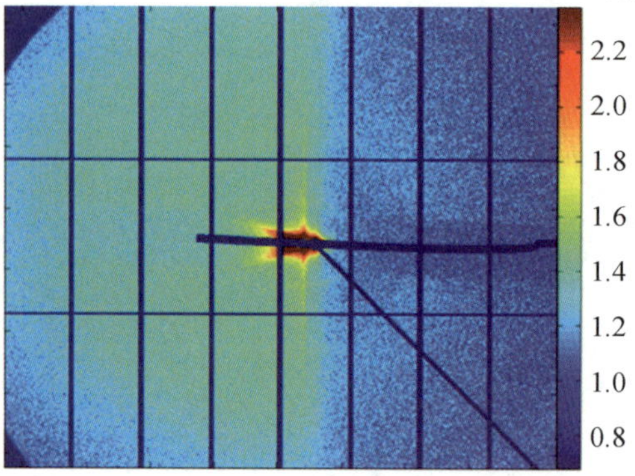

(a) 加工前沉积体的2D散射图像(t=10 s)

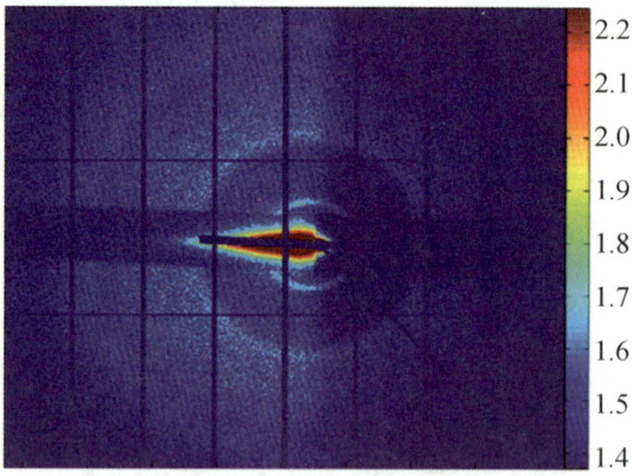

(b) 加工后沉积体的2D散射图像(t=10 s)

图 6—14

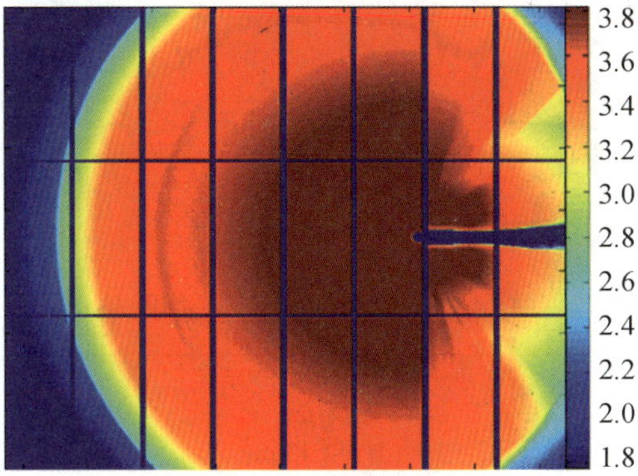

(c) 加工后沉积体的2D散射图像(t=60 s)

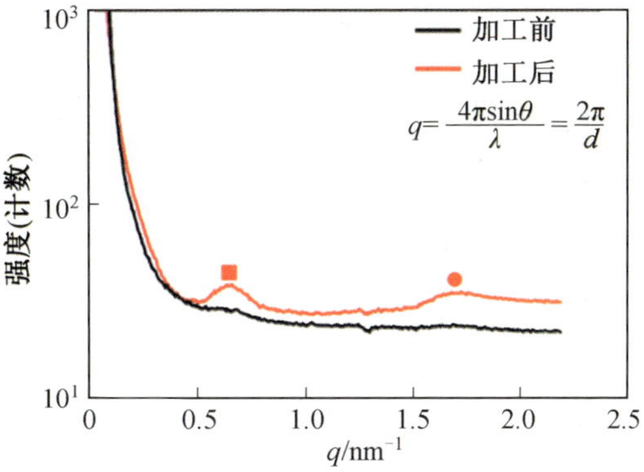

(d) 散射强度曲线(t=10 s)

续图 6—14

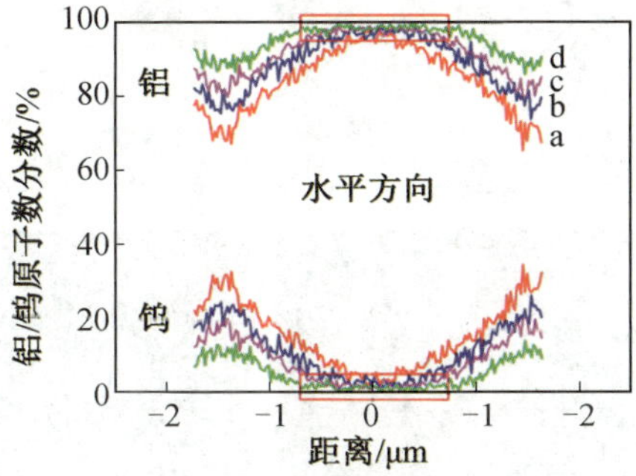

(e) 水平方向上的钨/铝含量曲线

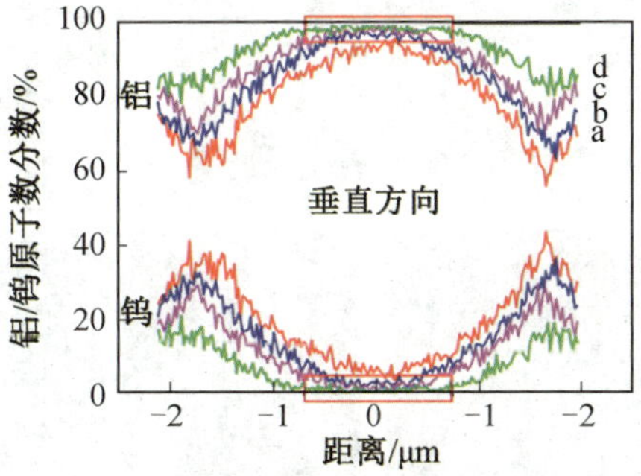

(f) 垂直方向上的钨/铝含量曲线

图 6—18

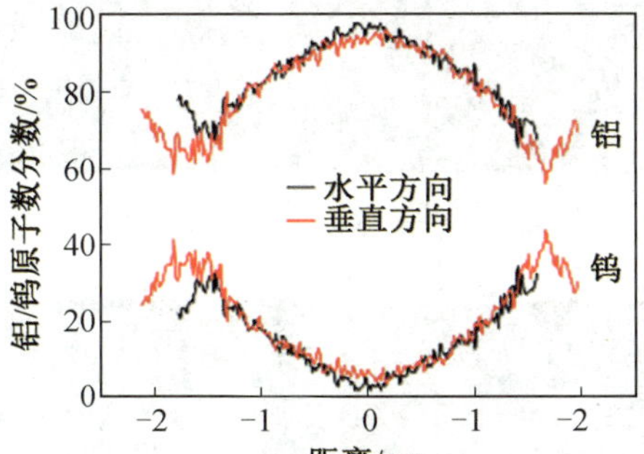

(a) z=2.09 μm

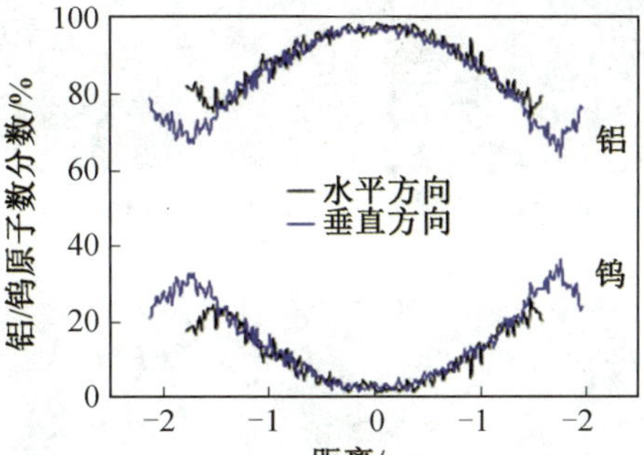

(b) z=1.85 μm

图 6—19

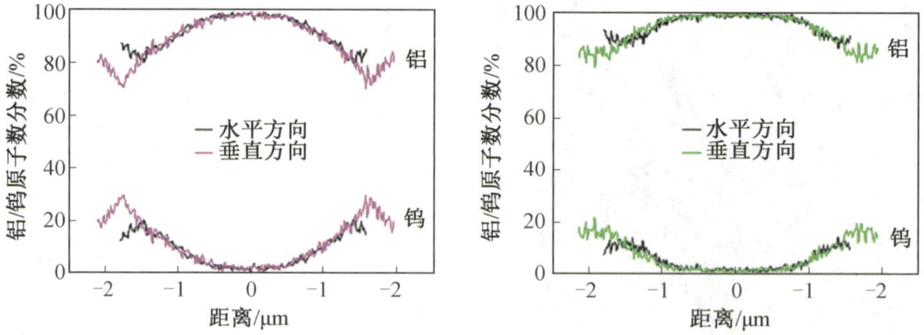

(c) z=1.69 μm (d) z=1.13 μm

续图 6—19

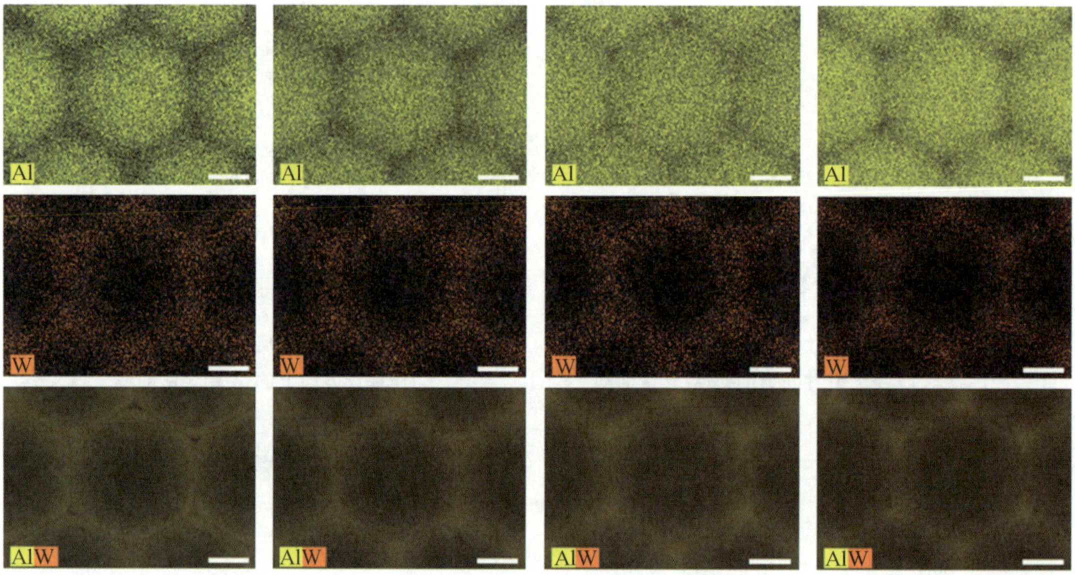

(a) z=2.09 μm (b) z=1.85 μm (c) z=1.69 μm (d) z=1.13 μm

图 6—20

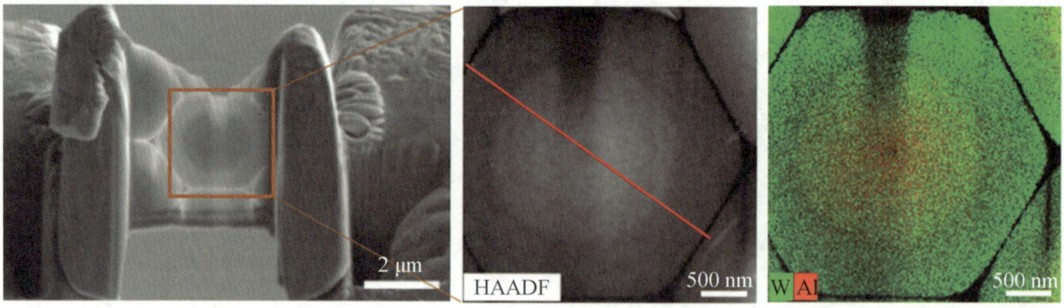

(a) 梯度薄膜TEM样品 (b) HAADF-TEM图像 (c) 钨和铝EDX Mapping图像

图 6—21

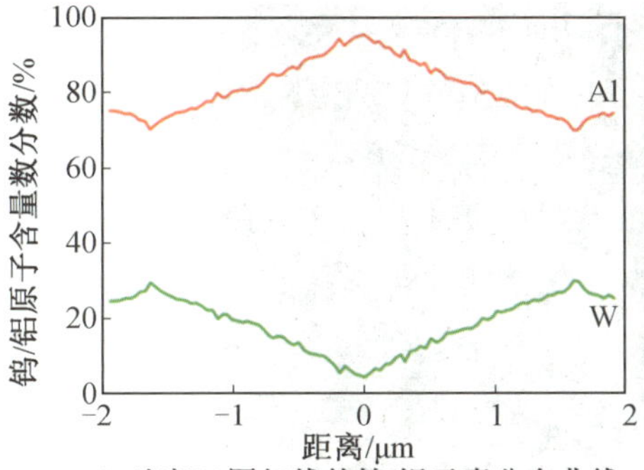

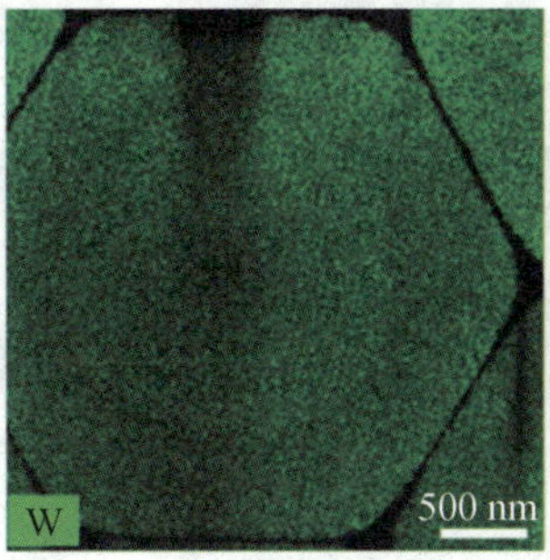

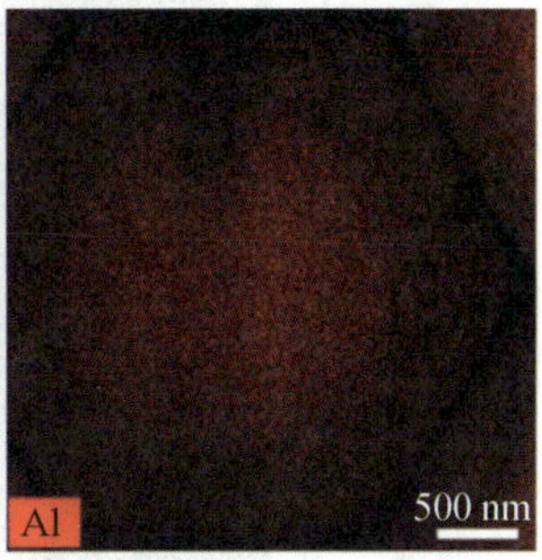

(d) 对应(b)图红线的钨/铝元素分布曲线　(e) 钨EDX Mapping图像　(f) 铝EDX Mapping图像

续图 6—21

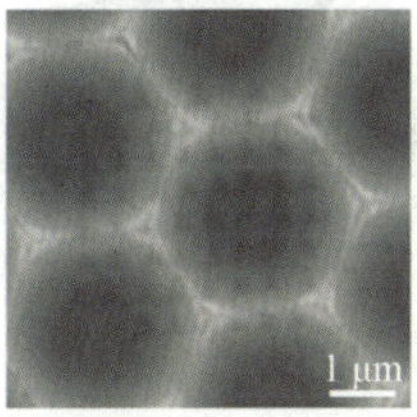

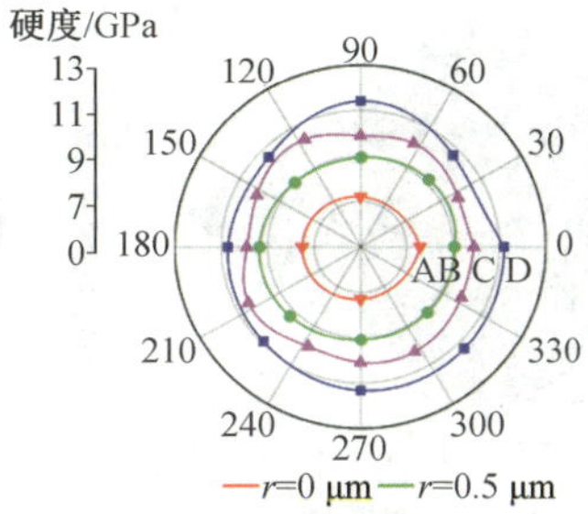

(a) 纳米压痕阵列SEM图像　(b) 硬度分布极坐标

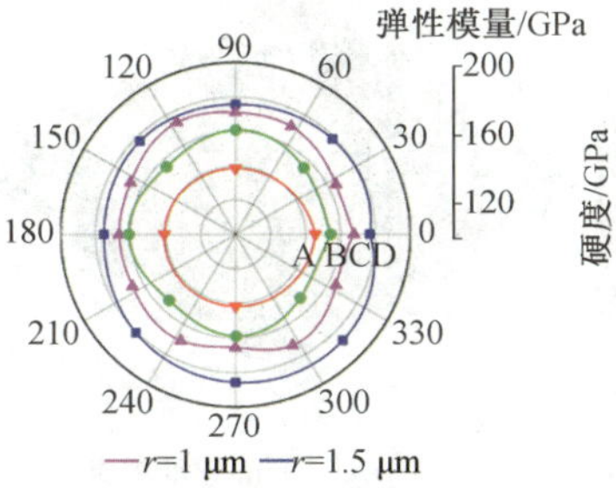

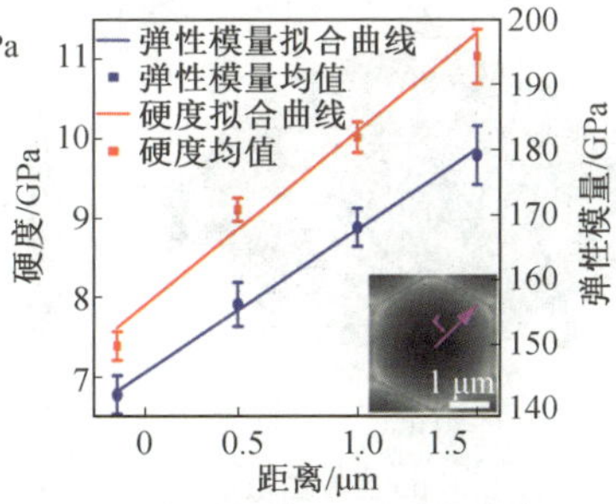

(c) 弹性模量及坐标　(d) 硬度/弹性模量径向变化曲线

图 6—23

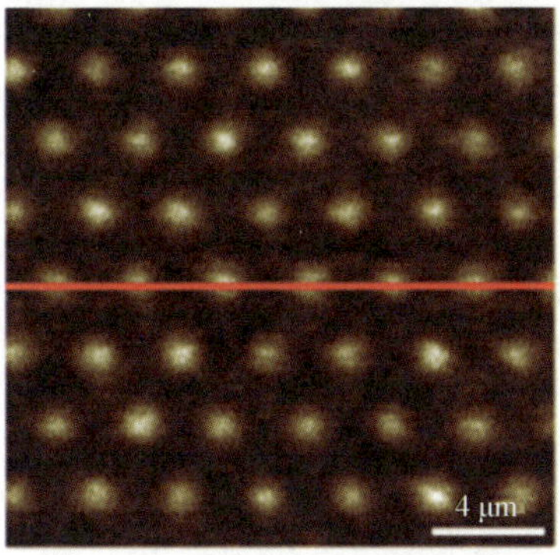

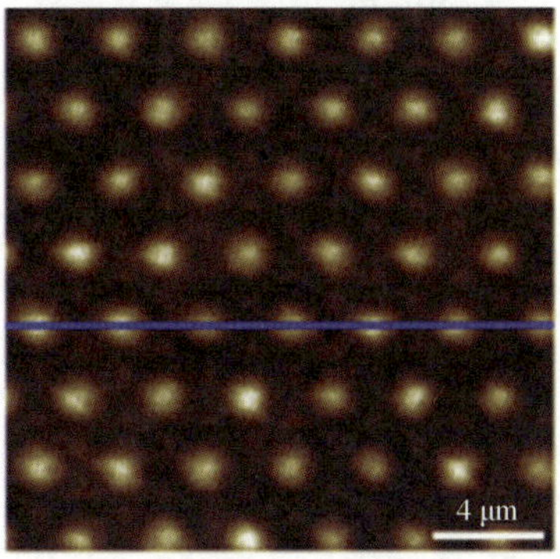

(a) z=2.09 μm二维图像　(b) z=1.85 μm二维图像

图 6—24

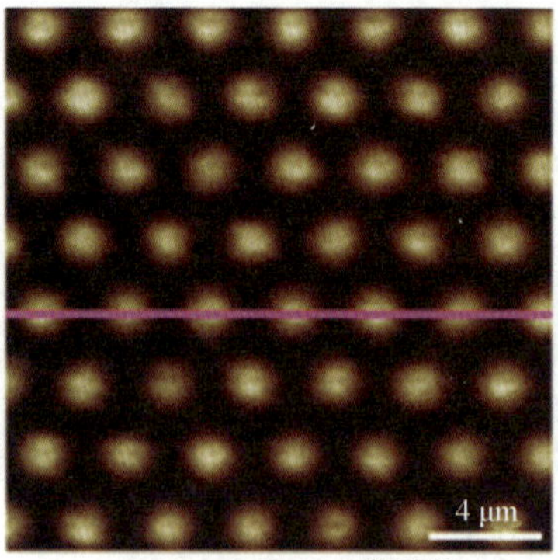

(c) z=1.69 μm二维图像

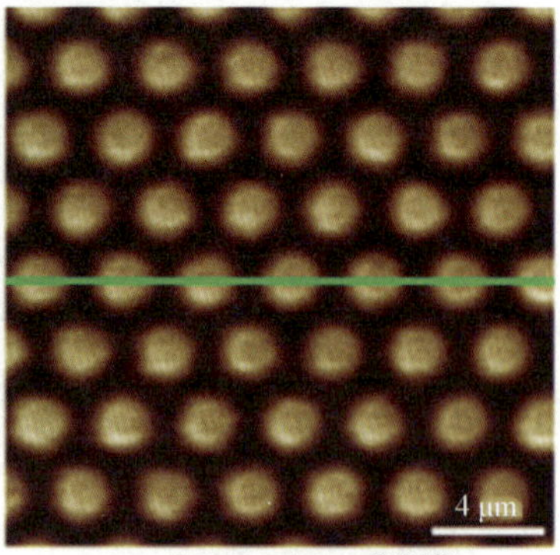

(d) z=1.13 μm二维图像

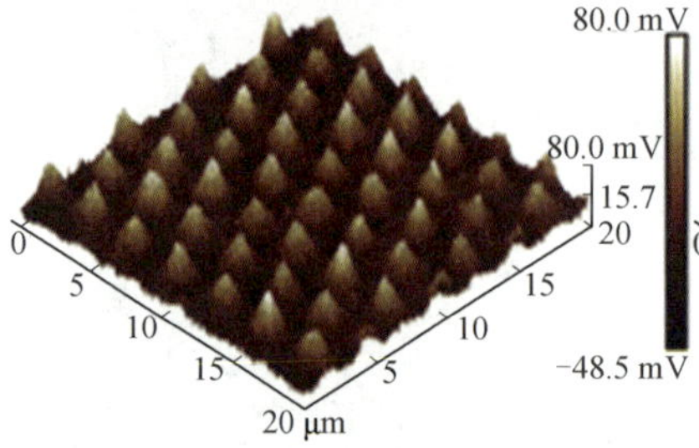

(e) z=2.09 μm三维图像

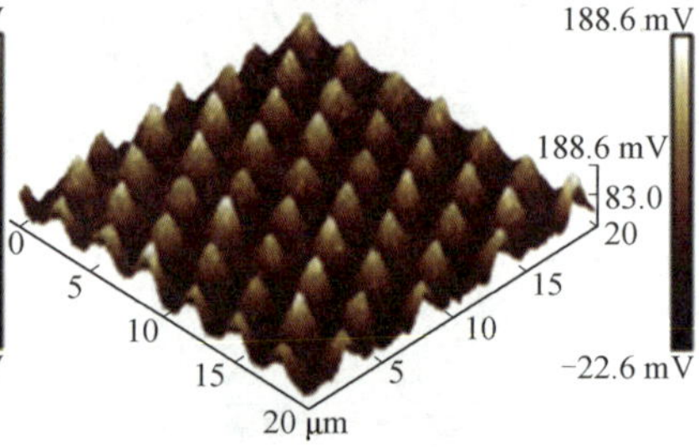

(f) z=1.85 μm三维图像

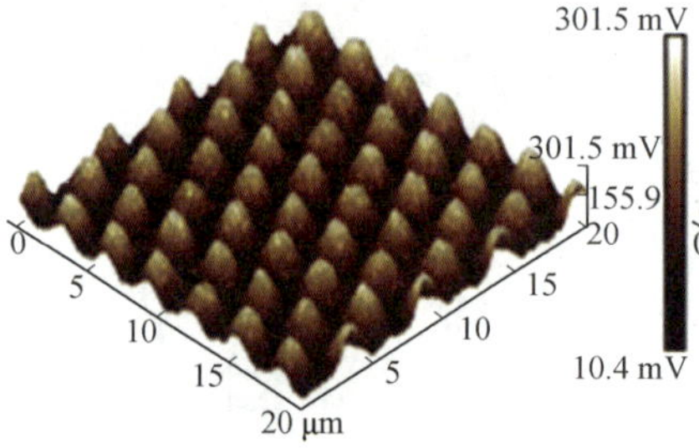

(g) z=1.69 μm三维图像

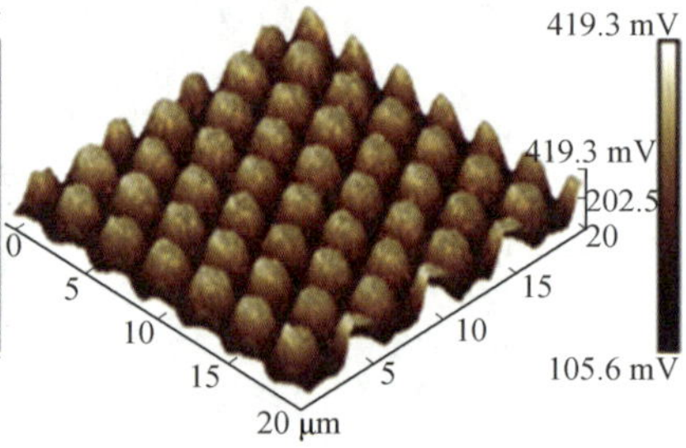

(h) z=1.13 μm三维图像

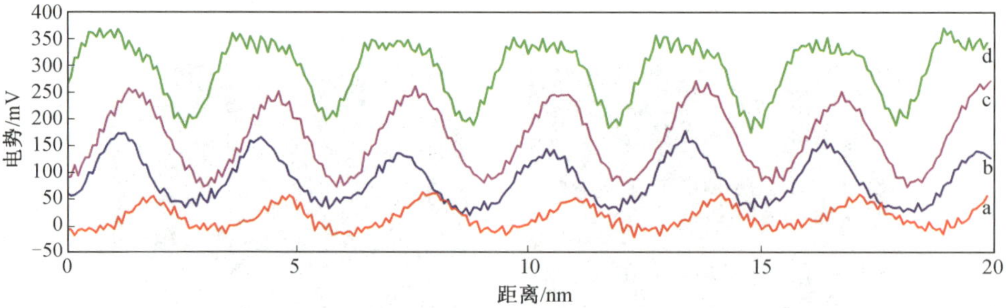

(i) (a)～(d)中所示直线上的电势分布

续图 6-24

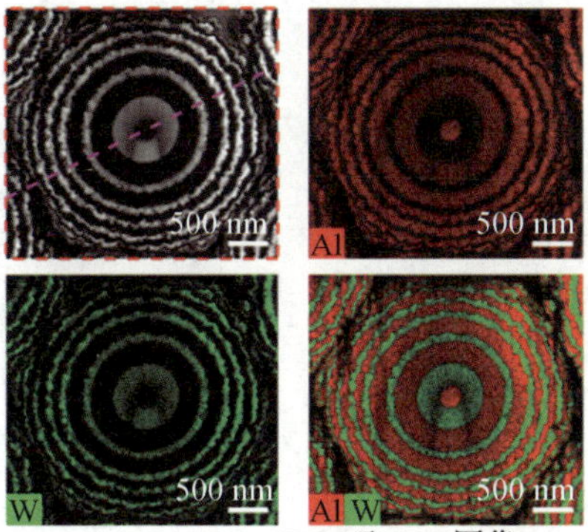

(b) HAADF-STEN及EDX图像

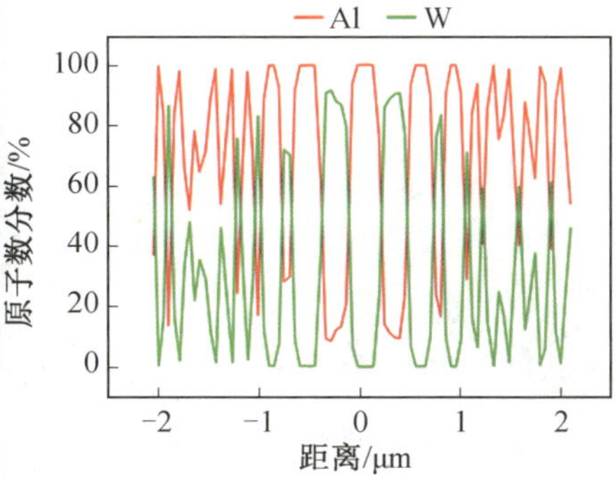

(c) 径向方向材料分布曲线

图 6—27

(a) 层叠多元材料

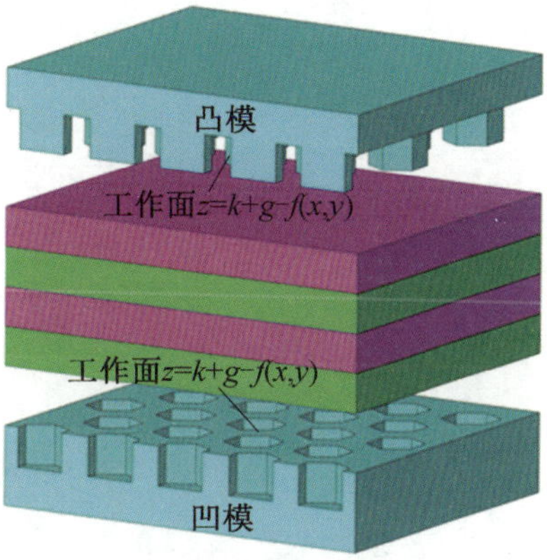

(b) 制作蜂窝模具

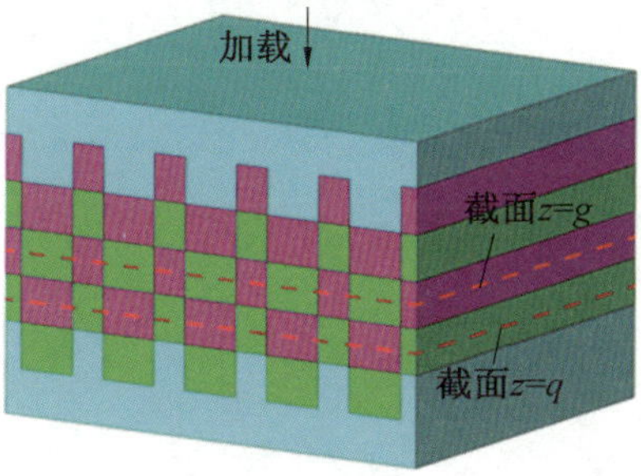

(c) 模压层叠体

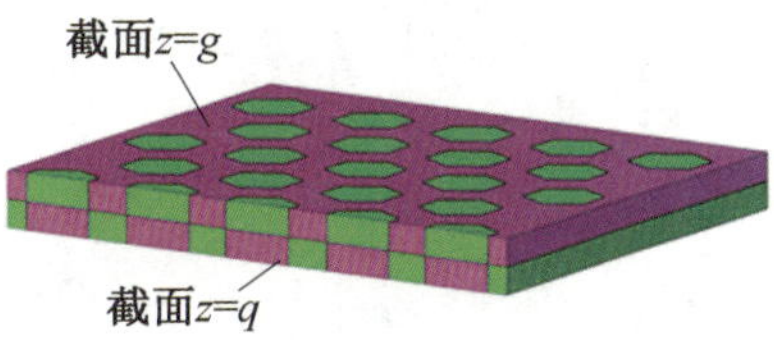

(d) 加工后的复合材料

(e) 铝合金蜂窝结构

(f) SiC蜂窝结构

(g) 铝合金六棱柱

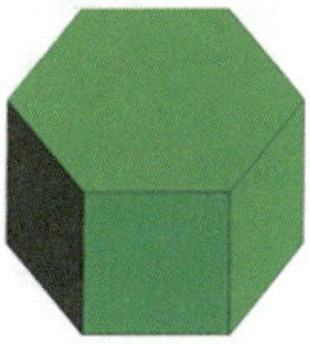

(h) SiC六棱柱

图 7—3

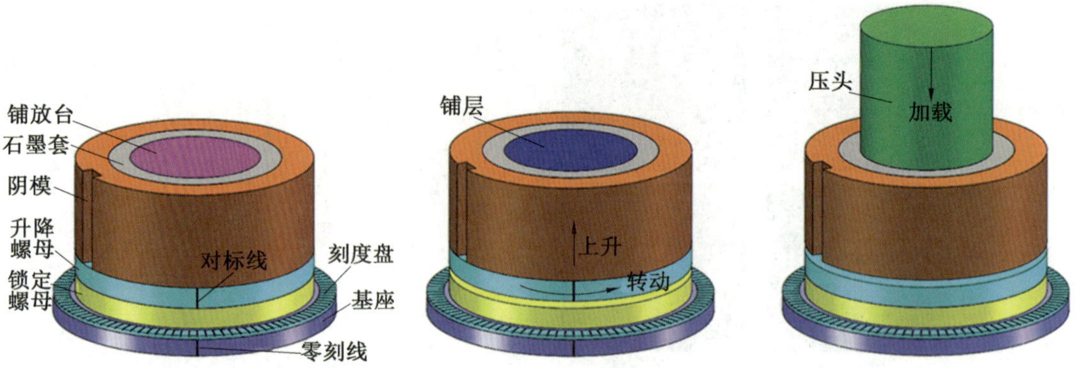

(a) 对标线归零　(b) 铺放粉末　(c) 冷压粉末

图 7—6